Thomas Mallon

Bauchemie

Dr. Dipl.-Chem. THOMAS MALLON
Jahrgang 1947
absolvierte ein Chemiestudium an der Universität
Würzburg und promovierte auf dem Gebiet der
anorganischen Chemie.
Es folgten Tätigkeiten an der TU München
(Gebiet Korrosion von Stahl und Spannbeton) und
in der Industrie (Gebiet Betonzusatzmittel), als
Laborleiter eines mittelständischen Unternehmens
für bauchemische Produkte, Projektmanager in
einem Unternehmen der Entsorgungswirtschaft
(Recycling baustofflich verwertbarer Reststoffe)
sowie als selbstständiger Berater in der Baustoffindustrie und Lehrbeauftragter im Bereich
Bauingenieurwesen an den Fachhochschulen
Nürnberg und Biberach.

Weitere Informationen:
www.vogel-buchverlag.de

ISBN-13: 978-3-8343-3007-9
ISBN-10: 3-8343-3007-8
1. Auflage. 2005
Printed in Germany
Copyright 2005 by Vogel Industrie Medien GmbH
& Co. KG, Würzburg
Herstellung: dtp-project Peter Pfister,
97222 Rimpar-Maidbronn

Kamprath-Reihe

Dr. Dipl.-Chem. Thomas Mallon

Bauchemie

Vogel Buchverlag

Vorwort

Zunehmend mausert sich die Bauchemie zu einem eigenständigen Fachgebiet. Die Bauchemie beschreibt das Grenzgebiet zwischen Baustoffkunde und Chemie, zwischen Bindemitteln und chemischen Verbindungen, zwischen Bauschäden und chemischen Reaktionen. Mehr denn je ist der Entscheidungsträger in Wirtschaft und Behörde – ob als Ingenieur, Architekt oder Praktiker – gefordert, chemische und ökologische Fragen von Baumaterialien zu beantworten.

Das Werk vermittelt in 20 Kapiteln Grundwissen zum aktuellen Tagesgeschäft, von Zement zu Zusatzmitteln, von Kunststoffen zu Kalk, von Korrosion zu Keramik, von Formaldehyd zu Fasern – um nur einige Themen zu nennen. Das chemische Basiswissen wird in einem anfänglichen Kapitel abgehandelt. Es findet baupraktische Anwendung im Kapitel zur Untersuchung betonangreifender Wässer. Die Baubindemittel werden nicht nur unter normativen und anwendungstechnischen Gesichtspunkten, sondern auch vom Chemismus und dem Zusammenhang untereinander dargestellt. Besonderes Gewicht legt der Autor auf den Praxisbezug sowie umweltrelevante und gesundheitliche Aspekte.

Das Buch wendet sich an Ingenieure, Architekten, Studierende und versierte Praktiker.

Gedankt sei an dieser Stelle allen meinerseits angesprochenen Damen und Herren aus Hochschule, Industrie und Behörden, die mir bei Fachfragen mit Rat und Tat zur Seite standen. Mein besonderer Dank gilt dem Verlag für die mit Gestaltung und Drucklegung des Buches verbundenen Mühen.

Illertissen   Thomas Mallon

Inhaltsverzeichnis

Vorwort 4

1　**Chemische Grundlagen** 11
　1.1　Stoffe und Symbolik 11
　　1.1.1　Reine Stoffe und Stoffgemenge 11
　　1.1.2　Elementsubstanzen und Einelementverbindungen 11
　　1.1.3　Chemische Formeln 11
　　1.1.4　Chemische Gleichungen 11
　　1.1.5　Relative Atommasse 11
　　1.1.6　Relative Molekülmasse 12
　　1.1.7　Stoffmenge 12
　　1.1.8　Molare Masse 12
　　1.1.9　Lösungen 12
　1.2　Atombau 12
　1.3　Periodensystem 16
　1.4　Chemische Bindung 16
　1.5　Chemisches Gleichgewicht 19
　1.6　Geschwindigkeit chemischer Reaktionen 20
　1.7　Säure- und Basenstärke 20
　1.8　Oxide 21
　1.9　pH-Wert 23
　1.10　Salze und Hydrolyse 24
　1.11　Wertigkeiten 24
　1.12　Beispiele chemischen Rechnens (Stöchiometrie) 25
　1.13　Härte des Wassers 26
　1.14　Kalk-Kohlensäure-Gleichgewicht 27

2　**Prüfung betonangreifender Wässer** 29
　2.1　Prüfung nach DIN 4030 29
　2.2　pH-Wert 30
　2.3　Geruch 30
　2.4　Härte 30
　2.5　Kalklösende Kohlensäure 30
　2.6　Chlorid 30
　2.7　Magnesium 30
　2.8　Ammonium 30
　2.9　Sulfat 31

3　**Radioaktivität in Bauten und Baustoffen** 33
　3.1　Allgemeine Einschätzung 33
　3.2　Arten der radioaktiven Strahlung 33
　3.3　Kenngrößen 33
　3.4　Allgemeine Strahlenbelastung 34
　3.5　Radon aus dem Baugrund 34
　3.6　Radon aus Baustoffen 37
　3.7　Richtwerte 37

4　**Elektrochemie** 39
　4.1　Begriffe 39
　　4.1.1　Galvanisches Element/Elektrolyse 39
　　4.1.2　Lösungsdruck 39
　4.2　Entstehung galvanischer Elemente 39
　　4.2.1　Nicht räumlich getrenntes galvanisches Element 39

		4.2.2	Räumlich getrenntes galvanisches Element	40
	4.3		Elektrochemische Spannungsreihe	42
		4.3.1	Standardwasserstoffelektrode	42
		4.3.2	Standardelektrodenpotential E_0	42
		4.3.3	Anordnung der Standardelektrodenpotentiale	43
		4.3.4	Bedeutung der Standardelektrodenpotentiale	43
		4.3.5	Besonderheiten der elektrochemischen Spannungsreihe	44
		4.3.6	Resümee für die Praxis	44
	4.4		Korrosionselemente	44
		4.4.1	Lokalelement	44
		4.4.2	Korrosionstypen	44
		4.4.3	Praxisbeispiele	46
	4.5		Elektrolyse	48
		4.5.1	Prinzip	48
		4.5.2	Anionen und Kationen	48
		4.5.3	Elektrolyse mit angreifbaren Elektroden	49
		4.5.4	Elektrolyse mit nicht angreifbaren Elektroden	49
		4.5.5	Streustromkorrosion	49
	4.6		Korrosionsschutz	50
		4.6.1	Allgemeines	50
		4.6.2	Katodischer Korrosionsschutz	51
		4.6.3	Anodischer Korrosionsschutz	51
5	**Nichteisenmetalle (Baumetalle)**			53
	5.1		Aluminium	53
	5.2		Zink	55
	5.3		Blei	56
	5.4		Kupfer	58
	5.5		Einwirkung von Bindemitteln auf Baumetalle	59
		5.5.1	Gipsmörtel	59
		5.5.2	Frische Kalk- und Zementmörtel	59
		5.5.3	Magnesiabinder (Steinholz)	60
6	**Eisen und Stahl**			61
	6.1		Eisenerz	61
	6.2		Hochofenprozess	61
	6.3		Roheisen	61
	6.4		Schlacke	62
	6.5		Stahlgewinnung	62
	6.6		Unlegierter Stahl	63
	6.7		Legierter Stahl	63
	6.8		Kennzeichnung von Stählen	63
	6.9		Thermische Behandlung von Stahl	64
	6.10		Fe-C-Diagramm	64
	6.11		Stähle für den konstruktiven Ingenieurbau	66
7	**Silikatchemie**			67
	7.1		Chemische Grundlagen	67
		7.1.1	Kieselsäuren, Silikate und Siliziumdioxid	67
		7.1.2	Silikate mit begrenzter und unbegrenzter Anionengröße	69
	7.2		Natürliche Silikate	70
	7.3		Künstliche Silikate	71
	7.4		Siliziumdioxid	73
8	**Baukalk**			75
	8.1		Einleitung	75
	8.2		Luftkalk	75
		8.2.1	Rohstoff Kalkstein	75
		8.2.2	Brennen – Löschen – Erhärten	76

	8.2.3	Kreislauf des Kalkes	77
	8.2.4	Luftkalk – Rohstoffe und Produkte	78
	8.2.5	Luftkalk nach Norm	78
8.3		Hydraulisch erhärtende Kalke	78
	8.3.1	Rohstoffe für Luftkalke und hydraulische Kalke	78
	8.3.2	Hydraulefaktoren	79
	8.3.3	Hydraulischer Kalk nach Norm	79
8.4		Anwendung von Baukalk	80

9 Latent hydraulische Stoffe und Puzzolane **83**
9.1 Allgemeines 83
9.2 Latent hydraulische Stoffe 83
9.3 Puzzolane 83

10 Zement **87**
10.1 Geschichtliches 87
10.2 Abgrenzung zu hydraulischem Kalk 87
10.3 Herstellung von Zement 87
10.4 Chemische Zusammensetzung 88
10.5 Mineralische Zusammensetzung 90
10.6 Eigenschaften der Klinkermineralien 90
10.7 Reaktion mit Wasser (Hydratation) 91
10.8 Calciumsulfatzusatz 92
10.9 Variation im Klinker 92
    10.9.1 Festigkeitsklasse R oder N 92
    10.9.2 Niedrigwärmezement NW 92
    10.9.3 Zement mit hohem Sulfatwiderstand HS 93
    10.9.4 Weißer Portlandzement 93
10.10 Zementbestandteile 93
    10.10.1 Hauptbestandteile 93
    10.10.2 Nebenbestandteile 95
    10.10.3 Calciumsulfat 95
    10.10.4 Zementzusätze 95
10.11 Zementarten nach Norm 95
    10.11.1 Normen 95
    10.11.2 Hauptarten von Zement 98
    10.11.3 Zemente mit besonderen Eigenschaften 98
    10.11.4 Normenbezeichnung 98
    10.11.5 Festigkeitsklassen 98
10.12 Anforderungen und Prüfungen 99
    10.12.1 Erstarrungszeit 99
    10.12.2 Druckfestigkeit 99
    10.12.3 Raumbeständigkeit 99
    10.12.4 Mahlfeinheit 99
    10.12.5 Hydratationswärme, NW-Zement 100
    10.12.6 Sulfatwiderstand, HS-Zement 100
    10.12.7 Alkaligehalt, NA-Zement 100
    10.12.8 Oberfläche nach BLAINE 100
10.13 Arbeitsschutz 100
    10.13.1 Kennzeichnung 100
    10.13.2 Maurerkrätze 101
10.14 Lagerung 101
10.15 Nicht genormte Zemente 101
    10.15.1 Sulfathüttenzement SHZ 101
    10.15.2 Tonerdezement TZ 101
    10.15.3 Schnellzement 102
    10.15.4 Quellzement 102
10.16 Dreistoffdiagramm 103

11   **Gips und Anhydrit** 105
11.1   Begriffe   105
11.2   Gipsrohstoffe 105
11.3   Anhydritrohstoffe 105
11.4   CaSO$_4$-Modifikationen 106
11.5   Erbrennen von Gips- und Anhydritbaustoffen 106
11.6   Technische Produkte 106
11.7   Anwendungstechnische Eigenschaften von Gips und Anhydrit 107
      11.7.1   Abbindereaktion 107
      11.7.2   Beschleunigung und Verzögerung 107
      11.7.3   Verarbeitung 107
      11.7.4   Feuerschutzwirkung 107
      11.7.5   Abbindeexpansion 109
      11.7.6   Löslichkeit 109
      11.7.7   Ettringit-Treiben 109
      11.7.8   Metallkorrosion 109
      11.7.9   Festigkeit 109
11.8   Gipsbaustoffe 109
      11.8.1   Baugipse nach DIN 1168 109
      11.8.2   Prüfen von Baugipsen nach DIN 1168 110
      11.8.3   Gips-Fertigteile 110
11.9   Anhydritbaustoffe 111

12   **Magnesiabinder** 113
12.1   Begriffe   113
12.2   Herstellung 113
12.3   Eigenschaften 113
12.4   Anwendungsbeispiele 114

13   **Korrosion von Beton und Stahlbeton** 115
13.1   Allgemeines 115
13.2   Physikalische Korrosion 115
      13.2.1   Korrosion durch Frost und Tausalz 115
      13.2.2   Korrosion durch hohe Temperaturen/Brandverhalten 115
      13.2.3   Feuchte/Schwinden 116
      13.2.4   Erosion/Kavitation 118
13.3   Chemische Korrosion 118
      13.3.1   Lösender Angriff 118
      13.3.2   Treibender Angriff 119
      13.3.3   Kombinierter Angriff 121
13.4   Elektrochemische Korrosion (Korrosion der Bewehrung) 121
      13.4.1   Passivierung/Depassivierung 121
      13.4.2   Korrosionsreaktionen 122
      13.4.3   Korrosionsbedingungen 123
      13.4.4   Carbonatisierung 123
      13.4.5   Chloridangriff 124
      13.4.6   Risse im Beton 125
      13.4.7   Korrosion bei Spannstählen 125
13.5   Biologische Korrosion 126
      13.5.1   Abwasserkanäle   126
      13.5.2   Kühltürme 127
13.6   Mechanismus und Beurteilung des Eindringens von Schadstoffen in den Beton 127
      13.6.1   Transportvorgänge 127
      13.6.2   Kapillares Saugen 127
      13.6.3   Diffusion 128
      13.6.4   Permeation 128
      13.6.5   Osmose 128
      13.6.6   Einteilung der Korrosionsphasen 128
13.7   Maßnahmen zum Korrosionsschutz 128

14 Bauschädliche Salze 131
14.1 Allgemeines 131
14.2 Mineralische Baustoffe 131
14.3 Salzschäden 131
14.4 Aufsteigende Mauerfeuchtigkeit 134

15 Betonzusätze 137
15.1 Definition 137
15.2 Normen 137
15.3 Arten von Betonzusatzmitteln 137
15.4 Prüfungen für die Erteilung von Zulassungen für Betonzusatzmittel 138
    15.4.1 Allgemeines 138
    15.4.2 Gleichmäßigkeit 138
    15.4.3 Begrenzung bestimmter chemischer Bestandteile 138
    15.4.4 Einfluss auf das Erstarren der Zemente 139
    15.4.5 Einfluss auf die Raumbeständigkeit der Zemente 139
    15.4.6 Druckfestigkeit 139
    15.4.7 Einfluss auf den Luftgehalt 139
    15.4.8 Verhalten bei der elektrochemischen Prüfung 139
    15.4.9 Einfluss von Waschwasser mit Recyclinghilfe auf die Betoneigenschaften ... 139
    15.4.10 Wirksamkeit 139
15.5 Überwachung von Betonzusatzmitteln 140
15.6 Anwendung und Wirkung von Betonzusatzmitteln 140
15.7 Betonzusatzstoffe 144
15.8 Praxisbeispiel: Selbstverdichtender Beton 145
15.9 Praxisbeispiel: Hochfester Beton 146

16 Kunststoffe 147
16.1 Historie der Kunststoffe 147
16.2 Terminologie/Normen 147
16.3 Synthese und Eigenschaften 147
16.4 Mechanisch-thermisches Verhalten 150
16.5 Beeinflussung von Kunststoffeigenschaften durch Zusätze 152
    16.5.1 Weichmacher 152
    16.5.2 Antistatika 153
    16.5.3 Stabilisatoren 153
    16.5.4 Flammschutzmittel 153
    16.5.5 Füllstoffe 153
16.6 Charakteristische Kenngrößen und Gebrauchseigenschaften 153
16.7 Bautechnisch wichtige Kunststoffe 156
    16.7.1 Normen 156
    16.7.2 Thermoplaste 156
    16.7.3 Duromere 159
    16.7.4 Elastomere 160
    16.7.5 Silikone 161
    16.7.6 Kunststoffe mit thermoplastischen, duroplastischen und/oder elastischen Eigenschaften 162
    16.7.7 Reaktionsharze 162
    16.7.8 Kunststoffdispersionen 163
16.8 Anwendungen von Kunststoffen im Bauwesen 163

17 Bitumen, Steinkohlenteerpech, Asphalt 165
17.1 Begriffsdefinitionen 165
17.2 Herstellung von Bitumen 165
17.3 Bitumenarten 167
17.4 Eigenschaften von Bitumen 167
    17.4.1 Kolloidsystem 167
    17.4.2 Chemisch-physikalische Eigenschaften 168
    17.4.3 Eigenschaftsvergleich Bitumen – Steinkohlenteerpech 168

17.5   Messmethoden an Straßenbaubitumen 169
17.6   Anwendung von bitumenhaltigen Baustoffen 170

18   Holz und Holzschutz 171
18.1   Aufbau des Holzes 171
18.2   Zusammensetzung des Holzes 171
18.3   Holzangriff 172
       18.3.1   Holzfeuchte 172
       18.3.2   UV-Strahlung 172
       18.3.3   Chemikalien 172
       18.3.4   Hohe Temperaturen 172
       18.3.5   Biologischer Angriff 173
18.4   Holzschutz allgemein 173
       18.4.1   Vorbeugende bauliche Maßnahmen 173
       18.4.2   Vorbeugende chemische Maßnahmen 174
18.5   Bekämpfende Maßnahmen nach Befall 176
18.6   Brandschutz 176

19   Anstriche und Anstrichstoffe 179
19.1   Arten von Anstrichen 179
19.2   Zusammensetzung 179
19.3   Arten von Anstrichstoffen 179
19.4   Entfernen alter Anstriche 181

20   Schadstoffe beim Bauen und Wohnen 183
20.1   Gefahrstoffe und Gefahrsymbole 183
20.2   Grenzwerte am Arbeitsplatz 184
20.3   Schadstoffe im Bereich Zement 185
20.4   Schadstoffe im Bereich der Schal- und Trennmittel 185
20.5   Schadstoffe im Bereich der Holzschutzmittel 186
20.6   Schadstoffe im Bereich der Abbeizmittel 186
20.7   Schadstoffe im Bereich Fußbodenlegen 186
20.8   Halogenorganische Verbindungen in Innenräumen 187
20.9   Schadstoffe im Bereich Fasern und Stäube 187
20.10 Formaldehyd 189
20.11 Isocyanat 189
20.12 Schimmelbildung 189

Anhang 193
A1   Periodensystem 193
A2   Löslichkeiten baurelevanter anorganischer Verbindungen bei 20 °C 194
A3   Grenzwerte nach Trinkwasserverordnung 195
A4   Relative Molekülmassen bauchemisch gebräuchlicher Elemente und Verbindungen 197

Literatur- und Quellenverzeichnis 199

Stichwortverzeichnis 201

1 Chemische Grundlagen

1.1 Stoffe und Symbolik

1.1.1 Reine Stoffe und Stoffgemenge

Bei den Stoffen wird zwischen reinen Stoffen und Stoffgemengen unterschieden.

Reine Stoffe sind Elementsubstanzen (z.B. C, Fe, Cl_2) und chem. Verbindungen (z.B. H_2O, SiO_2). Zu beachten sind unerwünschte Begleitsubstanzen in geringer Menge (Verunreinigungen). Der absolut reine Stoff ist eine Abstraktion!

Stoffgemenge werden unterschieden in **homogene** (Legierungen, echte Lösungen, Gasgemische) und **heterogene**. Stoffgemenge bestehen aus zwei oder mehr reinen Stoffen. Die **im Baubereich wichtigen heterogenen Stoffgemenge** lassen sich aufteilen in

- ❏ Feststoffgemenge, z.B. Werktrockenmörtel, bestehend aus Bindemittel und Zuschlag,
- ❏ Fest-flüssig-Gemenge, z.B. Suspensionen wie Zementleim, Mörtel,
- ❏ Fest-gasförmig-Gemenge, z.B. poröse Ziegelsteine (gasförmig in fest) oder Rauch (fest in gasförmig),
- ❏ Flüssig-flüssig-Gemische, z.B. Emulsionen (Schalölemulsionen, bestehend aus Öltröpfchen in Wasser),
- ❏ Flüssig-gasförmig-Gemische, z.B. Schaum (gasförmig in flüssig) oder Nebel (flüssig in gasförmig).

In einem Gemenge bleiben die Stoffeigenschaften der reinen Stoffe erhalten. Sowohl homogene als auch heterogene Gemenge lassen sich durch **Ausnutzung physikalischer Kenngrößen trennen**, z.B. durch Sedimentieren (Dichte), Filtrieren, Sieben, Sichten (Teilchengröße), Abdampfen (Siedepunkt), Elektrofiltrieren (elektrische Ladung), Mikroskopieren (Teilchengröße), Zentrifugieren (Masse), Lösen (Löslichkeit).

1.1.2 Elementsubstanzen und Einelementverbindungen

Man spricht in der atomaren Betrachtungsweise von Elementen im Sinne eines Atoms bestimmter Ordnungszahl, in der stofflichen Betrachtungsebene von Elementsubstanzen (z.B. Na-Metall) und Einelementverbindungen (z.B. Chlorgas Cl_2).

1.1.3 Chemische Formeln

Jedes Element wird mit einem Symbol gekennzeichnet. Beispiele: K Kalium, Na Natrium, Cl Chlor. Formeln geben Auskunft darüber, welcher Stoff vorliegt, welches Element vorhanden ist und in welchen Stoffmengenverhältnissen diese Elemente verbunden sind. Man unterscheidet Molekülsubstanzen (z.B. H_2O, NH_3), Ionensubstanzen (z.B. NaCl, $CaCl_2$) und Metalle (z.B. Al, Cu, Fe). Moleküle können ausgedrückt werden als Summenformel mit Indizes als Atommultiplikatoren (z.B. CO_2, C_2H_4) und Valenzstrichformeln (z.B. O=C=O, $H_2C=CH_2$).

1.1.4 Chemische Gleichungen

Die chemische Formel gibt eine Aussage über Stoff, die chemische Gleichung eine Aussage über Vorgang. Auf der linke Seite stehen die Ausgangsstoffe, auf der rechten Seite die Reaktionsprodukte, z.B. $Ca(OH)_2 + 2\ HCl \rightarrow CaCl_2 + 2\ H_2O$. Koeffizienten bezeichnen Anzahl der Moleküle: $2\ H_2O$ = 2 Moleküle Wasser.

Die Summe der Atome eines jeden Elements muss auf beiden Seiten gleich sein.

1.1.5 Relative Atommasse

Jedes Atom besitzt eine bestimmte Masse (Atommassen m_A : 10^{-24} bis 10^{-22} g). Für chemische Berechnungen interessiert nicht die wirkliche Atommasse, sondern das **Verhältnis**, das **zwischen den Massen verschiedener Atome** besteht. Statt der Atommasse bedient sich der Chemiker der **relativen Atommasse** A_r eines Elements. Sie gibt an, wie groß die Masse eines Atoms eines Elements ist im Vergleich zu einem Zwölftel der Masse des Kohlenstoffisotops ^{12}C (d.h. des häufigsten Kohlenstoffisotops, siehe Abschnitt 1.2). Definitionsgemäß ist $^1/_{12}$ der Masse des ^{12}C-Isotops = 1 Atommasseneinheit $u = 1,66055 \cdot 10^{-24}$ g.

Beispiel: A_r von Fluor = m_{AF}: $u = 19,00$ (mit $m_{AF} = 3,1548 \cdot 10^{-23}$ g). Die relative Atommasse A_r wird kurz Atommasse genannt, da mit der Atommasse m_A kaum gearbeitet wird. Aus dem Fehlen der Einheit kg oder g ist ersichtlich, dass es sich um die relative Atommasse handelt. Im Periodensystem werden die Elemente neben den Ordnungszahlen mit den relativen Atommassen gekennzeichnet [21].

1.1.6   Relative Molekülmasse

Die relative Molekülmasse M_r ergibt sich durch Addition aus den relativen Atommassen der am Aufbau der Verbindung beteiligten Elemente; Beispiel: Chlorwasserstoff: A_r (H)...1,008; A_r (Cl)...35,45; M_r (HCl)...36,458.

1.1.7   Stoffmenge

Die chemischen Reaktionen spielen sich zwischen einzelnen Atomen, Molekülen oder Ionen ab. In der chemischen Praxis muss natürlich mit wägbaren Substanzmengen gearbeitet werden. Um die zwischen dem atomaren Bereich und dem wägbaren Bereich bestehenden Beziehungen zu erfassen, wurde die Stoffmenge als Basisgröße eingeführt: Formelzeichen: n, Einheit: **Mol**, Einheitszeichen: mol.

> Die Stoffmenge 1 mol enthält immer die gleiche Teilchenzahl von $6,0221 \cdot 10^{23}$ (= Avogadro'sche Zahl N_A).

1.1.8   Molare Masse

Die molare Masse ist die stoffmengenbezogene Masse. Was wiegt nun ein Mol? Der Zahlenwert der relativen Molekülmasse M_r ist gleich der molaren Masse M einer chemischen Verbindung. Beispiele (gerundet): Wasser: $M_r = 18$, molare Masse des Wassers: 18 g; Sauerstoff: $M_r = 18$, molare Masse des Sauerstoffs: 32 g.

> Zwischen Stoffmenge n, Masse m und molarer Masse M (Tabellenwert) besteht die Beziehung: **Stoffmenge n [mol] = Masse m [g]/molare Masse M [g/mol] oder $n = m/M$; $m = n \cdot M$**

Beispiel: Masse von 2 mol H_2O : 2 mol $\cdot$ 18 g/mol = 36 g

1.1.9   Lösungen

Liegt die molare Masse eines Stoffes in 1 Liter Lösung vor, spricht man von einer 1-mol/l-Lösung, oder veraltet von einer 1-molaren oder 1m-Lösung. *Beispiel:* 1 Liter einer Lösung, die 98,08 g H_2SO_4 enthält.

Teilt man die molare Masse M durch die Wertigkeit z, erhält man die molare Äquivalentmasse M_{eq}. Liegt die molare Äquivalentmasse M_{eq} eines Stoffes in 1 Liter Lösung vor, spricht man von einer 1/z-mol/l-Lösung oder veraltet von einer 1-normalen oder 1n-Lösung. *Beispiel:* 1 Liter einer Lösung, die 49,04 g H_2SO_4 enthält.

1.2   Atombau

Atombausteine

Jedes Atom besteht aus **Atomkern und Elektronenhülle**. Atomkerne bestehen aus Kernbausteinen (Nukleonen) in Form positiver Protonen und neutraler Neutronen. Die Elektronenhülle besteht aus negativ geladenen Elektronen. Der Durchmesser eines Atoms liegt in der Größenordnung von 10^{-10} m, der eines Atomkerns von 10^{-14} m. Die Masse eines Atoms ist praktisch vollständig im Kern konzentriert, die Masse der Elektronen ist unerheblich. Ein Proton hat eine

Masse von $1,67264 \cdot 10^{-24}$ g, ein Elektron nur eine Masse von $9,1094 \cdot 10^{-28}$ g, also $^1/_{1836}$ der Masse eines Protons. Neutronen haben annähernd die gleiche Masse wie Protonen. Die Masse eines Atomkerns ist also von der Zahl der Protonen und der Zahl der Neutronen abhängig [21].

> Im elektrisch neutralen Atom gilt:
> **Ordnungszahl im Periodensystem = Anzahl der Protonen = Anzahl der Elektronen**

Das **Elektron** ist der Träger der **elektrischen Elementarladung** ($1,6022 \cdot 10^{-19}$ As). Nach außen hin sind die Atome ungeladen (elektrisch neutral), da die negativen Ladungen der Elektronen durch die positiven Ladungen des Atomkerns kompensiert werden. Stimmen die Anzahl der Elektronen und der Protonen nicht überein, hat das Atom eine Ladung. Man spricht dann von einem **Ion** (z.B. wenn 2 Elektronen fehlen, beispielsweise Ca^{++}).

Aufbau der Atomkerne
Das Verhältnis von Protonen und Neutronen ist anfänglich 1 : 1 (z.B. Kohlenstoff) und steigt mit höherer Ordnungszahl auf etwa 1 : 1,5. Da die Masse des Neutrons etwa der des Protons entspricht, ist die Atommasse im Allgemeinen 2- bis 3-mal so groß wie die Zahl der Protonen (Beispiel Uran: OZ 92, Atommasse 238).

Untersuchungen haben gezeigt, dass die meisten Elemente in der Natur in mehreren Atomarten auftreten, die sich in der Anzahl der Neutronen und daher auch in ihrer Masse voneinander unterscheiden. Man spricht von sog. Isotopen. Die Atommasse eines Elements bezieht sich auf das natürliche Isotopengemisch und liegt deshalb meist als ungerade Zahl vor.

Handelt es sich um **verschiedene Atomsorten eines Elements**, spricht man von **Isotopen** (z.B. Isotope des Kohlenstoffs: ^{12}C, ^{13}C, ^{14}C. Alle Isotope eines Elements haben die gleichen chemischen Eigenschaften. Handelt es sich um **Atomsorten verschiedener Elemente**, spricht man von **Nukliden** (z.B. ^{12}C, ^{60}Co und ^{235}U; Massenzahl vor dem Elementsymbol hochgestellt, auch Schreibweise U 235 möglich). Nuklid ist der Oberbegriff zu Isotop, d.h., jedes Isotop ist ein Nuklid. Wie die unterschiedliche

Masse der Atome verschiedener Elemente mit Hilfe der relativen Atommassen verglichen wird, so vergleicht man die Masse verschiedener Nuklide mit Hilfe der Massenzahl:

Massenzahl = Anzahl der Nukleonen = ungefähre Atommasse

Aufbau der Elektronenhülle
Basis für das Verständnis der Stoffumwandlungsprozesse ist die Kenntnis der Elektronenhülle.

Nach RUTHERFORD (1871–1937) kreisen Elektronen in Bahnen nach Art der Gestirne (**Planetenmodell**) um den Atomkern. BOHR (1885–1962) präzisierte dieses Modell mit der Aussage, dass sich die Elektronen in Schalen (**Zwiebelmodell**) bestimmten Abstandes vom Kern und damit bestimmter Energiezustände bewegen. HEISENBERG (1901–1976) postulierte, dass es für Elektronen letztlich nur Aufenthaltswahrscheinlichkeiten in berechenbaren Elektronenwolken oder **Orbitalen** gibt.

Zum Grundverständnis ist das **Bohr'sche Atommodell** gut geeignet. Die Schalen können nur eine bestimmte Anzahl von Elektronen aufnehmen. Die erste, die sog. **K-Schale**, kann bis zu 2 Elektronen aufnehmen. So entstehen die Elemente H, He. Die zweite, die sog. **L-Schale**, kann bis zu 8 Elektronen aufnehmen. So entstehen die Elemente Li, Be, B, C, N,O, F, Ne. Die dritte, die sog. **M-Schale**, kann bis zu 18 Elektronen aufnehmen. So entstehen die Elemente Na, Mg, Al, Si, P, S, Cl, Ar. Die vierte, die sog. **N-Schale**, kann bis zu 32 Elektronen aufnehmen. Es werden aber zunächst nur 2 Elektronen aufgenommen (K, Ca). Die folgenden 10 Elektronen werden nicht von der N-Schale, sondern von einer der M-Schale zugeordneten Unterschale zusätzlich aufgenommen. So entstehen die Elemente Sc, Ti, V, Cr, Mn, Fe, Co, Ni, Cu, Zn.

Zum vertiefenden Verständnis benötigt man das **Heisenberg'sche Orbitalmodell**. Danach stehen die sog. Schalen K, L, M, N usw. für ganz bestimmte Energiezustände, sog. **Hauptenergieniveaus**. Man bezeichnet sie auch mit Nummern (K = 1, L = 2, M = 3 usw.). Diese sind unterteilt in «Unterschalen», den **Nebenenergieniveaus s,p,d,f** bzw. **s,p,d,f-Orbitalen**.

Das Nebenenergieniveau s besteht aus dem

s-Orbital. Es kann mit max. 2 Elektronen besetzt sein (z.B. Elektronenkonfiguration von Helium 1 s^2). Das Nebenenergieniveau p besteht aus drei energiegleichen **p-Orbitalen** und kann max. mit 6 Elektronen besetzt sein (z.B. Elektronenkonfiguration von Neon 1 s^2 2s^2 2p^6). Das Nebenenergieniveau d besteht aus 5 energiegleichen **d-Orbitalen** und kann mit max. 10 Elektronen besetzt sein (z.B. Elektronenkonfiguration von Zink 1s^2 2s^2 2p^6 3s^2 3p^6 4s^2 3d^{10}). Das Nebenenergieniveau f besteht aus 7 energiegleichen **f-Orbitalen** und kann mit max. 14 Elektronen besetzt sein.

Nun ein wichtiges Phänomen («**Lücke**» im **Periodensystem**): Die mit steigender Kernladungszahl neu hinzu kommenden Elektronen werden jeweils in die dem Kern am nächsten liegenden, energieärmsten, freien Positionen eingebaut. Nach der **Energiestufenfolge der Orbitale** zeigt sich, dass Nebenenergieniveaus einer niedrigeren Schale in eine höhere Schale hineinreichen können. So besteht eine Zunahme der Energie vom 4s-Niveau zum 3d-Niveau (Bild 1.1). Das ist der Grund, warum in der 4. Periode zunächst das 4s-Niveau (K, Ca), dann das 3d-Niveau (Sc bis Zn) und danach das 4p-Niveau (Ga bis Kr) aufgefüllt wird. Bild 1.2 zeigt die Elektronenanordnung der Elemente 1 bis 30.

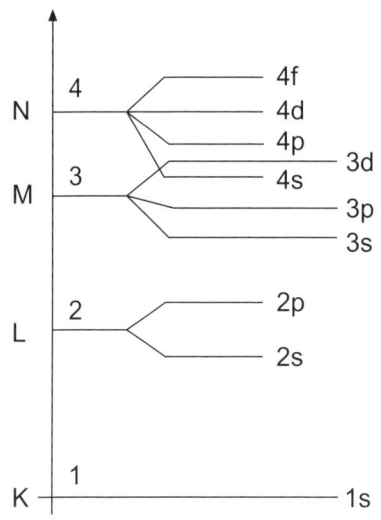

Bild 1.1 Haupt- und Nebenenergieniveaus [21]

Eine Elektronenschale erweist sich als besonders stabil, wenn die maximale Besetzung der äußersten Schale die sog. **Edelgaskonfiguration** (Zweier- bzw. Achterschale) erreicht. Beispiel: He: 1s^2 (Zweierschale); Ne: 1$s^2$2$s^2$2p^6 (Achterschale); Ar: (Ne) 3s^2 3p^6 (Achterschale, Rumpfkonfiguration (Ne) einbezogen). Ein **Elektronenoktett** in der äußersten Schale (s,p-Orbitale) erscheint als besonders stabiler, in sich abgeschlossener Zustand. Die über diese stabilen Konfigurationen hinaus vorhandenen Elektronen bestimmen die Wertigkeit oder Valenz eines Elementes und damit seine Eigenschaften (sog. Valenzelektronen). Beispiel: Na (Ne) 3s^1.

OZ	Element	K- 1s	2s	L-Schale 2p	3s	3p	M-Schale 3d	N- 4s
1	H	⊖						
2	He	⊖⊖						
3	Li	⊖⊖	⊖					
4	Be	⊖⊖	⊖⊖					
5	B	⊖⊖	⊖⊖	⊖				
6	C	⊖⊖	⊖⊖	⊖⊖				
7	N	⊖⊖	⊖⊖	⊖⊖⊖				
8	O	⊖⊖	⊖⊖	⊖⊖⊖⊖				
9	F	⊖⊖	⊖⊖	⊖⊖⊖⊖⊖				
10	Ne	⊖⊖	⊖⊖	⊖⊖⊖⊖⊖⊖				
11	Na	⊖⊖	⊖⊖	⊖⊖⊖⊖⊖⊖	⊖			
12	Mg	⊖⊖	⊖⊖	⊖⊖⊖⊖⊖⊖	⊖⊖			
13	Al	⊖⊖	⊖⊖	⊖⊖⊖⊖⊖⊖	⊖⊖	⊖		
14	Si	⊖⊖	⊖⊖	⊖⊖⊖⊖⊖⊖	⊖⊖	⊖⊖		
15	P	⊖⊖	⊖⊖	⊖⊖⊖⊖⊖⊖	⊖⊖	⊖⊖⊖		
16	S	⊖⊖	⊖⊖	⊖⊖⊖⊖⊖⊖	⊖⊖	⊖⊖⊖⊖		
17	Cl	⊖⊖	⊖⊖	⊖⊖⊖⊖⊖⊖	⊖⊖	⊖⊖⊖⊖⊖		
18	Ar	⊖⊖	⊖⊖	⊖⊖⊖⊖⊖⊖	⊖⊖	⊖⊖⊖⊖⊖⊖		
19	K	⊖⊖	⊖⊖	⊖⊖⊖⊖⊖⊖	⊖⊖	⊖⊖⊖⊖⊖⊖		⊖
20	Ca	⊖⊖	⊖⊖	⊖⊖⊖⊖⊖⊖	⊖⊖	⊖⊖⊖⊖⊖⊖		⊖⊖
21	Sc	⊖⊖	⊖⊖	⊖⊖⊖⊖⊖⊖	⊖⊖	⊖⊖⊖⊖⊖⊖	⊖	⊖⊖
22	Ti	⊖⊖	⊖⊖	⊖⊖⊖⊖⊖⊖	⊖⊖	⊖⊖⊖⊖⊖⊖	⊖⊖	⊖⊖
23	V	⊖⊖	⊖⊖	⊖⊖⊖⊖⊖⊖	⊖⊖	⊖⊖⊖⊖⊖⊖	⊖⊖⊖	⊖⊖
24	Cr	⊖⊖	⊖⊖	⊖⊖⊖⊖⊖⊖	⊖⊖	⊖⊖⊖⊖⊖⊖	⊖⊖⊖⊖⊖	⊖
25	Mn	⊖⊖	⊖⊖	⊖⊖⊖⊖⊖⊖	⊖⊖	⊖⊖⊖⊖⊖⊖	⊖⊖⊖⊖⊖	⊖⊖
26	Fe	⊖⊖	⊖⊖	⊖⊖⊖⊖⊖⊖	⊖⊖	⊖⊖⊖⊖⊖⊖	⊖⊖⊖⊖⊖⊖	⊖⊖
27	Co	⊖⊖	⊖⊖	⊖⊖⊖⊖⊖⊖	⊖⊖	⊖⊖⊖⊖⊖⊖	⊖⊖⊖⊖⊖⊖⊖	⊖⊖
28	Ni	⊖⊖	⊖⊖	⊖⊖⊖⊖⊖⊖	⊖⊖	⊖⊖⊖⊖⊖⊖	⊖⊖⊖⊖⊖⊖⊖⊖	⊖⊖
29	Cu	⊖⊖	⊖⊖	⊖⊖⊖⊖⊖⊖	⊖⊖	⊖⊖⊖⊖⊖⊖	⊖⊖⊖⊖⊖⊖⊖⊖⊖⊖	⊖
30	Zn	⊖⊖	⊖⊖	⊖⊖⊖⊖⊖⊖	⊖⊖	⊖⊖⊖⊖⊖⊖	⊖⊖⊖⊖⊖⊖⊖⊖⊖⊖	⊖⊖

Bild 1.2   Elektronenanordnung der Elemente 1 bis 30 [13]

Periodensystem

mit Einteilung in

— Metalle
— Halbmetalle
— Nichtmetalle
— Edelgase

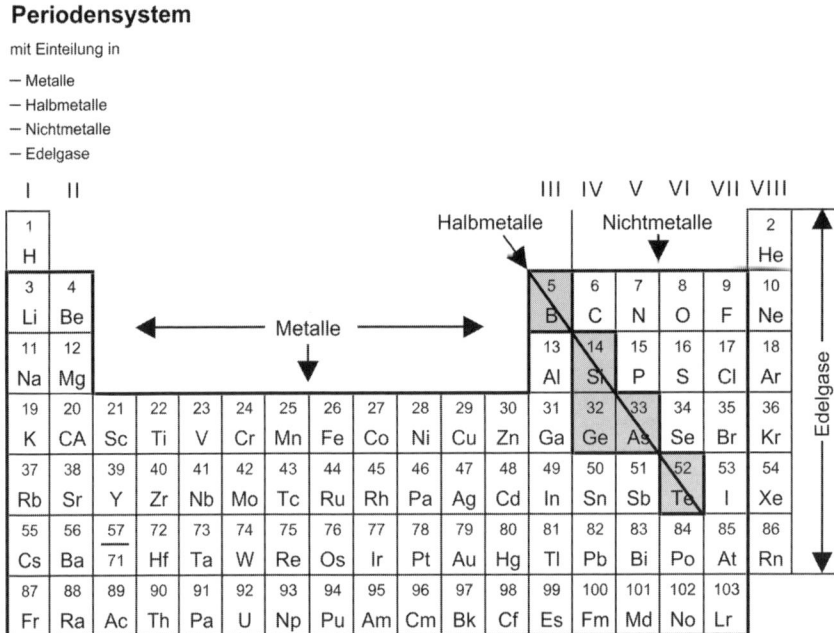

Bild 1.3   Periodensystem (ohne Lanthanoide) [13]

1.3   Periodensystem

Die nach ihrer Ordnungszahl geordneten Elemente zeigen eine **Periodizität der Eigenschaften**, die zur Aufstellung des Periodensystems der Elemente führte. Die Periodizität beruht auf den Anordnungen der Elektronen in Perioden (waagrecht) und Gruppen (senkrecht). In den Gruppen liegen Elementfamilien vor, deren verschiedene Elemente chemisch ähnlich reagieren. Man unterscheidet Haupt- und Nebengruppen. In diesen stehen Elemente mit gleicher Zahl der Außenelektronen untereinander.

Die besonders wichtigen **Hauptgruppen** werden wie folgt unterteilt: I. Hauptgruppe: Alkalimetalle; II. Hauptgruppe: Erdalkalimetalle; III. Hauptgruppe: Erdmetalle; IV. Hauptgruppe: Kohlenstoffgruppe; V. Hauptgruppe: Stickstoffgruppe; VI. Hauptgruppe: Chalkogene; VII. Hauptgruppe: Halogene; VIII. Hauptgruppe: Edelgase (praktisch nicht reaktionsfähige Gase). In den Perioden der Haupt-

gruppenelemente werden die s- und p-Orbitale schrittweise aufgefüllt.

Elemente der **Nebengruppen** werden nach ihrem ersten Element bezeichnet (z.B. Kupfergruppe Cu, Ag, Au). In den Perioden der Nebengruppenelemente werden die d-Orbitale schrittweise aufgefüllt.

Von den **Eigenschaften der Elemente** her lässt sich das Periodensystem in Metalle, Halbmetalle, Nichtmetalle und Edelgase unterteilen (Bild 1.3).

1.4   Chemische Bindung

Oktettregel

Die meisten Elemente liegen nicht als Elemente selbst, sondern als Verbindungen vor (Ausnahmen: Edelmetalle, Edelgase). Ein gutes Hilfsmittel zum Verständnis von chemischen Bindungen bietet die sog. **Oktettregel**:

Die Elektronen der äußersten Atomschale (s,p-Orbitale) haben das Bestreben, eine Anordnung von 8 Außenelektronen (Achterschale) zu bilden.

Man unterscheidet die Bindungstypen Atombindung, polarisierte Atombindung, Ionenbindung, Metallbindung und zwischenmolekulare Bindung.

Atombindung

Die Atombindung findet vorwiegend bei Elementen statt, die im Periodensystem rechts stehen (Nichtmetallatome, also z.B. Stickstoff, Sauerstoff, Chlor). 2 Chloratome z.B. können ein Molekül bilden (Bild 1.4).

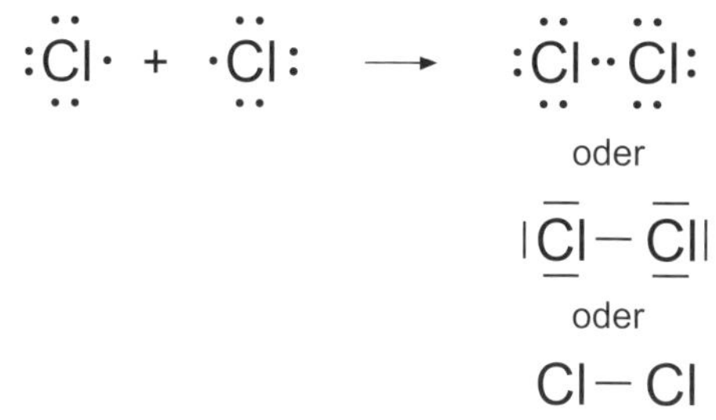

Tabelle 1.1   Elektronegativitäten der Hauptgruppenelemente (nach PAULING)

I	II	II	IV	V	VI	VII
H 2,1						
Li 1,0	Be 1,5	B 2,0	C 2,5	N 3,0	O 3,5	F 4,0
Na 0,9	M 1,2	Al 1,5	Si 1,8	P 2,1	S 2,5	Cl 3,0
K 0,8	Ca 1,0	Ga 1,6	Ge 1,8	As 2,0	Se 2,4	Br 2,8
Rb 0,8	Sr 1,0	In 1,7	Sn 1,8	Sb 1,9	Te 2,1	J 2,5
Cs 0,7	Ba 0,9	Tl 1,8	Pb 1,8	Bi 1,9	Po 2,0	At 2,2

oder

$$|\overline{Cl} - \overline{Cl}|$$

oder

$$Cl - Cl$$

Bild 1.4   Entstehung einer Atombindung

Das bindende gemeinsame Elektronenpaar «gehört» beiden Elementen, die auf diese Weise die erstrebte Achterschale erreichen. Für organische Verbindungen ist die Atombindung charakteristisch. Während Molekülsubstanzen mit Atombindungen innerhalb der Moleküle einen festen Zusammenhalt aufweisen, ist dieser zwischen den Molekülen sehr gering. Molekülsubstanzen mit Atombindungen besitzen daher niedrige Schmelz- (Fp.) und Siedepunkte (Sdp.), z.B. Cl_2, Fp. –101 °C, Sdp. –34,06 °C; n-Butan Fp. –138,3 °C, Sdp. –0,5 °C.

Polarisierte Atombindung

In der sog. polarisierten Atombindung verschiedener Nichtmetalle im gleichen Molekül, z.B. HCl, unterscheiden sich die Bindungspartner hinsichtlich der Kraft, das gemeinsame Elektronenpaar für sich zu beanspruchen. Das

Cl-Atom zieht das gemeinsame Elektronenpaar mehr an sich als das H-Atom. Man spricht von **Elektronegativität** (Tabelle 1.1), d.h. die Kraft eines Elements, Elektronen vom anderen Bindungspartner anzuziehen.

Je größer die Differenz zwischen den Elektronegativitäten der beiden Atome in einer Bindung, umso größer ist die Polarität bzw. der Ionenbindungscharakter dieser Bindung.

Ionenbindung

Während in einer polarisierten Atombindung die Atome noch gebunden sind, sind sie in der Ionenbindung frei beweglich. Aufgrund der **hohen Elektronegativitätsdifferenz** der Bindungspartner ist ein Elektronenübergang vollzogen worden, der zu geladenen diskreten Teilchen, den Ionen, führt (Bild 1.5).

Die Ionenbindung ist der wichtigste Bindungstyp in der anorganischen Chemie. Im Gegensatz zur Atombindung erfolgt keine direkte und gerichtete Bindung der Atome. Die elektrischen Ladungen wirken nach allen Seiten im Raum. Dies hat zur Folge, dass zu einem bestimmten Na-Ion kein bestimmtes Chlorid-Ion gehört. Im festen Zustand bilden sie ein sog. **Ionengitter** (Bild 1.6). Dabei sind die einzelnen

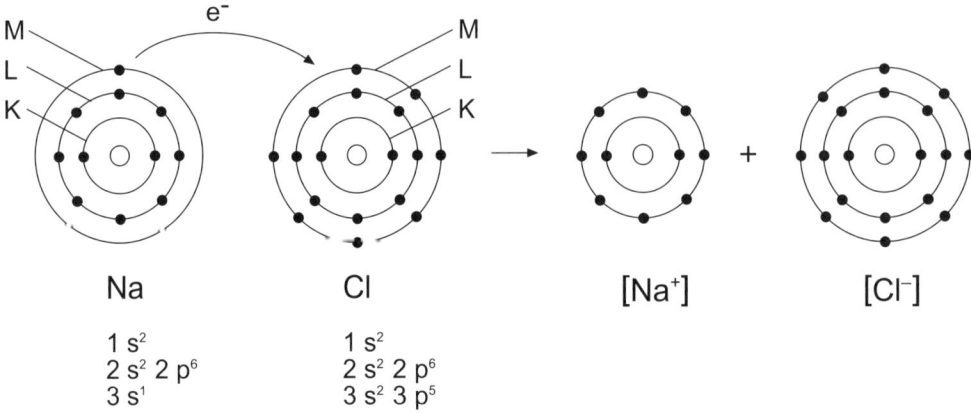

$$Na \qquad\qquad Cl \qquad\qquad\qquad [Na^+] \qquad\qquad [Cl^-]$$

Na
1 s²
2 s² 2 p⁶
3 s¹

Cl
1 s²
2 s² 2 p⁶
3 s² 3 p⁵

Bild 1.5   Entstehung einer Ionenbindung

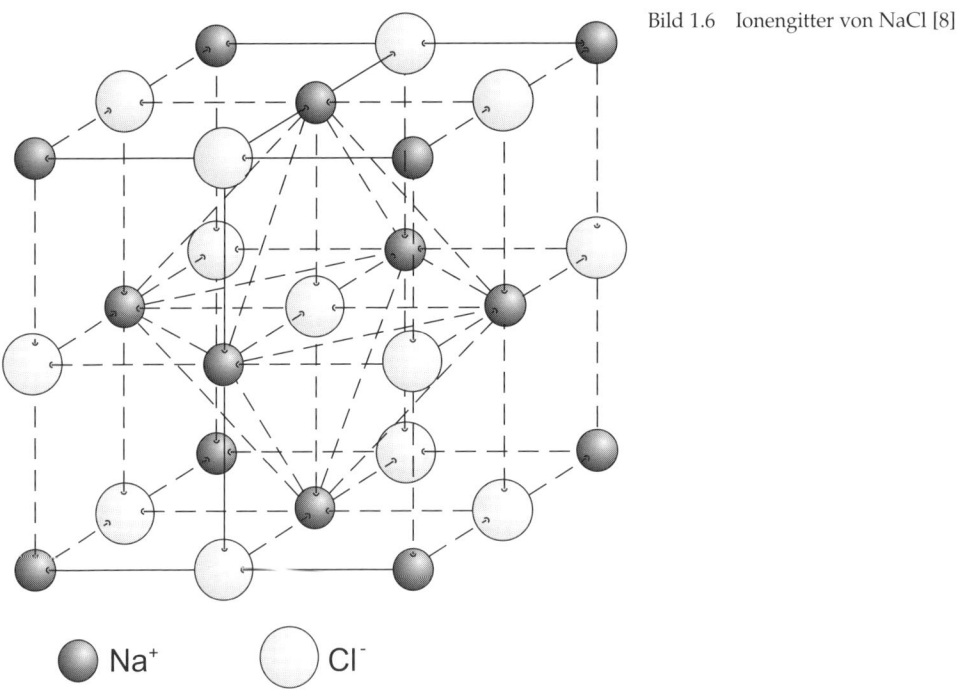

Bild 1.6   Ionengitter von NaCl [8]

Na⁺   Cl⁻

Gitterpunkte nicht von Atomen oder Molekülen, sondern von Ionen besetzt. Man kann bei dieser Art der Verknüpfung nicht von Molekülen sprechen. Die Ionenbindung ist charakteristisch für Salze und zeichnet sich durch hohe Schmelz- und Siedepunkte aus (z.B. NaCl Fp. 801 °C, Sdp.

1440 °C). Der Zerfall von Ionensubstanzen in Schmelze oder Lösung zu frei beweglichen Ionen wird **elektrolytische Dissoziation** genannt. Derartige Ionensubstanzen sind z.B. Säuren, Basen und Salze, also Stoffe, die einen Ladungstransport ermöglichen (sog. **Elektrolyte**) und damit die Leitfähigkeit des elektrischen Stromes in Schmelzen und wässrigen Lösungen.

Metallbindung

Die Metallbindung besteht bei Elementen (Metallen), die im Periodensystem in der diagonal unteren Hälfte stehen, z.B. Na. Na-Atome unter sich können die gewünschte Edelgaskonfiguration erhalten, wenn sie ihr einziges Außenelektron abgeben. Dadurch überwiegt die Kernladung, so dass die entstehenden Teilchen positiv geladen sind. Da sie nicht beweglich sind, bezeichnet man sie nicht als Ionen, sondern als Atomrümpfe, d.h. Atome ohne ihre Valenzelektronen. Die im Gegensatz zum Ionengitter gleich großen **Atomrümpfe** besetzen im festen Zustand die Gitterpunkte eines Kristall- bzw. **Metallgitters**. Der Zusammenhalt der einzelnen Atomrümpfe wird durch die Elektronen bewirkt, die von den Atomen abgegeben worden sind. Die Elektronen sind nicht an bestimmte Plätze gebunden oder bestimmten Ionen zugeordnet, sondern erfüllen den Raum zwischen den Gitterplätzen («Elektronengas»). Dieser Bindungstyp ist die Ursache für die besonderen Eigenschaften der Metalle, wie z.B. der **elektrischen Leitfähigkeit**. Im Gegensatz zu Salzen finden bei diesem Vorgang keine stofflichen Veränderungen statt. Die Leitfähigkeit beruht auf der Übertragung des Impulses von einem Elektron zum nächsten.

Zwischenmolekulare Bindung

Zwischenmolekulare Bindungen beruhen auf Überlappung von Molekülorbitalen oder der elektrostatischen Wechselwirkung zwischen Dipolmolekülen. Einen besonderen Fall der elektrostatischen Wechselwirkung zwischen Molekülen stellt die **Wasserstoffbrückenbindung** dar, die vor allem bei Verbindungen mit OH-Gruppen vorliegt. Hierbei wird ein Energiegewinn erzielt, wenn – wie im Fall Wasser – die H-Atome (positive Teilladung) eines Wassermoleküls mit den Sauerstoffatomen (negative Teilladung) eines anderen Wassermoleküls in Wechselwirkung stehen.

> Auf der Ausbildung von Wasserstoffbrückenbildung beruhen die besonderen Eigenschaften des Wassers, wie z.B. der für das kleine Wassermolekül sehr hohe Siedepunkt von 100 °C (z. Vgl. CO_2 ohne zwischenmolekulare Bindungen: Siedepunkt -78 °C, Sublimation).

Schwächere zwischenmolekulare Bindungskräfte, sog. **van der Waal'sche Bindungen**, finden auch zwischen unpolaren Molekülen durch Überlappung von Molekülorbitalen statt.

Zwischenmolekulare Bindungen prägen eine Reihe physikalischer Eigenschaften wie z. B. Viskosität, Oberflächenspannung, Löslichkeit, Mischbarkeit, Schmelzpunkt, Siedepunkt.

Die **Bindungsenergien** der verschiedenen Bindungsarten liegen in folgenden Größenordnungen (kJ/mol) [12]:

❏ Ionenbindung 400...3000; Atombindung 100...900; Metallbindung: 100...600
❏ Wasserstoffbrückenbindung: 10...100; van der Waal'sche 5...50

1.5 Chemisches Gleichgewicht

Bei chemischen Reaktionen wird zwischen **Ausgangsstoffen** und **Reaktionsprodukten** unterschieden.

A + B   ⇄   C + D
oder
AB   ⇄   A + B
Ausgangsstoff(e)   Reaktionsprodukte

In einem geschlossenen System (z.B. einem geschlossenen Behälter) können chemische Reaktionen in beiden Richtungen ablaufen (Hin- und Rückreaktion). Die Umkehrbarkeit einer chemischen Reaktion wird mit Hilfe des Doppelpfeils gekennzeichnet.

In einem offenen System können Reaktionsprodukte durch Verflüchtigung (z.B. als Gas) dem Gleichgewicht entzogen werden. Die Reaktion läuft dann in nur einer Richtung ab.
Beispiel: Kalkbrennen $CaCO_3 \rightarrow CaO + CO_2$

Das gebildete CO_2 entweicht. Ein Gleichgewicht kann sich nicht einstellen. Die Reaktion läuft komplett nach rechts.

Läuft die Reaktion in einem geschlossenen System ab, stellt sich ein Gleichgewicht ein ($CaCO_3$, CaO, CO_2). Die Reaktion kommt zum Stillstand, lange bevor alles $CaCO_3$ verbraucht ist. Das Verhältnis, in dem die Stoffe im Gleichgewichtszustand vorliegen, wird als **Lage des Gleichgewichts** bezeichnet. Die Lage eines Gleichgewichts lässt sich durch Änderung des **Drucks**, der **Temperatur** und der **Konzentration** verschieben.

Eine Druckerhöhung verschiebt die Gleichgewichtslage nur dann, wenn bei der Reaktion eine Molzahländerung eintritt.

Beispiel: 1 Mol N_2 + 3 Mol H_2 → 2 Mol NH_3

Eine Temperaturerhöhung führt bei endothermen Reaktionen zu einer Vergrößerung, bei exothermen Reaktionen zu einer Verkleinerung der Ausbeute.

Beispiel für *endotherme* Reaktion: $CaCO_3$ + Wärme → CaO + CO_2 (geschieht erst bei >700 °C)

Beispiel für *exotherme* Reaktion: $C + O_2$ → CO_2 + Wärme

Eine Konzentrationserhöhung **eines** der Ausgangsstoffe verschiebt das Gleichgewicht auf die Seite der Endprodukte, d.h., die Ausbeute an Endprodukten steigt.

Dieses Verhalten entspricht dem **Prinzip des kleinsten Zwanges**: Übt man auf ein im Gleichgewicht befindliches System durch Änderung der äußeren Bedingungen einen Zwang aus, so verschiebt sich die Lage des Gleichgewichtes derart, dass der äußere Zwang vermindert wird.

Mathematisch wird das chemische Gleichgewicht durch das **Massenwirkungsgesetz** beschrieben. Für die Gleichung $A + B \rightleftarrows C + D$ gilt: $K = [C][D]/[A][B]$ mit K Gleichgewichtskonstante, [ ] Konzentration in mol/l.

1.6   Geschwindigkeit chemischer Reaktionen

Die Reaktionskinetik behandelt **die Frage, wie schnell sich ein Gleichgewicht einstellt** bzw. wie schnell eine Reaktion abläuft. Die Zusammenhänge des zeitlichen Reaktionsablaufs und seiner Beeinflussung sind wirtschaftlich besonders wichtig. Die Reaktionsgeschwindigkeit RG ist definiert als dc/dt (Änderung der Konzentration c in mol/l nach der Zeit t, z.B. in min), d.h. Zunahme der Konzentrationen der Endprodukte bzw. Abnahme der Konzentrationen der Ausgangsprodukte.

> **Die RG hängt ab** von der **Konzentration** (es müssen genügend Moleküle aufeinanderstoßen), der **Temperatur** (es ist eine Mindestenergie einer bestimmten Teilchenanzahl notwendig), dem **Aggregatzustand** (Festkörperreaktionen, z.B. das Erbrennen von Zement oder Keramik, laufen langsamer ab als Ionenreaktionen in wässriger Lösung), der **Oberfläche** (Zemente mit z.B. höherer Mahlfeinheit reagieren/hydratisieren schneller), **Katalysatoren** (chemische Verbindungen, die z.B. die Zementerhärtung beschleunigen).

Besonders mit steigender Temperatur nimmt die RG zu, da die Anzahl der reaktionsfähigen Moleküle ansteigt, die einen Mehrbetrag an Energie gegenüber dem Durchschnittsenergieinhalt haben. Die Zunahme der RG kann überschlagsweise nach der **van't Hoff'schen RGT-Regel** (Reaktionsgeschwindigkeit/Temperatur) berechnet werden: RG (t + 10) / RG t = 2...4 (innerhalb mittlerer Temperaturbereiche). Bei einer Temperaturerhöhung der Temperatur t um 10 Kelvin (z.B. von 20 °C auf 30 °C) steigt die RG um das 2- bis 4fache. Die Temperatur hat großen Einfluss auf die Betonerhärtung (**Wärmebehandlung von Betonfertigteilen** zur Erzielung besserer Frühfestigkeiten bzw. kürzerer Ausschalfristen).

1.7   Säure- und Basenstärke

Ionenreaktionen in wässriger Lösung laufen meist als Gleichgewichtsreaktionen ab und unterliegen daher dem Massenwirkungsgesetz. Säure oder Basen können gemäß

$$AB \rightleftarrows A^+ + B^-$$

in Ionen dissoziieren. In diesem Fall wird die

Tabelle 1.2 Säure- und Basenstärke [64]

Säure	Dissoziation			K_S	pK_S
Salzsäure	HCl	$\rightleftarrows$	$H^+ + Cl^-$	10^6	−6,0
Essigsäure	CH_3COOH	$\rightleftarrows$	$H^+ + CH_3COO^-$	$1,8 \cdot 10^{-5}$	4,8
Borsäure	H_3BO_3	$\rightleftarrows$	$H^+ + H_2BO_3^-$	$7,3 \cdot 10^{-10}$	9,1
Kohlensäure	$CO_2 + H_2O$	$\rightleftarrows$	$H^+ + HCO_3^-$	$4,3 \cdot 10^{-7}$	6,4
	HCO_3^-	$\rightleftarrows$	$H^+ + CO_3^{2-}$	$5,6 \cdot 10^{-11}$	10,3
Blausäure	HCN	$\rightleftarrows$	$H^+ + CN^-$	$4,9 \cdot 10^{-10}$	9,3
Schwefelwasserstoff	H_2S	$\rightleftarrows$	$H^+ + HS^-$	$9,1 \cdot 10^{-8}$	7,0
	HS^-	$\rightleftarrows$	$H^+ + S^{2-}$	$1,1 \cdot 10^{-12}$	12,0
Phosphorsäure	H_3PO_4	$\rightleftarrows$	$H^+ + H_2PO_4^-$	$7,5 \cdot 10^{-3}$	2,0
	$H_2PO_4^-$	$\rightleftarrows$	$H^+ + HPO_4^{2-}$	$6,2 \cdot 10^{-8}$	7,2
	HPO_4^{2-}	$\rightleftarrows$	$H^+ + PO_4^{3-}$	$3,5 \cdot 10^{-18}$	12,7
Base	Dissoziation			K_B	pK_B
Ammoniak	$NH_3 + H_2O$	$\rightleftarrows$	$NH_4^+ + OH^-$	$1,8 \cdot 10^{-5}$	4,7
Ca-Hydroxid	$Ca(OH)_2$	$\rightleftarrows$	$Ca^{2+} + 2 OH^-$	$4,0 \cdot 10^{-2}$	1,4
Mg-Hydroxid	$Mg(OH)_2$	$\rightleftarrows$	$Mg^{2+} + 2 OH^-$	$2,6 \cdot 10^{-3}$	2,6

Gleichgewichtskonstante K durch die **Dissoziationskonstante** $K_D = [A^+][B^-] / [AB]$ ersetzt. Sie gilt als Maß für die Stärke des Elektrolyten (z.B. eines Salzes), d.h. seiner Fähigkeit, in wässriger Lösung in Ionen zu zerfallen. K_D ist abhängig von der Temperatur und gilt nur in stark verdünnten Lösungen. Bei Säuren spricht man von K_S, bei Basen von K_B. Gebräuchlich sind auch die negativen dekadischen Logarithmen pK_S und pK_B. Starke Säuren (Basen) liegen vor bei einem $pK_S < 4$ ($pK_B < 4$), schwache Säuren (Basen) bei einem $pK_S > 4$ ($pK_B > 4$) (Tabelle 1.2).

Die **Säure- und Basenstärke** wird bei höher konzentrierten Lösungen (>0,01n) durch den **Dissoziationsgrad** α beschrieben. Er ist der Quotient aus der Anzahl der dissoziierten Moleküle nach dem Zerfall und der Anzahl der Moleküle vor dem Zerfall. Er ist immer kleiner als 1 und kann auch in Prozent angegeben werden. α ist im Unterschied zu K_D von der Konzentration abhängig. Er steigt mit zunehmender Verdünnung. In 1-normaler Lösung sind starke Säuren (Basen), wie z.B. Salzsäure (Natronlauge), zu 78% (73%) in Ionen gespalten, schwache Säuren (Basen), wie z.B. Essigsäure (Ammoniak), nur zu 0,4% (0,4%).

1.8 Oxide

Allgemeines

Oxide sind Verbindungen von Elementen mit Sauerstoff. Alle Elemente mit Ausnahme der Edelmetalle können Oxide bilden. Gesteine bestehen überwiegend aus Oxiden. Die Formeln der Oxide sind leicht abzuleiten. Sie ergeben sich daraus, dass der Sauerstoff auf der äußersten Schale 6 Elektronen besitzt. Er gibt diese nicht ab, sondern ergänzt durch Aufnahme von zwei weiteren Elektronen seine äußerste Schale zur vollständigen Achterschale. Daraus ergibt sich formal (neben nicht genannten weiteren Oxidationsstufen) für Hauptgruppenelemente der ersten Gruppe die Schemaformel X_2O, der zweiten Gruppe XO, der dritten Gruppe X_2O_3, der vierten Gruppe XO_2, der fünften Gruppe X_2O_5, der sechsten Gruppe XO_3, der siebten Gruppe X_2O_7. Baustofflich wichtige Oxide: Na_2O, K_2O, MgO, CaO, Al_2O_3, CO_2, SiO_2, SO_2, SO_3.

Metalloxide/Basen

Metalloxide bilden unter Wasseraufnahme Basen:

Metalloxid (Basenanhydrid) + Wasser → Metallhydroxid (Base)
Beispiel: CaO + H_2O → $Ca(OH)_2$ Calciumhydroxid

> Charakteristischer Bestandteil aller Basen ist die **dissoziationsfähige Hydroxylgruppe**. Basen sind chemische Verbindungen, die in der Schmelze oder in wässrigen Lösungen in positive Metallionen und negative Hydroxylionen dissoziieren. Besonders wichtig in der Bauchemie (z.B. Zement) sind NaOH, KOH, $Ca(OH)_2$. Basen wirken ätzend auf Haut und Augen.

NaOH, KOH: Diese festen hygroskopischen Stoffe sind leicht wasserlöslich. Sie sind in geringer Menge als Oxide im Zement enthalten und ergeben beim Anmachen mit Wasser Natron- bzw. Kalilauge. Sie sind mitverantwortlich für die hohe Alkalität des Porenwassers im Zementstein. Betonschädlich sind sie nur bei Anwesenheit alkaliempfindlicher Zuschläge.

$Ca(OH)_2$ Im Gegensatz zu KOH und NaOH (beide lösen sich >1 kg pro 1000 g Wasser bei 20 °C) ist $Ca(OH)_2$ nur wenig wasserlöslich (1,28 g pro 1000 g Wasser bei 18 °C [66]). Trotzdem reagiert Kalkwasser stark alkalisch (pH-Wert: 12,5). $Ca(OH)_2$, auch gelöschter Kalk oder Kalkhydrat genannt, entsteht auch beim Anmachen des Zements mit Wasser in großen Mengen und ist daher hauptverantwortlich für die Alkalität des Frischmörtels oder Frischbetons und des Zementsteins.

Weitere Metallhydroxide: Der basische Charakter der Metallhydroxide wird dadurch verursacht, dass sie wasserlöslich sind und in Wasser Hydroxid-Ionen abspalten. Da nur die Alkalihydroxide und das Calciumhydroxid mehr oder weniger wasserlöslich sind, reagieren nur diese Metallhydroxide basisch. Die Hydroxide anderer Metalle sind dagegen kaum wasserlöslich und reagieren daher nur schwach basisch (Fe) bzw. **amphoter**, d.h. als Säure und als Base (Zn, Al).

Nichtmetalloxide/Säuren
Nichtmetalloxide bilden unter Wasseraufnahme Säuren.
Nichtmetalloxid + Wasser → Nichtmetallhydroxid (Sauerstoffsäure).
Beispiel: SO_3 + H_2O → $(OH)_2SO_2$ oder besser bekannt als H_2SO_4

> Charakteristischer Bestandteil aller Säuren ist der **dissoziationsfähige Wasserstoff**. Säuren sind also Verbindungen, die in wässrigen Lösungen in positive Wasserstoffionen und negative Säurerestionen dissoziieren. Säuren wirken ätzend auf Haut und Augen.

Beispiel: Dissoziation von **Schwefelsäure** H_2SO_4 + 2 H_2O → 2 H_3O^+ + SO_4^-
Wasserfreie (100%ige) Schwefelsäure ist eine Flüssigkeit, die keine Ionen enthält und daher auch keine elektrische Leitfähigkeit hat. Erst beim Mischen mit Wasser entstehen Wasserstoffionen und Säurerestionen. Wasserfreie Schwefelsäure ist aber ein kräftiges Oxidationsmittel. So werden organische Substanzen durch Wasserentzug bzw. Oxidation schwarz. Die Vereinigung von Schwefelsäure mit Wasser verläuft sehr heftig (niemals Wasser in die Säure!).

Neben den Sauerstoffsäuren existieren auch **nichtsauerstoffhaltige Säuren**, wie z.B. HCl. Derartige Säuren bilden sich gemäß

Nichtmetall + Wasserstoff → Nichtmetallhydrid.
Beispiel: Cl_2 + H_2 → 2 HCl (Chlorwasserstoff)

Bei Chlorwasserstoff handelt es sich um ein stechend riechendes Gas, das sich leicht in Wasser zu Salzsäure auflöst. Dabei dissoziiert der Chlorwasserstoff fast zu 100% in H^+- und Cl^--Ionen und ist deshalb eine starke Säure. Obwohl Wasserstoffionen in wässrigen Lösungen als Hydroniumionen H_3O^+ vorliegen, werden sie hier der Einfachheit halber als H^+ formuliert.

Bild 1.7
Indikatoren und Umschlagbereiche [21]

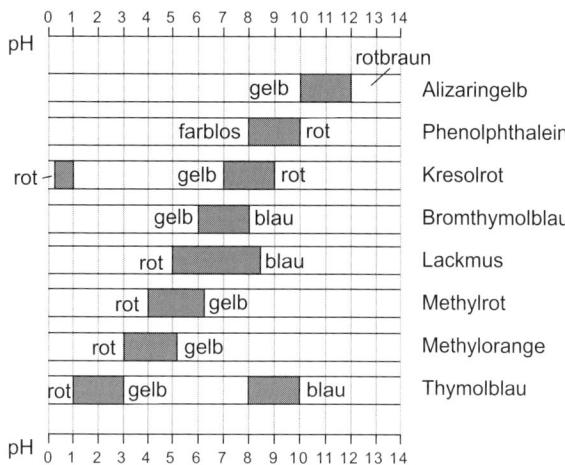

1.9 pH-Wert

Ableitung und Berechnung
Zur **Kennzeichnung des Säure- bzw. Basizi-tätsgrades** von Lösungen interessiert die Wasserstoffionenkonzentration bzw. Hydroxyl-ionenkonzentration in mol/l. In reinem Wasser ist der 10^{-7}te Teil in H^+- und OH^--Ionen gespalten. Daraus ergibt sich eine Konzentration von 10^{-7} mol/l an H^+ bzw. OH^-. Deren negativer dekadischer Logarithmus führt zum pH- bzw. pOH-Wert. Also ist **pH = –log [H^+] bzw. pOH = –lg[OH^-]**. Der pH-Wert bzw. der pOH-Wert von reinem Wasser ist somit 7. Üblicherweise gilt der pH-Wert als die Maßzahl für den sauren bzw. basischen Charakter einer Lösung. Der pH-Wert kann neutral (pH = 7), basisch (pH > 7) oder sauer (pH < 7) sein. Ferner gilt: pH + pOH = 14.

Rechenbeispiel: Welchen pH-Wert hat eine 0,1 m HCl?

Lösung: 0,1 m = 10^{-1} mol/l; pH = –log [H^+] = –log 10^{-1} = 1

Indikatoren
Der pH-Wert von Lösungen kann auf elektrochemischem Weg (**potentiometrisch**) oder durch **Indikatoren** bestimmt werden. Indikatoren sind schwache organische Säuren, die in be-

stimmten pH-Bereichen ihre Farbe ändern (Bild 1.7).
Praxisbeispiel: Beton wird im Laufe der Jahre in den obersten Millimetern der Oberfläche durch das CO_2 der Luft angegriffen. Das im Beton vorhandene, alkalisch reagierende Kalkhydrat wird im feuchten Medium in neutral reagierendes $CaCO_3$ umgewandelt. Der sog. **Carbonatisierungsfortschritt** kann anhand mittig gespaltener Betonwürfel erkannt werden, indem man eine Indikatorlösung (1%iges Phenolphthalein in wässrig-alkoholischer Lösung) aufsprüht. Der nicht carbonatisierte Kernbereich wird rot-violett, der carbonatisierte Randbereich bleibt farblos. Wichtig ist, ob die zur Stahlkorrosion führende Carbonatisierung schon bis zur Bewehrung vorgerückt bzw. ob die Betonüberdeckung noch ausreichend ist (Bild 1.8).

pH-Wert Kalkhydratlösung
Es soll der pH-Wert einer gesättigten Kalkhydratlösung errechnet werden, wie er z.B. im Frischbeton vorliegt.
Rechenweg: Ermittlung der OH^--Ionenkonzentration, daraus Errechnung des pOH- bzw. pH-Wertes.
In 1 l Wasser (18 °C) seien 1,28 g $Ca(OH)_2$ dissoziiert gelöst.
Umrechnung von g/l in mol/l (Formel $n = m/M$):

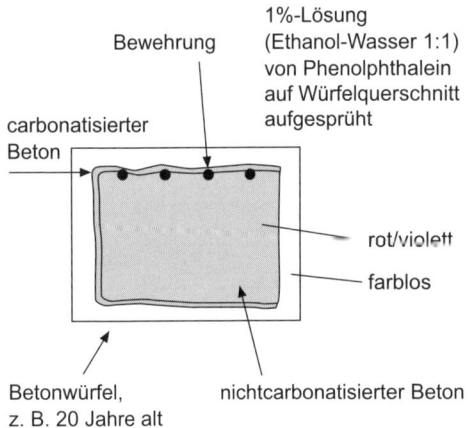

Bild 1.8   Phenolphthalein-Sprühtest

1,28 g /l : 74 g /mol = 1,73 · 10^{-2} mol/l = Konzentration an $Ca(OH)_2$ in mol/l

Nach $Ca(OH)_2 \rightarrow Ca^{++} + 2\ OH^-$ müssen doppelt so viele OH^--Ionen entstehen wie $Ca(OH)_2$ vorhanden ist: $2 \cdot 1,73 \cdot 10^{-2} = 3,46 \cdot 10^{-2}$ mol OH^-/l.

Nun wird der pOH ausgerechnet:
pOH = $-\log OH^- = -\log 3,46 \cdot 10^{-2} = (\log 3,46 + \log 10^{-2}) = -(0,539 - 2,000) = 1,461$; gerundet 1,46; pH = 14 - pOH = **12,54**.

> *Praxisbeispiel*: Das Anmachwasser von Kalk- und Zementmörtel bzw. Beton erreicht noch während des Mischens mindestens einen pH-Wert von 12,5, d.h. stark alkalisch. Eine weitere pH-Erhöhung kann durch Alkalihydroxide stattfinden, die Zement enthalten kann.

1.10   Salze und Hydrolyse

Werden äquivalente Mengen einer starken Säure und einer starken Lauge miteinander gemischt, so reagiert die entstehende Salzlösung weder sauer noch basisch, sondern **neutral**.

Base + Säure → Salz + Wasser (Neutralisation).

Beispiel: NaOH + HCl → NaCl + Wasser.

Hingegen reagieren wässrige Lösungen von Salzen aus Säuren und Basen unterschiedlicher Stärke nicht neutral.

Beispiele:

❑ Salz aus starker Base + schwacher Säure
→ Lösung **basisch**
$Na_2CO_3 + 2\ H_2O \rightarrow 2\ NaOH + H_2CO_3$

❑ Salz aus starker Säure + schwacher Base
→ Lösung **sauer**
$Al_2(SO_4)_3 + 6\ H_2O \rightarrow 2\ Al\,(OH)_3 + 3\ H_2SO_4$

Ursache: Solche Salze werden durch Wasser (hydrolytisch) in ihrer Säure und Base gespalten. Aus diesem Grund reagiert Na_2CO_3 (Soda) alkalisch, $Al_2(SO_4)_3$ sauer.

1.11   Wertigkeiten

Man unterscheidet verschiedene Wertigkeitsarten in Abhängigkeit der Bindungsart und dem Zweck, für den diese Angabe benötigt wird.

Die **stöchiometrische Wertigkeit** gibt an, wie viele als einwertig erkannte Atome oder Atomgruppen ein Atom eines Elements binden oder ersetzen können. Einwertig sind z.B. Wasserstoff und Fluor, zweiwertig ist z.B. Sauerstoff, vierwertig ist z.B. Kohlenstoff.

Die **Ionenwertigkeit** gibt die Anzahl der Ladungen an, die ein Ion hat, wobei zwischen positiver und negativer Wertigkeit unterschieden wird.

Beispiele: positiv: Na^+ (positiv einwertig); Ca^{2+} (positiv zweiwertig); Al^{3+} (positiv dreiwertig); Cl^- (negativ einwertig); SO_4^{2-} (negativ zweiwertig); PO_4^{3-} (negativ dreiwertig)

> Die weitaus wichtigste Wertigkeit, die **Oxidationszahl**, gibt an, welche Ladung ein Atom in einer Verbindung hätte, wenn diese aus Ionen aufgebaut wäre. Die Bindungselektronen werden dem Partner mit der größeren Elektronegativität voll zugeordnet. Die Berechnung der Oxidationszahlen unterliegt einigen Regeln, anzuwenden in genannter Reihenfolge:
> Oxidationszahlen der Elemente: 0; Metallionen einschließlich B und Si: nur positive Zahlen; Fluor: -1; Wasserstoff: +1, Sauerstoff: -2.

Beispiel 1: Schweflige Säure H_2SO_3; Summe der Oxidationszahlen außer S: 2(+1) + 3(–2) = –4; Oxidationszahl des S = +4

Beispiel 2: Schwefelsäure H_2SO_4; Summe der Oxidationszahlen außer S: 2(+1) + 4(–2) = –6; Oxidationszahl des S = +6

Beispiel 3: Chromat: CrO_4^{2-}; Summe der Oxidationszahlen außer Cr: 4(–2) = –8 Oxidationszahl des Cr = +6

Beispiel 4: Chromoxid: Cr_2O_3; Summe der Oxidationszahlen außer Cr: 3(–2) = –6 Oxidationszahl des Cr = +3

1.12   Beispiele chemischen Rechnens (Stöchiometrie)

Beispiel 1
Wie viel Branntkalk können aus 500 kg Kalkstein (als 100% $CaCO_3$ gerechnet) gewonnen werden?

1. Aufstellen der **chemischen Gleichung**:
$CaCO_3 \rightarrow CaO + CO_2$

2. Aufstellen der **Massengleichung**:

Aus den relativen Atommassen (Tabellenwert aus Periodensystem Ca: 40,1; C: 12,0; O: 16,0) werden die relativen Molekülmassen M_r (ohne Einheit) errechnet, die zahlenmäßig gleich den molaren Massen M (g/mol) sind (siehe Abschnitt 1.1): M $CaCO_3$: 100,1 g/mol; M CaO 56,1 g/mol; M CO_2 44,0 g/mol. Aus m [g] = n [mol] · M [g/mol] folgt:

1 mol · 100,1 g/mol = 1 mol · 56,1 g/mol + 1 mol · 44,0 g/mol; daraus folgt:
100,1 g = 56,1 g + 44,0 g

3. Aufstellen der **Verhältnisgleichung**
100,1 : 56,1 = 500 kg : x kg; x = 280

Aus 500 kg Kalkstein können 280 kg Branntkalk gewonnen werden.

Beispiel 2
Wie viel kg Kalkhydrat werden bei der Hydratation von 100 kg eines CEM I (Portlandzement) mit einem Anteil an 60% Tricalciumsilikat abgespalten?

1. Aufstellen der (vereinfachten) chemischen Gleichung:
2 (3 CaO · SiO_2) + 6 H_2O → 3 CaO · 2 SiO_2 · 3 H_2O + 3 Ca(OH)$_2$

2. Aufstellen der Massengleichung:
Aus den relativen Atommassen (Tabellenwerte aus Periodensystem Ca: 40,1; O: 16,0, Si: 28,1; H: 1,0) werden die relativen Molekülmassen M_r (ohne Einheit) errechnet, die zahlenmäßig gleich den molaren Massen M (g/mol) sind : M 3 CaO · SiO_2: 228,4 g/mol; M H_2O: 18,0 g/mol; M 3 CaO · 2 SiO_2 · 3 H_2O : 342,5 g/mol; M Ca(OH)$_2$: 74,1 g/mol.

Aus m [g] = n [mol] · M [g/mol] folgt:
2 mol · 228,4 g/mol + 6 mol · 18 g/mol = 1 mol · 342,5 g/mol + 3 mol · 74,1 g/mol; daraus folgt:
456,8 g + 108 g = 342,5 g + 222,3 g

3. Aufstellen der Verhältnisgleichung
456,8 g : 222 g = 60 kg : x kg; x = 29,2

100 kg Portlandzement setzen 29,2 kg Kalkhydrat frei (Theorie).

In der Praxis geht man unter Berücksichtigung verschiedener Parameter (u.a. Hydratationsgrad) von 24% Kalkhydrat aus, die ein CEM I freisetzt.

Beispiel 3
Wie werden 100 g einer 10 M.-%igen NaCl-Lösung hergestellt? Es werden 10 g NaCl (Trockensubstanz) in 90 g Wasser aufgelöst (Angaben in M.-% beziehen sich immer auf 100 g Lösung).

Beispiel 4
Wie wird ein Liter einer 1-m-NaCl-Lösung (Konzentration 1 mol/l) hergestellt? Es werden 1 mol NaCl (Trockensubstanz, 23 g) in einem Messkolben vorgelegt. Es wird unter Lösen bis zur 1-l-Messmarke mit Wasser aufgefüllt.

Beispiel 5
Gesättigtes Kalkwasser (Frischbeton!) enthält 1,28 g Ca(OH)$_2$ je Liter Lösung (18 °C). Wie viel prozentig (M.-%), molar (mol/l), normal (val/l) ist die Lösung?

1. Berechnung der Konzentration in M.-%
Das Volumen von 1 l Lösung kann bei der geringen Konzentration gleich 1000 g gesetzt werden.

1000 g Lösung : 1,28 g/l = 100 g Lösung : x g/l; x = 0,128; 100 g Lösung enthalten also 0,128 g Ca(OH)$_2$.
Die Lösung ist somit 0,128 M.-%ig

2. Berechnung der Konzentration in mol/l
n (Stoffmenge in mol) = m (Masse in g)/M (molare Masse in g/mol); $n = 1{,}28\,g/74{,}10\,g/mol$ = 0,017 mol
Die Lösung enthält 0,017 mol an $Ca(OH)_2$ und ist 0,017 molar.

3. Berechnung der Konzentration in val/l (veraltet, aber noch praxisüblich)
n_{eq} (äquivalente Stoffmenge in val) − m (Masse in g)/M_{eq} (molare Äquivalentmasse in g/val) wobei $M_{eq} = M$ (molare Masse)/z (Wertigkeit); $M_{eq} = 74{,}10\,g/mol : 2 = 37{,}05\,g/val$; $n_{eq} = 1{,}28\,g : 37{,}05\,g/val = 0{,}034\,val$; Die Lösung enthält 0,034 val an $Ca(OH)_2$ und ist 0,034 normal.

1.13 Härte des Wassers

Definition und Begriffe

> Unter Härte des Wassers oder Gesamthärte versteht man die Summe der im Wasser gelösten Erdalkaliionen, im Allg. **Ca- und Mg-Ionen** (nach DIN 38409 umgerechnet auf die Stoffmengenkonzentration, berechnet als Ca in mmol/l)

Man untergliedert die **Gesamthärte GH** in Carbonathärte KH und Nichtcarbonathärte NKH. Die **Carbonathärte KH** (z.B. gelöstes $Ca(HCO_3)_2$, $Mg(HCO_3)_2$) ist durch Kochen entfernbar (auch temporäre oder vorübergehende Härte genannt). Sie fällt unter Kesselsteinbildung aus.

$Ca(HCO_3)_2$ $\rightarrow CaCO_3 + H_2O + CO_2$
KH im Wasser   Kesselstein

Die **Nichtcarbonathärte NKH** (z.B. gelöstes $CaSO_4$, $MgSO_4$, $CaCl_2$, $Ca(NO_3)_2$, $Mg(NO_3)_2$) ist durch Kochen nicht entfernbar (auch permanente oder bleibende Härte genannt).
Die GH als auch die KH werden üblicherweise experimentell bestimmt, die NKH errechnet. Rechnung: $NKH_{rechn.} = GH_{exp} − KH_{exp}$

Maßeinheiten der Wasserhärte
Die herkömmliche Maßeinheit ist «Grad deutscher Härte» in °dH. 1°dH entspricht 10 mg CaO bzw. 7,14 mg MgO pro Liter Wasser.

Zur Berechnung von Härtegraden werden der Ca^{2+}- und Mg^{2+}-Gehalt in mg/l auf CaO in mg/l umgerechnet.

> *Beispiel:*
> In einem Liter Wasser befinden sich 7,14 mg Ca++ und 4,34 mg Mg++.
> Umrechnung von Ca auf CaO:
> Es gilt: $m_{CaO} = M_{Ca^{2+}} \cdot M_{CaO}/M_{Ca}$;
> 7,14 mg Ca^{2+} · 56,1/40,07 = 10,0 mg CaO
> Umrechnung von Mg auf CaO:
> Es gilt: $m_{CaO} = m_{Mg^{2+}} \cdot M_{CaO}/M_{Mg}$;
> 4,34 mg Mg^{2+} · 56,1/24,3 = 10,0 mg CaO
> Die Härte des Wassers beträgt rechnerisch 20 mg CaO/l, d. h. 2° d.

Nach Anpassung an EU-Standard wird die Wasserhärte als Summe der Stoffmengenkonzentration der Ca^{2+}- und Mg^{2+}-Ionen (umgerechnet auf Ca^{2+}) in mmol/l ausgedrückt (DIN 38409). Es ergibt sich folgende Tabelle [46]:

Härtebereich	°dH	mmol Ca^{2+}
sehr weich	0 bis 4	0 bis 0,71
weich	4 bis 8	0,71 bis 1,43
mittelhart	8 bis 12	1,43 bis 2,14
ziemlich hart	12 bis 18	2,14 bis 3,21
hart	18 bis 30	3,21 bis 5,35
sehr hart	>30	>5,35

Beseitigung der Ca-/Mg-Ionen
Für viele Anwendungen in der Technik (chemische Industrie, Brauereien usw.) ist hartes Wasser unbrauchbar. Durch verschiedene Verfahren kann Wasser enthärtet werden:

❏ durch Ausfällung (Kalksodaverfahren – Ausfällung als Ca-Carbonat; Trinatriumphosphatverfahren – Ausfällung als Ca-Phosphat),
❏ durch Destillation,
❏ durch Ionenaustausch (organische Harze: Ca^{2+}, Mg^{2+} gegen H_3O^+, störendes SO_4^{2-}, Cl^-, NO_3^- gegen OH^-, Zeolithe bzw. Gerüstsilikate: Ca^{2+}, Mg^{2+} gegen Na^+).

Gerüstsilikate werden heute in Waschmitteln eingesetzt. Das früher verwendete Pentanatri-

Bild 1.9
Carbonathärte und stabilisieren-
des CO_2 [13]

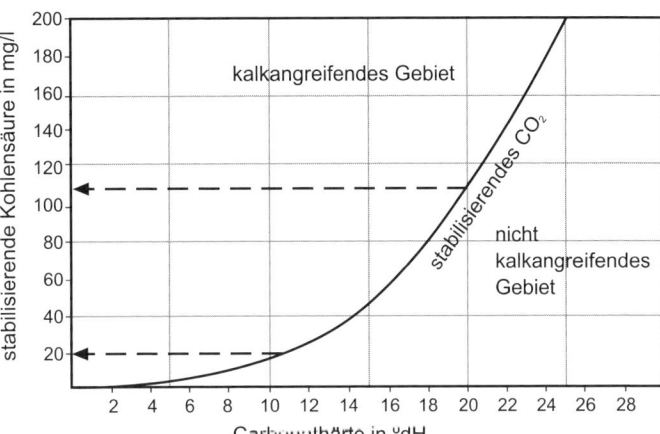

umtriphosphat (Komplexbildner) ist wegen der Förderung des Algenwachstums und der damit einhergehenden Sauerstoffarmut in Gewässern in Verruf geraten.

1.14 Kalk-Kohlensäure-Gleichgewicht

Gesamtkohlensäuregehalt
Der Gesamtkohlensäuregehalt in einem natürlichen Wasser (z.B. Grundwasser) setzt sich zusammen aus den im Wasser gelösten Hydrogencarbonaten und sog. freiem CO_2. Das nur in Lösung beständige $Ca(HCO_3)_2$ benötigt zur Stabilisierung eine bestimmte Menge des gelösten CO_2 (sog. stabilisierende oder zugehörige Kohlensäure). Überschüssiges CO_2 gilt als kalkaggressiv.

> Gesamtkohlensäuregehalt (in Wasser gelöstes Hydrogencarbonat und CO_2):
> ❑ halbgebundene Kohlensäure in Form von $Ca(HCO_3)_2$ bzw. $Mg(HCO_3)_2$
> ❑ freie Kohlensäure in Form von $CO_2 + H_2O$ als
> – stabilisierende, zugehörige Kohlensäure, nicht kalkaggressiv,
> – überschüssige Kohlensäure, kalkaggressiv.

Kalkaggressivität
Entscheidend für die Kalkaggressivität eines Wassers (= **Kalklösekapazität**) ist der Gehalt an Carbonathärte. Harte Wässer benötigen viel stabilisierende CO_2. Sie sind in Abhängigkeit der Carbonathärte nur bedingt kalkaggressiv, u.U. gar nicht. Sehr weiche Wässer (auch Regenwasser) enthalten praktisch kein Hydrogencarbonat. Schon geringe Mengen an gelöstem CO_2 wirken daher als freie aggressive Kohlensäure (Bild 1.9). Aus dem Bild geht hervor:

❑ Wasser mit z.B. 20 °dH: Gehalte bis 110 mg CO_2/l wirken stabilisierend, höhere kalkaggressiv;
❑ Wasser mit z.B. 10 °dH: Gehalte bis 20 mg CO_2/l wirken stabilisierend, höhere kalkaggressiv.

Kalklösende Kohlensäure wirkt auf Beton ein. Gemäß $Ca(OH)_2 + CO_2 + H_2O \rightarrow CaCO_3$ wird Kalkhydrat in Calciumcarbonat umgewandelt («Carbonatisierung»). Allerdings kann dieses mit überschüssiger Kohlensäure gemäß $CaCO_3 + CO_2 + H_2O \rightarrow Ca(HCO_3)_2$ zu löslichem Calciumhydrogencarbonat weiter reagieren. Letzteres kann durch Kapillartransport an die Betonoberfläche wandern und sich dort gemäß $CaHCO_3 \rightarrow CaCO_3 + CO_2 + H_2O$ als sog. Ausblühung ablagern. Auch CSH-Phasen können angegriffen werden. Durch Abgabe von Ca^{2+} werden diese instabil (Festigkeitsrückgang).

Literatur zum Thema «Chemische Grundlagen»: [7; 8; 9; 11; 12; 13; 21; 46; 64]

2 Prüfung betonangreifender Wässer

2.1 Prüfung nach DIN 4030

Die sog. **Referenzverfahren** nach DIN 4030 (Beurteilung betonangreifender Wässer, Böden und Gase) müssen mit einem entsprechenden Aufwand in einem chemischen Laboratorium durchgeführt werden, der in vielen Fällen unangemessen hoch ist. Darum lässt die Norm einfache **Schnellverfahren** als Vorprüfung zu, die an der Baustelle durchgeführt werden können. Diese sollen den Bauingenieur in die Lage versetzen, überschlägig die betonschädlichen Stoffe im Wasser abzuschätzen. Derartige **halbquantitative Bestimmungsmethoden** sind z.B. möglich mit dem Merck-Wasserlabor für die Bauindustrie (Bild 2.1). Mit diesen Ergebnissen kann entschieden werden, ob das Wasser nach den Referenzverfahren untersucht werden muss oder ein Beton ohne besondere Schutzmaßnahmen (Prüfung der Expositionsklasse) hergestellt werden kann.

> Erfüllt das Wasser nach dem Schnellverfahren folgende Kriterien:
> Mg^{2+} <300 mg/l
> NH_4^+ <15 mg/l
> SO_4^{2-} <200 mg
> Cl^- <500 mg/l
> kalkangreifendes CO_2 <15 mg/l und
> pH-Wert >6,5
> so gilt das Wasser als nicht betonangreifend nach DIN 4030.

Wird ein **Kriterium überschritten oder ist der pH-Wert <6,5**, muss eine erneut genommene

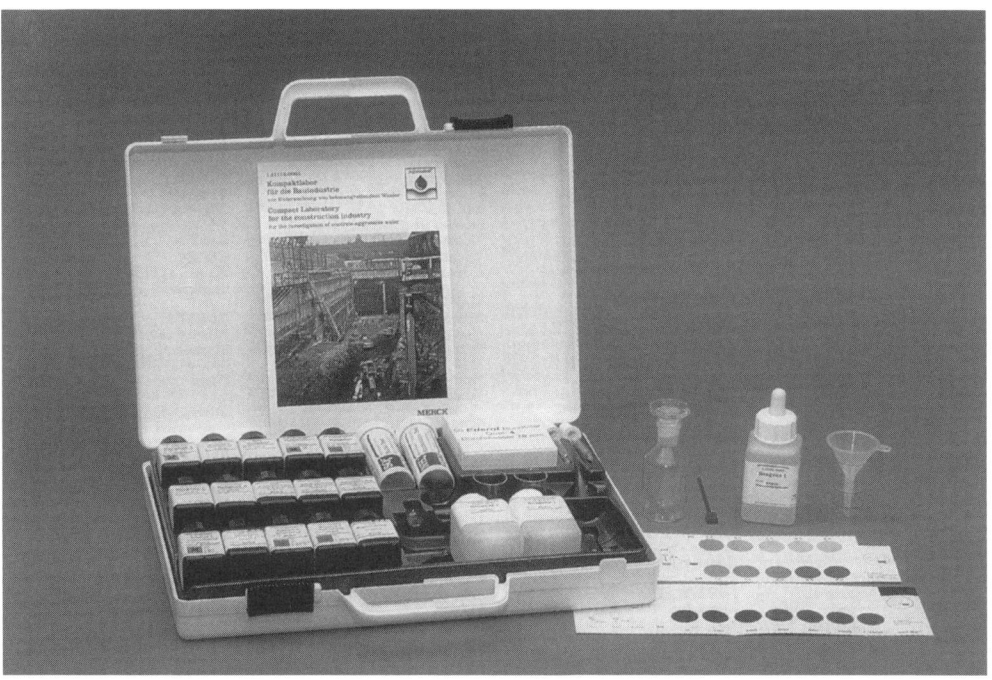

Bild 2.1   Aquamerck-Kompaktlabor für die Bauindustrie zur Untersuchung betonangreifender Wässer [15]

Probe in einem Laboratorium von Fachpersonal nach dem **Referenzverfahren** analysiert werden [24].

2.2   pH-Wert

Der pH-Wert von klarem, ungefärbtem Wasser kann mit Indikatorstäbchen oder durch Zugabe einer Indikatorlösung bestimmt werden. Bei trübem oder gefärbtem Wasser sind nur Indikatorstäbchen zu verwenden. Die Genauigkeit beträgt ±0,5 pH-Einheiten, ermittelt durch direkten Farbabgleich mit einer pH-Werteskala.

2.3   Geruch

Die Geruchsprüfung soll zeigen, ob eine Wasserprobe Schwefelwasserstoff, Sulfide oder organische Verbindungen enthält. Die Zugabe der Phosphorsäure ist erforderlich, da alkalische Wässer Sulfid enthalten können, die erst nach dem Ansäuern als H_2S erkannt werden, z.B. gemäß

$$3\,Na_2S + 2\,H_3PO_4 \rightarrow 2\,Na_3PO_4 + 3\,H_2S$$

2.4   Härte

Gesamthärte
Die Gesamthärte, bestehend aus den in der Lösung vorhandenen Ca- und Mg-Ionen, wird durch Komplexierung dieser Ionen mit einem Komplexbildner (Lösung des Dinatriumsalzes der Ethylendiamintetraessigsäure) bestimmt. Die Lösung des Komplexbildners ist so eingestellt, dass 1 Tropfen direkt 1°dH (deutsche Härte) entspricht.

Carbonathärte
Unter der Carbonathärte versteht man den Anteil der Gesamthärte, der an Hydrogencarbonat- und auch Hydroxylionen gebunden ist. Die Carbonathärte wird in Gegenwart eines Indikators mit Salzsäure bestimmt gemäß

$$Ca(HCO_3)_2 + 2\,HCl \rightarrow CaCl_2 + 2\,CO_2 + H_2O$$

2.5   Kalklösende Kohlensäure

Sie wird in der Weise bestimmt, dass der Probe pulverisiertes Calciumcarbonat (Marmormehl) im Überschuss zugesetzt wird, das sich mit kalklösender Kohlensäure gemäß

$$H_2O + CO_2 + CaCO_3 \rightarrow Ca(HCO_3)_2$$

umsetzt. Damit nimmt die Carbonathärte zu. Nach Abfiltration von ungelöstem $CaCO_3$ wird aus der Zunahme der Carbonathärte der Gehalt an kalklösender Kohlensäure errechnet.

2.6   Chlorid

Chlorid bildet mit Hg(II)-Ionen praktisch undissoziiertes $Hg(II)Cl_2$.

$$Hg(NO_3)_2 + 2\,Cl^- \rightarrow HgCl_2 + 2\,NO_3$$

Der Endpunkt der Titration wird durch überschüssige Hg(II)-Ionen erkannt. Diese reagieren in salpetersaurer Lösung mit Diphenylcarbazon zu einer blauviolett gefärbten Komplexverbindung.

$$Hg^{2+} + Diphenylcarbazon \xrightarrow{\ HNO_3\ } Hg^{2+}\text{-Diphenylcarbazon-Komplex (blauviolett)}$$

2.7   Magnesium

Magnesium bildet mit dem Reagenz nach Mann und Yoe einen roten Farbstoff, dessen Farbe von der Magnesiumkonzentration abhängt. Da das Reagenz sehr empfindlich ist, wird die Wasserprobe zweimal mit Pufferlösung verdünnt. Der Magnesiumgehalt ergibt sich aus einem Vergleich mit einer Farbskala.

2.8   Ammonium

Ammonium wird mit einem Teststäbchen, das mit Neßlers Reagenz getränkt ist, bestimmt. Das Teststäbchen verfärbt sich in Abhängigkeit der Ammoniumkonzentration von gelb bis braun.

Der Ammoniumgehalt ergibt sich aus einem Vergleich mit einer Farbskala.

$$2\ K_2[HgJ_4] + 3\ NaOH + NH_3 \rightarrow [Hg_2N]J \cdot H_2O + 2\ H_2O + 4\ KJ + 3\ NaJ$$

2.9   Sulfat

Die Sulfatbestimmung bedient sich der bekannten Umsetzung von SO_4^{2-} mit Ba^{2+} zu $BaSO_4$. Teststäbchen enthalten $BaCl_2$ mit dem Indikator Thorin. Es entsteht ein roter Ba-Thorin-Komplex. Beim Eintauchen in sulfathaltiges Wasser verfärben sich die rote Zonen durch Reaktion mit dem Sulfat stufenweise nach Gelb. Es fällt $BaSO_4$ aus, zugleich wird Thorin als ursprünglich gelber Farbstoff freigesetzt. Je mehr gelbe Zonen, desto mehr Sulfat ist in der Lösung.

Literatur zum Thema «Prüfung betonangreifender Wässer»: [15; 24; 31; 32]

.

3 Radioaktivität in Bauten und Baustoffen

3.1 Allgemeine Einschätzung

Die höhere Radioaktivität im Inneren von Häusern gegenüber im Freien stammt von dem radioaktiven Edelgas **Radon** aus dem Untergrund. Eine gesundheitliche Gefährdung kann unter Umständen an Orten besonderer Exposition (z.B. Uran-Vorkommen, Bergbaugebiete) auftreten. Die Radioaktivität aus Baustoffen ist im Allgemeinen von geringerer Bedeutung.

3.2 Arten der radioaktiven Strahlung

Radioaktive Strahlung lässt sich unterscheiden in α-, β- und γ-Strahlung.

α-**Strahler** sind solche Elemente, die sehr energiereiche, d.h. stark ionisierende He-Kerne aussenden, wie z.B. Radium (Ra) und Radon (Rn). Deren Reichweite in Luft beträgt zwar nur wenige cm; sie lassen sich sogar durch Papier abschirmen. α-Strahler werden gefährlich, wenn sie durch Nahrung oder Atmung, wie z.B. das Edelgas Radon, in den Körper gelangen.

β-**Strahler** sind solche Elemente, die Elektronen mit geringer Masse und geringer Energie über eine Reichweite bis 8,5 m emittieren. Abschirmung ist durch dünne Materialschichten (Kleidung) möglich. Beispiele: K 40 (in Granit, Tuffstein, Lava, Blähton).

γ-**Strahler** sind solche Elemente, die eine kurzwellige, energiereiche und durchdringende Strahlung emittieren. Abschirmung ist durch dicke Materialschichten und Blei möglich (Reaktorbau, Röntgenstrahlung). γ-Strahlung tritt häufig als Begleitstrahlung beim radioaktiven Zerfall auf.

3.3 Kenngrößen

Maßgeblich ist zum einen die emittierte Energie (Aktivität) und zum anderen die vom menschlichen Körper absorbierte Energiedosis.

Zur Beschreibung der emittierten Energie dient die Größe **Aktivität** in der Einheit Becquerel.

> Die Aktivität von 1 Becquerel liegt vor, wenn 1 Atomkern pro Sekunde zerfällt.

Die **spezifische Aktivität** wird bezeichnet durch Becquerel/kg eines Stoffes, die Aktivitätskonzentration durch Becquerel/m^3.

Wichtig für die Beurteilung von gesundheitlichen Strahlenwirkungen ist die vom menschlichen Körper **absorbierte Energiedosis D**. Sie wird in Gray gemessen. 1 Gray (Gy) ist die Energiedosis, die bei der Übertragung der Energie von 1 Joule auf die Körpermasse 1 kg durch ionisierende Strahlung entsteht.

> Energiedosis D (Gy): 1 Gy = 1 Joule/kg.

Da es sich bei der übertragenen Energie nicht um Wärme, sondern um Strahlung handelt, muss der unterschiedlichen biologischen Wirkung der Strahlung bei gleicher Energiedosis in Form eines Bewertungsfaktors q (für β- und γ-Strahlung: 1; für α-Strahlung: 20) Rechnung getragen werden. Die nunmehr **biologisch wirksame absorbierte Energiedosis D** im menschlichen Gewebe wird als **Äquivalentdosis H** bezeichnet und erhält die Einheit Sievert (Sv).

> Äquivalentdosis H (Sv): $H = q \cdot D$

Daraus leitet sich die Größe der Äquivalentdosisleistung H^* in Sievert/Jahr (Sv/a) ab.

> Äquivalentdosisleistung H^*(Sv/a): $H^* = H/t$

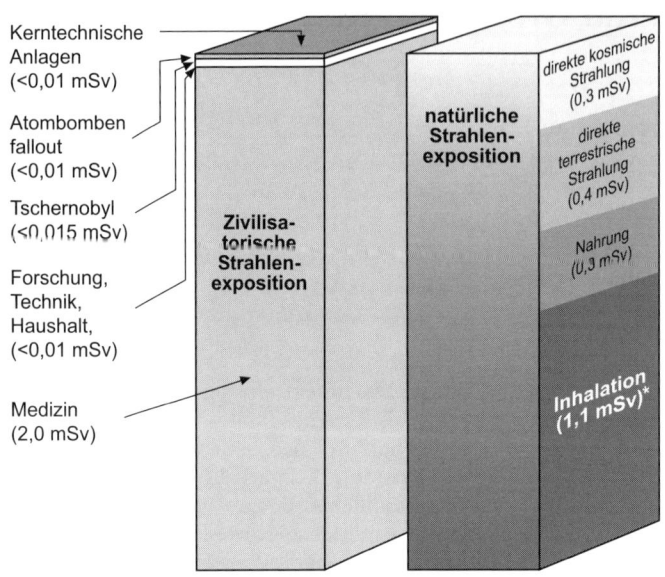

Kerntechnische Anlagen (<0,01 mSv)

Atombomben fallout (<0,01 mSv)

Tschernobyl (<0,015 mSv)

Forschung, Technik, Haushalt, (<0,01 mSv)

Medizin (2,0 mSv)

Zivilisatorische Strahlenexposition

natürliche Strahlenexposition

direkte kosmische Strahlung (0,3 mSv)

direkte terrestrische Strahlung (0,4 mSv)

Nahrung (0,3 mSv)

Inhalation (1,1 mSv)*

Bild 3.1
Mittlere effektive Jahresdosis durch ionisierende Strahlen im Jahr 2000 (Schweiz) [69]

*) Die über den Inhalationspfad verursachte Dosis, ist zum größten Teil auf das Radon und seine Folgeprodukte zurückzuführen.

3.4 Allgemeine Strahlenbelastung

Die natürliche äußere Strahlenbelastung in Deutschland (Bild 3.1) beträgt etwa 1 mSv/a im Freien und 2...5 mSv/a in Steinhäusern. Zum Vergleich: Eine Röntgenaufnahme macht etwa 0,6 mSv aus. Nach der deutschen Strahlenschutzverordnung darf die allgemeine Strahlungsexposition der Bevölkerung aus menschlicher Tätigkeit 1,0 mSv/a nicht überschreiten. Bei Personen, die beruflich mit Strahlen umgehen, sind 20 mSv/a (Ganzkörper-Dosisleistung) erlaubt. Kurzzeitige Strahlenbelastungen von 4 bis 6 Sv führen den Tod innerhalb weniger Wochen herbei.

3.5 Radon aus dem Baugrund

Die Gesteine und Erden unseres Planeten enthalten seit ihrer Entstehung natürliche radioaktive Stoffe, u.a. Uran. Die Entstehung des Edelgases Radon ist aus den **Zerfallsreihen** von U 238 (zu Radium 226 und weiter zu Radon 222 (Bild 3.2)) und Thorium 232 (zu Radium 224 und weiter zu Radon 220, auch Thoron genannt) er-

sichtlich. Aufgrund der größeren Lebensdauer ist Radon 222 (Halbwertszeit 3,8 Tage) gegenüber Thoron (Halbwertszeit 55 Sekunden) von größerer Bedeutung. **Radon** verursacht hauptsächlich die höhere Radioaktivität im Innern von Häusern gegenüber im Freien. Es entweicht aus dem Bau- bzw. Untergrund und stammt in Einzelfällen auch von Baustoffen (Bild 3.3). Eine gesundheitliche Gefährdung kann an Orten besonderer Exposition (Uran-Abbau, Gebiete mit Bergbau allgemein) bzw. an Orten hoher terrestrischer Strahlung auftreten (Bild 3.4). Das extrem schwere (Normdichte der Luft: 1,29 g/l, Dichte Radon 9,96 g/l), geruch- und geschmacklose Gas kann sich im Boden schnell zu hohen Konzentrationen anreichern, besonders in Kellerräumen. Folgeprodukte des radioaktiven Zerfalls des Radons (Po, At, Bi, Tl, Pb) gelangen direkt oder angelagert an Staubpartikel über die Atmung in die Lunge. Die mittlere Radonkonzentration in Häusern in Deutschland kann in ungünstigen Lagen einige Zehntausend Bq/m³ betragen. Speziell im Umland des sächsischen Uran-Bergbaus kennt man die gesundheitsschädigenden Wirkungen von Radon schon lange («**Schneeberger Krankheit**»).

$$\ce{^{238}_{92}U} \xrightarrow[4,47 \times 10^9 \text{ a}]{\alpha} \ce{^{234}_{90}Th} \xrightarrow[24,1 \text{ d}]{\beta^-} \ce{^{234}_{91}Pa} \xrightarrow[1,18 \text{ min}]{\beta^-} \ce{^{234}_{92}U} \xrightarrow[2,48 \times 10^5 \text{ a}]{\alpha}$$

$$\ce{^{230}_{90}Th} \xrightarrow[8,0 \times 10^4 \text{ a}]{\alpha} \ce{^{226}_{88}Ra} \xrightarrow[1,62 \times 10^3 \text{ a}]{\alpha} \ce{^{222}_{86}Rn} \xrightarrow[3,82 \text{ d}]{\alpha}$$

$\ce{^{218}_{84}Po}$

upper path: $\xrightarrow[30,5 \text{ min}]{\alpha} \ce{^{214}_{82}Pb} \xrightarrow[26,8 \text{ min}]{\beta^-}$

lower path: $\xrightarrow[30,5 \text{ min}]{\beta^-} \ce{^{218}_{85}At} \xrightarrow[1,3 \text{ s}]{\alpha}$ (0,03 %)

$\ce{^{214}_{83}Bi}$

upper path: $\xrightarrow[19,7 \text{ min}]{\beta^-} \ce{^{214}_{84}Po} \xrightarrow[1,64 \times 10^{-4} \text{ s}]{\alpha}$

lower path: $\xrightarrow[19,7 \text{ min}]{\alpha} \ce{^{210}_{81}Tl} \xrightarrow[1,31 \text{ min}]{\beta^-}$ (0,04 %)

$\ce{^{210}_{82}Pb} \xrightarrow[21 \text{ a}]{\beta^-} \ce{^{210}_{83}Bi}$

upper path: $\xrightarrow[5 \text{ d}]{\beta^-} \ce{^{210}_{84}Po} \xrightarrow[138,4 \text{ d}]{\alpha}$

lower path: $\xrightarrow[5 \text{ d}]{\alpha} \ce{^{206}_{81}Tl} \xrightarrow[4,20 \text{ min}]{\beta^-}$ (5 × 10⁻⁵ %)

$\ce{^{206}_{82}Pb}$ (stabil)

Bild 3.2   Zerfallsreihe von U 238 [16]

Bild 3.3
Radongehalte in
Häusern [25]

maximal:	80.000 Bq/m³ (Schneeberg - Erzgebirge)
mittel:	50 Bq/m³ (Deutschland)
Obergrenze Normalbereich:	250 Bq/m³ (von Strahlenschutzkommission ermittelt)
Anteil Baustoffe:	~30 Bq/m³

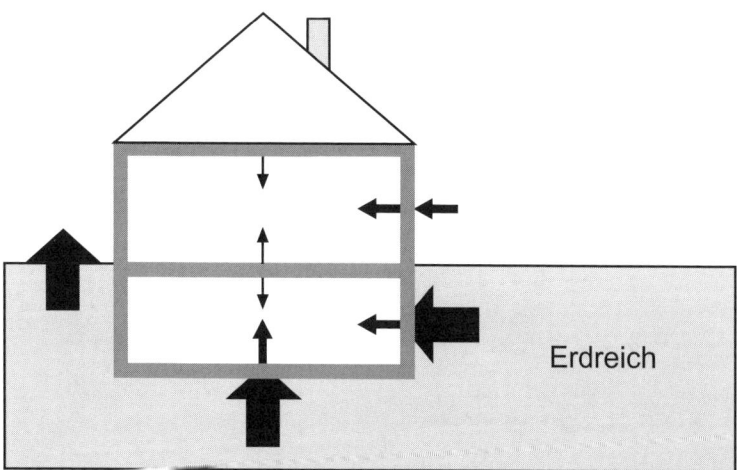

Radonaktivitätskonzentration in der Bodenluft

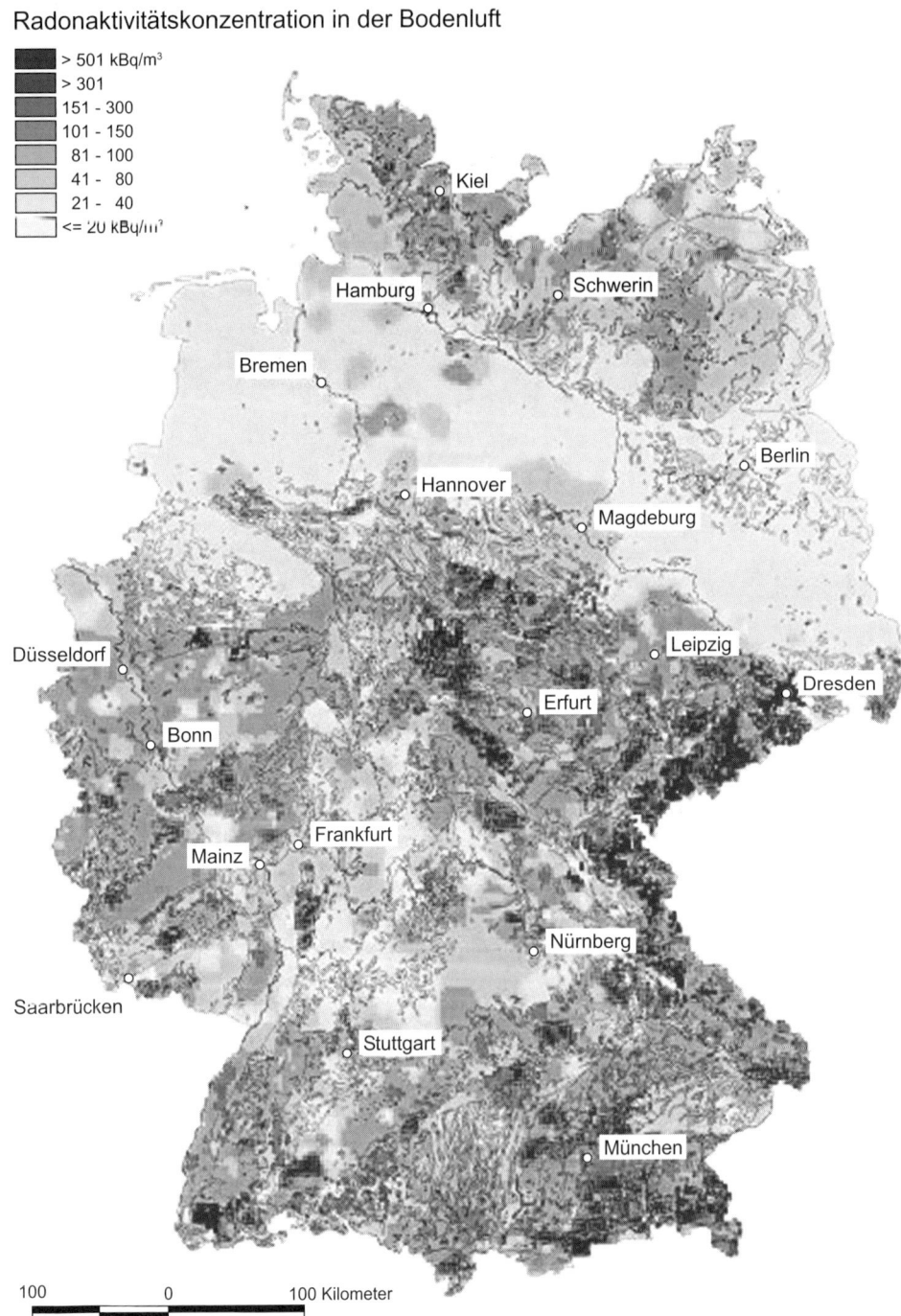

Legend:
> 501 kBq/m³
> 301
151 - 300
101 - 150
81 - 100
41 - 80
21 - 40
<= 20 kBq/m³

100   0   100 Kilometer

Bild 3.4   Radonaktivitätskonzentration in der Bodenluft [70]

3.6 Radon aus Baustoffen

Im Einzelfall muss auch bei bestimmten Baustoffen an die Möglichkeit einer radioaktiven Emission gedacht werden. Die ionisierende Strahlung von Baustoffen wird überwiegend ebenfalls verursacht von Radon- und Thorongas. Die Gase sind Folgeprodukte der in Spuren vorhandenen Radionuklide Radium 226 und Thorium 232. Begleitende β-Strahlung tritt durch Kalium 40 auf. Die durchschnittliche Radonkonzentration in Häusern (ca. 50 Bq/m³) ist größer als im Freien (ca. 15 Bq/m³).

Es wurde festgestellt, dass erhöhte Raumkonzentrationen von Radon auf erhöhte Radiumkonzentrationen in Natursteinen, Chemiegipsen aus der Phosphatindustrie und Leichtbetonen mit Alaunschiefer (Schweden) zurückzuführen sind. Gelegentlich findet man auch überdurchschnittliche Radonkonzentrationen in Baustoffen, wenn Abraum oder Reststoffe der Erzverarbeitung mit erhöhter Radiumkonzentration, wie sie besonders in Bergbaugebieten vorliegen, als Baumaterial allgemein, als Beton- oder Mörtelzuschlagstoff, zur Fundamentierung im Hausbau oder zur Verfüllung von Hohlräumen verwendet werden.

Baustoffe geben in unterschiedlichen Maße Radon ab. Dies wird mit der **Radonexhalationsrate** (in Bq/m³h) zum Ausdruck gebracht. Letztere hängt wiederum von der Radiumkonzentration im Material, der Porosität und teilweise von der Bauteilfeuchte ab. Je undurchlässiger ein Material ist, desto mehr Radon zerfällt noch innerhalb des Baustoffs in das nicht flüchtige Polonium, das sich im Baustoff einlagert und somit nicht zur Belastung der Atemluft beitragen kann (Tabelle 3.1).

> Da bei der Erstellung europäischer Normen die Strahlenexposition durch natürliche Radionuklide in Baumaterialien Beachtung findet, besteht für Bauherren ein hohe Sicherheit, dass durch die in Deutschland verwendeten Bauprodukte keine erhöhte Strahlenexposition verursacht wird.

Tabelle 3.1 Radiumkonzentration und Radon-exhalationsraten ausgewählter Baustoffe [69]

Baumaterial	Konzentration des Radium-226 in Bq/kg	Radon-Exhalationsrate in Bq/(m³h)
Kalkstein	<10 – 40	0,9 – 11
Ziegel. Klinker	40 – 150	1 – 10
Naturbims	<20 – 200	0,6 – 6
Hüttenschlacke	10 – 2100	0,4 – 0,7
Beton	20–200	2 – 20
Porenbeton	10 – 130	1 – 3
Porenbeton mit Alaunschiefer	600 – 2600	50 – 200
Naturgips	<10–70	0,2

3.7 Richtwerte

Nach der Empfehlung zum Schutz der Bevölkerung vor Radonexposition innerhalb von Gebäuden der Kommission der Europäischen Gemeinschaften aus dem Jahre 1990 sollten die Jahresdurchschnittswerte der Radonkonzentrationen in den vorhandenen Wohnräumen den Referenzwert von 400 Bq/m³ und in neu zu errichtenden Wohnräumen den Planungswert von 200 Bq/m³ nicht überschreiten. Da es in Deutschland keine gesetzlich verbindliche Regelung bezüglich der Exposition durch Radon und seine Zerfallsprodukte in Wohnräumen gibt, werden vom Bundesumweltministerium die europäischen Werte als Richtwerte zur Anwendung empfohlen.

Literatur zum Thema «Radioaktivität in Bauten und Baustoffen»: [16; 20; 21; 25; 33; 69; 70]

4 Elektrochemie

Dieses Kapitel erläutert theoretische Grundlagen der Korrosion und des Korrosionsschutzes von Metallen.

4.1 Begriffe

4.1.1 Galvanisches Element/Elektrolyse

> Chemische Reaktionen sind mit Energieänderungen verbunden. Energie tritt auf in Form von Licht, Wärme oder Elektrizität. Tritt bei einer chemischen Reaktion Energie in Form von Elektrizität auf, spricht man von einem galvanischen Element (auch galvanische Zelle, galvanische Kette). Der umgekehrte Vorgang, die Umwandlung elektrischer Energie in chemische Energie, ist die Elektrolyse.

4.1.2 Lösungsdruck

Beim Kontakt mit Wasser sind die Metalle bestrebt, positiv geladene Metallionen an das Wasser abzugeben. Die Energie, mit der sie dies anstreben, bezeichnet man als Lösungsdruck, d.h. die Tendenz eines Metalls, als Kation in Lösung zu gehen, gemäß

$Me \rightarrow Me^{z+} + ze^-$
Me   Metall
z   Anzahl der Elektronen

Der Lösungsdruck ist bei den **unedlen Metallen** am stärksten, bei den Edelmetallen am schwächsten. So hat z.B. Zink einen höheren Lösungsdruck als Kupfer.

Umgekehrt sind Metallkationen von **edlen Metallen** bestrebt, aus dem Lösungszustand in den metallischen Zustand überzugehen. Hier spräche man besser von einem Abscheidebestreben.

$Me^{z+} + ze^- \rightarrow Me$

Durch Anlegen einer Spannung, wie im Fall der Elektrolyse, können auch unedle Metalle zum Abscheiden gebracht werden.

4.2 Entstehung galvanischer Elemente

4.2.1 Nicht räumlich getrenntes galvanisches Element

Taucht man eine Zinkplatte in eine Kupfersulfatlösung, dann bildet sich auf dem Zink ein Kupferüberzug. Die beim «In-Lösung-Gehen» des Zinks frei werdenden Elektronen bleiben im Zinkstab. Kupferionen werden durch diese zu metallischem Kupfer reduziert. Der Vorgang lässt sich durch die nachstehende Gleichung beschreiben:

$Zn + Cu^{2+} \rightarrow Zn^{2+} + Cu$

Die Reaktion läuft nur nach rechts, nicht umgekehrt. Sie stellt eine **Redoxreaktion** dar, die sich immer in die Teilschritte **Oxidation** (Elektronenabgabe) und **Reduktion** (Elektronenaufnahme) zerlegen lässt. Das Zink gibt Elektronen ab, das Kupfer nimmt Elektronen auf:

$Zn \rightarrow Zn^{2+} + 2e^-$ (Oxidation)
$Cu^{2+} + 2e^- \rightarrow Cu$ (Reduktion)

Im Folgenden soll der Elektronenfluss (= Stromfluss) und damit die Richtigkeit der vorstehenden Redoxgleichung nachgewiesen werden.

Ein Elektronenfluss ist nur möglich, wenn eine **Potentialdifferenz** besteht. Diese sollte durch eine elektromotorische Kraft (EMK) feststellbar sein. Dazu müssen wir die beiden Teilschritte räumlich trennen. Dies geschieht im sog. Daniell-Element.

4.2.2   Räumlich getrenntes galvanisches Element

Daniell-Element
In einem Daniell-Element taucht eine Kupferelektrode in eine Kupfersulfatlösung (Halbelement Cu/Cu^{2+}) und eine Zinkelektrode in eine Zinksulfatlösung (Halbelement Zn/Zn^{2+}). Die beiden Lösungen werden durch ein Diaphragma (tönerne poröse Scheidewand) getrennt, um eine Durchmischung zu verhindern, einen Ionendurchgang aber zu gewährleisten (Bild 4.1).

Kurzschreibweise: $Zn/Zn^{2+}//Cu/Cu^{2+}$

Die beiden Elektroden werden durch einen Draht miteinander verbunden und ein Voltmeter dazwischen geschaltet. Beträgt die Konzentration beider Lösungen 1 mol/l, so erhalten wir eine EMK von 1,10 Volt. Die Elektronen fließen vom Zinkstab durch den äußeren Leiter zum Kupferstab. Die Cu^{2+}-Ionen im Cu-Halbelement übernehmen die beiden Elektronen, die aus der Reaktion $Zn \rightarrow Zn^{2+} + 2\,e^-$ stammen. Da das Cu-Halbelement durch Abscheidung an Cu^{2+} verarmt, entsteht ein Überschuss an SO_4^{2-}-Ionen. Das Zink-Halbelement produziert laufend Zn^{2+}-Ionen, die die SO_4^{2-}-Ionen zum Ladungsausgleich benötigen. Deshalb muss das Diaphragma einen Ionendurchgang gestatten. Grundsätzlich wandern Ionen in der Lösung, fließen Elektronen im Metall. Da sich die genannten Vorgänge nicht nur an *einem* Zink- oder

Cu-Atom vollziehen, liegt die Spannung in messbaren Bereichen.

Im Daniell-Element fungiert **Zink als Anode.** Als Anode gilt der Pol, von dem der Elektronenstrom im Metall wegfließt. **Kupfer fungiert als Katode.** Als Katode gilt der Pol, zu dem der Elektronenstrom im Metall hinfließt. Die Begriffe Anode und Katode sind festgelegt auf die Richtung des Elektronenstroms. An der Anode findet immer die **anodische Oxidation** ($Zn \rightarrow Zn^{2+} + 2e^-$), an der Katode die **katodische Reduktion** ($Cu^{2+} + 2\,e^- \rightarrow Cu$) statt. Die Begriffe Minus- und Pluspol beziehen sich auf Elektronenüberschuss oder Elektronenmangel und können wechseln. Im Fall des Daniell-Elementes ist die Anode der Minus-, die Katode der Pluspol (in der Elektrolysezelle umgekehrt!).

Halbelemente
Zum Verständnis der Vorgänge im Daniell-Element werden die sog. Halbelemente näher erläutert [27]. Ein Halbelement liegt vor, wenn es z.B. als Metall in die Lösung eines seiner Salze taucht (Bild 4.2).

❏ Betrachtet man das **Halbelement Zn/Zn^{2+}**, ist die Zn^{2+}-Konzentration der Lösung kleiner, als es dem angestrebten Gleichgewichtszustand entspricht. Der Lösungsdruck des Zink-Metalls ist größer als das Abscheidebestreben seiner Ionen. Der Zn-Stab wird durch das In-Lösung-Gehen der Zn^{2+}-Ionen wegen der zurückbleibenden Elektronen negativ aufgeladen, während die Lösung an der Grenzfläche (Metall-Elektrolyt-Lösung) durch die zurückbleibenden Kationen positiv aufgeladen ist.

❏ Betrachtet man das **Halbelement Cu/Cu^{2+}**, ist die Cu^{2+}-Konzentration der Lösung größer, als es dem angestrebten Gleichgewichtszustand entspricht. Das Abscheidebestreben der Cu^{2+}-Ionen ist größer als der Lösungsdruck des Cu-Metalls. Der Cu-Stab wird durch die abgeschiedenen Ionen positiv aufgeladen, während die Lösung an der Phasengrenzfläche (Metall-Elektrolyt-Lösung) durch die zurückbleibenden Anionen negativ aufgeladen ist.

❏ In beiden Fällen entstehen sog. **elektrochemische Doppelschichten.** Werden die

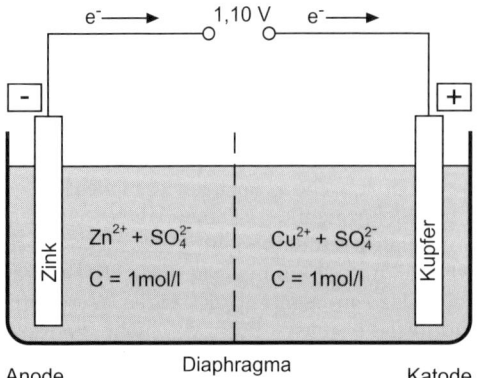

Bild 4.1   Daniell-Element

Bild 4.2
Elektrochemische Doppel-
schichten in verschiedenen
Halbelementen [27]
a) Überwiegen der
Oxidationsreaktion
$Zn \rightarrow Zn^{2+} + 2e^-$
b) Überwiegen der
Reduktionsreaktion
$Cu^{2+} + 2e^- \rightarrow Cu$

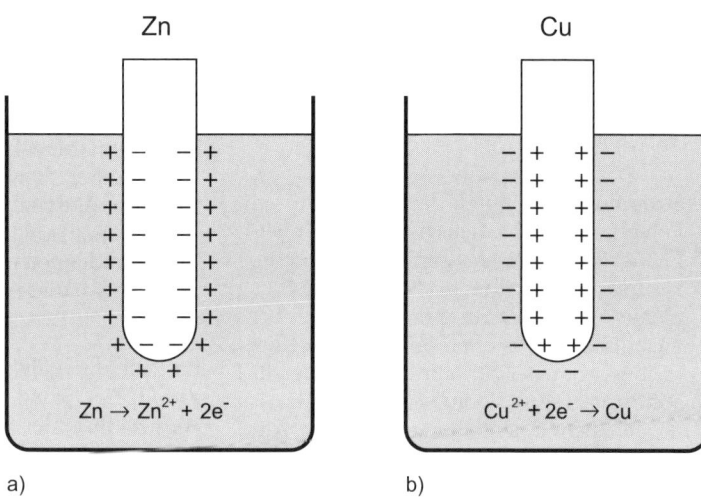

a)   b)

beiden Halbelemente nun zu einem galvanischen Element **leitend verbunden** (Draht
und Diaphragma), fließen Elektronen vom
Zink zum Kupfer; also muss der Zinkstab gegenüber dem Cu-Stab negativ aufgeladen
sein. Es fließt messbar Strom, was zu bewei-
sen war. Das Potential eines Halbelementes
kann man grundsätzlich nicht messen, sondern nur die Differenz von zwei Potentialen,
die EMK. Die Richtung des Elektronenflusses
im Daniell-Element wird durch den Lösungsdruck der beteiligten Elemente bestimmt.

Kombination verschiedener Halbelemente
Ersetzen wir das Halbelement $Zn/ZnSO_4$ im
Daniell-Element durch das Halbelement
$Ag/AgNO_3$ (Silberstab in Silbernitratlösung), so
beobachten wir einen **Elektronenfluss in um-
gekehrter Richtung**, weil nun Silber das edlere
Element mit niedrigerem Lösungsdruck und
Kupfer das unedlere Element mit dem höheren
Lösungsdruck ist. Kupfer geht in Lösung, die
Elektronen fließen zum Silberstab, wo Silberio-
nen reduziert und abgeschieden werden. Die
EMK beträgt 0,46 V.

Konzentrationskette
Die Voraussetzung zum Stromfluss in einem
galvanischen Element, d.h. einer aus zwei Halbelementen bestehenden galvanischen Kette, ist

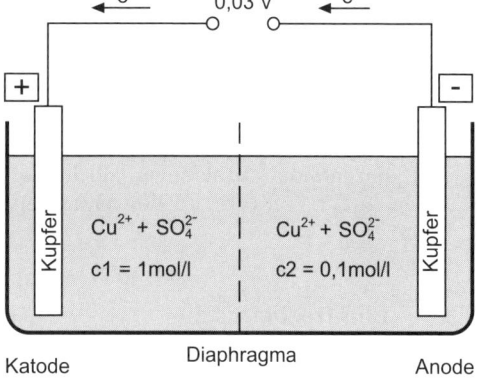

Katode   Diaphragma   Anode
Bild 4.3   Konzentrationskette

das Zustandekommen eines Potentialunter-
schiedes. Dazu sind nicht in jedem Fall zwei
Stäbe verschiedener Metalle erforderlich. Bei
**gleichen Metallen, aber unterschiedlichen Me-
tallsalzkonzentrationen (Elektrolyt)** kommt es
ebenfalls zu einem Potentialunterschied und damit zum Stromfluss. Die vorliegende galvani-
sche Kette wird **Konzentrationskette** genannt.
Das Halbelement mit der höheren Elektrolyt-
konzentration fungiert als Katode (+), das Halbelement mit der niedrigeren Elektrolytkonzen-
tration als Anode (–):
(+) Metall/Elektrolyt (c1)//Elektrolyt (c2)/
Metall (–)

c1, c2 ... Elektrolytkonzentrationen; c1 > c2
(Bild 4.3)

Elektrochemische Korrosion
Praxisbeispiele

> Stromfluss wird durch das Entstehen von
> Potentialunterschieden, wie z.B. im Daniell-
> Element oder einer Konzentrationskette,
> verursacht. Ein durch ein galvanisches
> Element erzeugter Stromfluss bedeutet bei
> metallischen Baustoffen immer einen Kor-
> rosionsstrom, der zur allmählichen Metall-
> auflösung führt. Voraussetzung dafür ist
> neben einem Potentialunterschied die An-
> wesenheit einer Elektrolytlösung.

❏ Korrosion von verzinkten Nägeln, mit denen
  eine Kupferdachrinne befestigt wurde (Prinzip Daniell-Element);
❏ Verrosten von Wasserleitungsrohren im Erdreich, außerhalb davon nicht. Ursache: Der
  Wasserfilm, der üblicherweise das Rohr be-
  netzt, weist im Erdreich eine geringere Sauer-
  stoffkonzentration auf als außerhalb des Erd-
  reichs in der Luft (Prinzip Konzentrationskette).

4.3   Elektrochemische Spannungsreihe

4.3.1   Standardwasserstoffelektrode

Es ergibt sich die Notwendigkeit, einen Bezugs-
punkt zu finden, mit dem man alle Halbelemente vergleichen kann. Als willkürlicher Nullpunkt dient das Potential der sog. Standardwasserstoffelektrode: Ein Platinblech taucht bei
der Temperatur 25 °C und dem Druck von 1 atm
in eine 1-molare Wasserstoffionenlösung
(Chlorwasserstoffsäure) und wird von Wasserstoff umspült. Kurzschreibweise $H_2(Pt)/HCl$.
Die Standardwasserstoffelektrode erhält will-
kürlich das Elektrodenpotential Null.

4.3.2   Standardelektrodenpotential E_0

> Die Potentialdifferenz zwischen der Stan-
> dardwasserstoffelektrode und einem Halb-
> element (Metall/Metallsalzlösung), gemes-
> sen unter Standardbedingungen (25 °C,
> 1 atm, Aktivität (sog. wirksame Ionenkon-
> zentration) a = 1 mol/l), wird als Standard-
> elektrodenpotential E_0 (früher Normal-
> potential) dieses Metalls bezeichnet.

Im Fall der galvanischen Kette $H_2(Pt)/HCl//$
$ZnSO_4/Zn$ (Standardelektrodenpotential E_0 =
–0,76 V) fließt der Elektronenstrom vom Metall
zur Wasserstoffelektrode. Elektronenspender
gegenüber Wasserstoffionen erhalten definitionsgemäß eine negatives Potential. Sie sind in
der Lage, H^+-Ionen aus Säuren zu gasförmigen
Wasserstoff zu reduzieren, d.h., **Metalle mit
negativen Potential lösen sich grundsätzlich in
Säuren auf** (Bild 4.4).

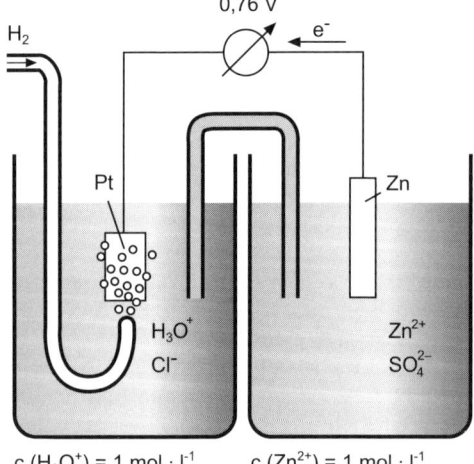

$c\,(H_3O^+) = 1\ mol \cdot l^{-1}$ $c\,(Zn^{2+}) = 1\ mol \cdot l^{-1}$

Bild 4.4   Messung des Standardelektroden-
potentials; Versuchsanordnung [27]

Im Fall des galvanischen Elementes $H_2(Pt)/$
$HCl//CuSO_4/Cu$ (Standardelektrodenpotential
E_0 = +0,35 V) fließt der Elektronenstrom von der
Wasserstoffelektrode zum Metall. Elektronen-
empfänger gegenüber Wasserstoff erhalten definitionsgemäß positives Potential. Sie sind nicht

in der Lage, H^+-Ionen aus Säuren zu gasförmigen Wasserstoff zu reduzieren, d.h., **Metalle mit positiven Potential lösen sich grundsätzlich in Säuren nicht auf**.

4.3.3   Anordnung der Standardelektroden-potentiale

Man hat sämtliche bekannten Metalle als Halbelement (1-mol/l-Lösungen) gegen die Stan-

Red. $\rightleftharpoons$ Ox.	+ 2 $\ominus$	E_0 (Volt)
K $\rightleftharpoons$ K$^+$	+ $\ominus$	- 2,93
Ca $\rightleftharpoons$ Ca^{++}	+ 2 $\ominus$	- 2,87
Na $\rightleftharpoons$ Na$^+$	+ $\ominus$	- 2,71
Mg $\rightleftharpoons$ Mg^{++}	+ 2 $\ominus$	- 2,36
Al $\rightleftharpoons$ Al^{+++}	+ 3 $\ominus$	- 1,66
Mn $\rightleftharpoons$ Mn^{++}	+ 2 $\ominus$	- 1,18
Zn $\rightleftharpoons$ Zn^{++}	+ 2 $\ominus$	- 0,76
Cr $\rightleftharpoons$ Cr^{++} +$\ominus$	+ 3 $\ominus$	- 0,74
Fe $\rightleftharpoons$ Fe^{++}	+ 2 $\ominus$	- 0,40
Cd $\rightleftharpoons$ Cd^{++}	+ 2 $\ominus$	- 0,40
Co $\rightleftharpoons$ Co^{++}	+ 2 $\ominus$	- 0,28
Ni $\rightleftharpoons$ Ni^{++}	+ 2 $\ominus$	- 0,25
Sn $\rightleftharpoons$ Sn^{++}	+ 2 $\ominus$	- 0,14
Pb $\rightleftharpoons$ Pb^{++}	+ 2 $\ominus$	- 0,13
H$_2$ $\rightleftharpoons$ 2H$^+$	+ 2 $\ominus$	- 0,00
Cu $\rightleftharpoons$ Cu^{++}	+ 2 $\ominus$	+ 0,34
Ag $\rightleftharpoons$ Ag$^+$	+ $\ominus$	+ 0,80
Hg $\rightleftharpoons$ Hg^{++}	+ 2 $\ominus$	+ 0,85
Pt $\rightleftharpoons$ Pt^{++}	+ 2 $\ominus$	+ 1,20
Au $\rightleftharpoons$ Au^{+++}	+ 3 $\ominus$	+ 1,50

Bild 4.5   Elektrochemische Spannungsreihe von Metallen [64]
Red   reduzierte Form $\ominus$ Elektron
Ox   oxidierte Form E_0 Standardelektroden-potential

dardwasserstoffelektrode geschaltet und die Standardelektrodenpotentiale gemessen. Ordnet man die gefundenen Potentiale in eine senkrechte Reihe ein, die oben mit den negativsten Potentialen (z.B. K) beginnt und unten mit den positivsten Potentialen (z.B. Au) endet, erhält man die sog. **elektrochemische Spannungsreihe**. Die unedelsten Metalle bzw. deren Redoxgleichgewichte stehen ganz oben – das Redoxgleichgewicht H^+/H_2 gilt als Nullpunkt –, die edelsten Metalle bzw. deren Redoxgleichgewichte ganz unten. Kombiniert man Redoxgleichgewichte (Halbelemente), gibt das jeweils höher stehende Redoxgleichgewicht (z.B. Zn → Zn^{2+} + 2e$^-$) an das tieferstehende Elektronen ab, die dort Metallionen reduzieren z. B. (Cu^{2+} + 2e$^-$→ Cu). Jedes Metall der elektrochemischen Spannungsreihe vermag also alle darunter stehenden Metalle aus ihren Salzlösungen auszuscheiden und geht selbst dabei in Lösung (Bild 4.5).

4.3.4   Bedeutung der Standardelektroden-potentiale

Die Standardelektrodenpotentiale in der elektrochemischen Spannungsreihe sind ein Maß für die oxidierende und reduzierende Kraft von Metallen. Oben stehen Metalle, die sich leicht oxidieren lassen, d.h. die leicht in Lösung gehen. Unten stehen Metalle, deren Ionen sich leicht reduzieren lassen, d.h. die sich leicht abscheiden.

Je negativer das Potential, umso stärker wirkt das Metall reduzierend (elektronenzuführend, Reduktionsmittel), desto unedler und oxidationsanfälliger ist es.

Je positiver das Potential, umso stärker wirkt das Metallion oxidierend (elektronenentziehend, Oxidationsmittel), desto edler und reduktionsanfälliger ist es.

Alle über dem Wasserstoff stehenden Metalle erhalten ein negatives, die darunter stehenden ein positives Potential.

4.3.5 Besonderheiten der elektro-chemischen Spannungsreihe

Während Metalle, die wenig oberhalb vom Wasserstoff in der elektrochemischen Spannungsreihe stehen (z.B. Ni) zur Auflösung Säuren benötigen, reicht bei sehr unedlen Metallen, wie z.B. Ca, Na, K, bereits die H^+-Ionen-Konzentration des reinen Wassers aus.

Reines Wasser besitzt ein Standardelektrodenpotential von $E_0 = -0{,}41$ V. Metalle mit negativerem Potential sollten sich daher in Wasser auflösen. Einige dieser Metalle, wie Al, Zn oder Cr tun dies wegen Ausbildung einer dünnen Oxidschicht («Passivierung») nicht.

Nach der Spannungsreihe werden die unter Wasserstoff stehenden Edelmetalle nicht angegriffen. Dies gilt nur für nicht oxidierende Säuren. Oxidierende Säuren, wie z.B. Salpetersäure (löst Cu), oder Königswasser (HCl : HNO_3 = 3 : 1) (löst Au) lösen Edelmetalle auf.

4.3.6 Resümee für die Praxis

> Bei Kontakt verschiedener Metalle (z.B. Cu, Zn) über einen Elektrolyten (wässrige Lösung von Säuren, Basen, Salzen) kommt es zum Stromfluss. Das unedlere Metall (Zn) löst sich auf.

4.4 Korrosionselemente

4.4.1 Lokalelement

> Das Lokalelement, das als Hauptverursacher der elektrochemischen Korrosion gilt, ist ein **kurzgeschlossenes galvanisches Element kleiner Teilchengröße**. Es entsteht durch Potentialbildung, z.B. durch den Kontakt zweier Metalle, oder bei einem Metall, z.B. Betonstahl, durch Belüftungsunterschiede, mechanische Verletzungen, unterschiedliche Oxidationsbezirke u.Ä.

Das Lokalelement besteht aus anodischen und katodischen Bezirken, die durch eine Elektrolytlösung (CO_2-haltiges Wasser genügt schon, Cl^--Ionen katalysieren) einerseits und durch das Metall andererseits in Verbindung stehen. Im Metall des Lokalelements findet analog zum Schließungsdraht des Daniell-Elements ein Elektronenfluss statt, in der Elektrolytlösung ein Ionenfluss.

4.4.2 Korrosionstypen

In Abhängigkeit des pH-Wertes der Elektrolytlösung unterscheidet man die Korrosion vom Wasserstofftyp und die Korrosion vom Sauerstofftyp. Beide Typen sollen am Lokalelement Cu/Zn aufgezeigt werden.

Korrosion vom Wasserstofftyp (Bild 4.6)
Die Korrosion vom Wasserstofftyp findet bei pH-Werten <4,5 statt. Das unedlere Metall (Zn) löst sich auf. Am edleren Metall (Cu) werden H^+-Ionen aus einer z.B. H_2SO_4-sauren Lösung (z.B. saurer Regen) zu Wasserstoff reduziert. Zn^{2+}- und SO_4^{2-}-Ionen bleiben in Lösung.

❑ Im anodischen Bereich (Zn) erfolgt anodische Oxidation: $Zn \rightarrow Zn^{2+} + 2e^-$.

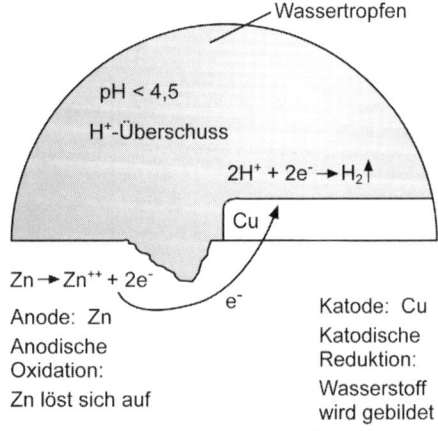

Bild 4.6   Korrosion vom Wasserstofftyp

❑ Im katodischen Bereich (Cu) erfolgt katodische Reduktion: $2\,H^+ + 2e^- \rightarrow H_2$

Korrosion vom Sauerstofftyp (Bild 4.7)

Die Korrosion vom Sauerstofftyp findet bei pH-Werten >4,5 statt. Bei nicht genügend saurem Elektrolyten wird der Wasserstofftyp durch den sog. Sauerstofftyp verdrängt. Der im Elektrolyten gelöste Sauerstoff fängt die noch vorhandenen H^+-Ionen ab und bildet unter Verbrauch der im anodischen Teilprozess erzeugten Elektronen Wasser.

❑ Im anodischen Bereich (Zn) erfolgt anodische Oxidation: $Zn \rightarrow Zn^{2+} + 2e$.
❑ Im katodischen Bereich (Cu) erfolgt katodische Reduktion: $4\,H^+ + O_2 + 4e^- \rightarrow 2\,H_2O$. Steigt der pH-Wert weiter (pH >= 7), findet eine Reduktion von Sauerstoff zu Hydroxylionen statt: $2\,H_2O + O_2 + 4e^- \rightarrow 4\,OH^-$
Die (OH^-)-Ionen können mit den Ionen des unedleren Metalls Korrosionsprodukte in Form schwerlöslicher Hydroxide bilden: $Zn(OH)_2$.

Belüftungselement (Bild 4.8)

Zum **Sauerstofftyp** gehört das allgegenwärtige **Belüftungselement** bzw. die Wassertropfenkorrosion auf Eisen. Durch Ausbildung einer sauerstoffarmen Zone in der Mitte des Wassertropfens (**anodischer Bereich**) und Ausbildung einer sauerstoffreichen Zone am Rand des Wassertropfens (**katodischer Bereich**) entsteht ein Potential. Es basiert auf dem Prinzip der Konzentrationskette unterschiedlicher Konzentrationen an Sauerstoff. An der Grenze beider Zonen bildet sich Eisenhydroxid aus, das unter weiterer Oxidation in **Rost FeO(OH)** übergeht.

❑ Im anodischen Bereich erfolgt anodische Oxidation: $Fe \rightarrow Fe^{2+} + 2e^-$.
❑ Im katodischen Bereich erfolgt katodische Reduktion: $2\,H_2O + O_2 + 4e^- \rightarrow 4\,OH^-$.
Die (OH^-)-Ionen können mit den Ionen des anodisch gelösten Metalls Korrosionsprodukte

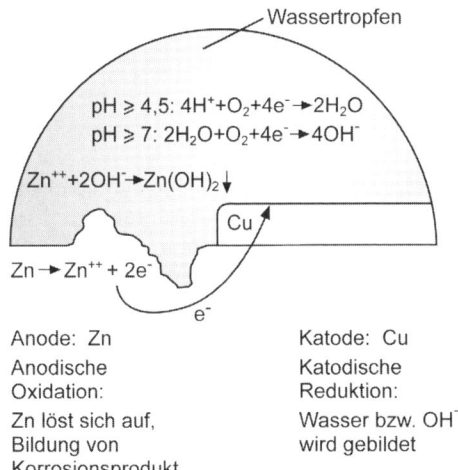

Anode: Zn
Anodische Oxidation:
Zn löst sich auf, Bildung von Korrosionsprodukt

Katode: Cu
Katodische Reduktion:
Wasser bzw. OH^- wird gebildet

Bild 4.7 Korrosion vom Sauerstofftyp

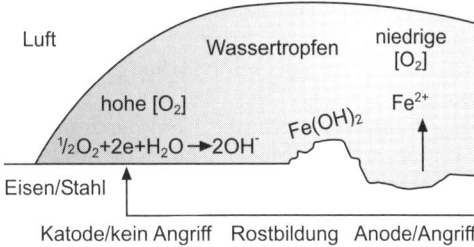

Katode/kein Angriff   Rostbildung   Anode/Angriff

$$\tfrac{1}{2}O_2 + 2e^- + H_2O \rightarrow 2\,OH^- \qquad Fe \rightarrow Fe^{2+} + 2e^-$$
$$Fe^{2+} + 2\,OH^- \rightarrow Fe(OH)_2$$
$$2\,Fe(OH)_2 + \tfrac{1}{2}O_2 \rightarrow 2\,FeOOH + H_2O$$

Wassertropfen:
Potentialbildung durch unterschiedliche O_2-Konzentration (Rand/Mitte)

Anodische Oxidation: $Fe \rightarrow Fe^{2+} + 2e^-$
Eisen löst sich auf

Katodische Reduktion: $\tfrac{1}{2}O_2 + 2e^- + H_2O \rightarrow 2\,OH^-$
Sauerstoff wird reduziert zu OH^-

Korrosionsprodukt: $Fe^{2+} + 2\,OH^- \rightarrow Fe(OH)_2$

Weiteraktion: $2\,Fe(OH)_2 + \tfrac{1}{2}O_2 \rightarrow 2\,FeOOH + H_2O$

Bild 4.8 Belüftungselement an Eisen/Stahl [8]

in Form schwerlöslicher Hydroxide bilden (z.B. $Fe(OH)_2$ bzw. Rost).

4.4.3   Praxisbeispiele

Korrosion von Eisen mit unterschiedlichen Oberflächen

Versuchsprinzip
Drei Eisennägel mit unterschiedlicher Oberfläche werden in ein Korrosionsmedium gegeben. Durch chemische Farbreaktionen lassen sich anodische und katodische Bezirke nachweisen.

❑ Anodenreaktion (Eisenauflösung): $Fe \rightarrow Fe^{2+} + 2e^-$; Blaufärbung durch Bildung von «Berliner Blau»: $Fe^{2+} + [Fe(CN)_6]^{3-} \rightarrow [Fe(II) Fe(III)(CN)_6]^-$;
❑ Katodenreaktion (Sauerstoffreduktion): $2\ H_2O + O_2 + 4e^- \rightarrow 4\ OH^-$; Rotfärbung von Phenolphthalein im Alkalischen.

Versuchsanordnung und -beobachtung
Die Nägel werden in eine Gelatinelösung gelegt, um die Farbreaktionen zu fixieren und gut erkennen zu können. Die Gelatinelösung enthält rotes Blutlaugensalz $K_3[Fe(CN)_6]$, Phenolphthalein und NaCl als Elektrolyt. Die Beobachtung erfolgt nach einem Tag.
   Nagel a) an beiden Enden blank geschmirgelt; Färbung an diesen Stellen blau, in der Mitte rot
   Nagel b) an der Spitze in einer Flamme erhitzt; Färbung an dieser Stelle rot, am anderen Ende blau
   Nagel c) in der Mitte mit blankem Cu-Draht umwickelt; Färbung an dieser Stelle rot, an den Enden blau

Versuchsergebnis
Bei unterschiedlichen Oberflächen (glatt/ geschmirgelt; oxidiert/nicht oxidiert, umwickelt/nicht umwickelt) können sich Potentiale ausbilden. Die Änderung physikalischer und chemischer Parameter an einem Metall kann also zur Lokalelementbildung und damit zur Korrosion führen (Bild 4.9).

Korrosion bei Legierungen
Relativ unedle Metalle (Al ... $E_0 = -1,66$ V) dür-

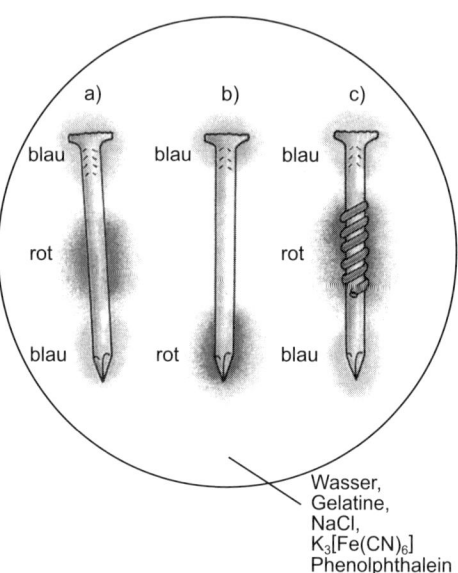

Wasser,
Gelatine,
NaCl,
$K_3[Fe(CN)_6]$
Phenolphthalein

Im Bereich der anodischen Oxidation: Blaufärbung
$Fe \rightarrow Fe^{2+} + 2e^-$; Nachweis von Fe^{2+} als "Berliner Blau"

Im Bereich der katodischen Reduktion: Rotfärbung
$\frac{1}{2}\ O_2 + H_2O + 2e^- \rightarrow 2OH^-$; Nachweis von OH^-
durch Rötung von Phenolphthalein

Bild 4.9   Korrosion von Eisen mit unterschiedlichen Oberflächen [27]
a) an den Enden geschmirgelt
b) an der Spitze geflammt
c) mit Cu-Draht umwickelt

fen nur in sehr reinem Zustand als Gebrauchsmetalle verwendet werden. Aluminiumlegierungen (z.B. Duraluminium, 4...5% Cu, $E_0 = +0,34$) sind demnach nicht für Kochtöpfe zu gebrauchen. Flugzeuge, deren Außenhaut aus Duraluminium besteht (Dural), müssen daher wirksam vor Wasser geschützt werden, z.B. durch Anstriche).

Korrosion bei verzinktem/verzinntem Eisen
Werden **verzinkte Eisenwaren** (z.B. feuerverzinkte Bauteile) beschädigt und mit einem Elektrolyt beaufschlagt, wird das Zink abgetragen, da Fe edler als Zn ist. Verzinkte Eisengefäße (Fe...$E_0 = -0,40$ V) sind durch Zn (Zn...$E_0 = -0,76$ V) dauerhaft geschützt.
   Werden **verzinnte Eisenwaren** (z.B. Weißblechdosen) beschädigt und mit einem Elektro-

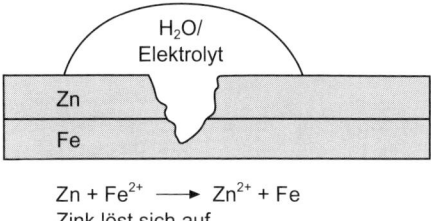

$$Zn + Fe^{2+} \longrightarrow Zn^{2+} + Fe$$
Zink löst sich auf

Bild 4.10a   Korrosion von verzinktem Eisen

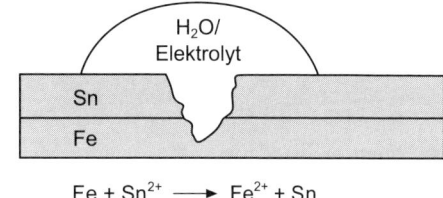

$$Fe + Sn^{2+} \longrightarrow Fe^{2+} + Sn$$
Eisen löst sich auf

Bild 4.10b   Korrosion von verzinntem Eisen

Bild 4.11
Kontaktkorrosion
– Eisen schützende
und Eisen verdrän-
gende Metalle [13]

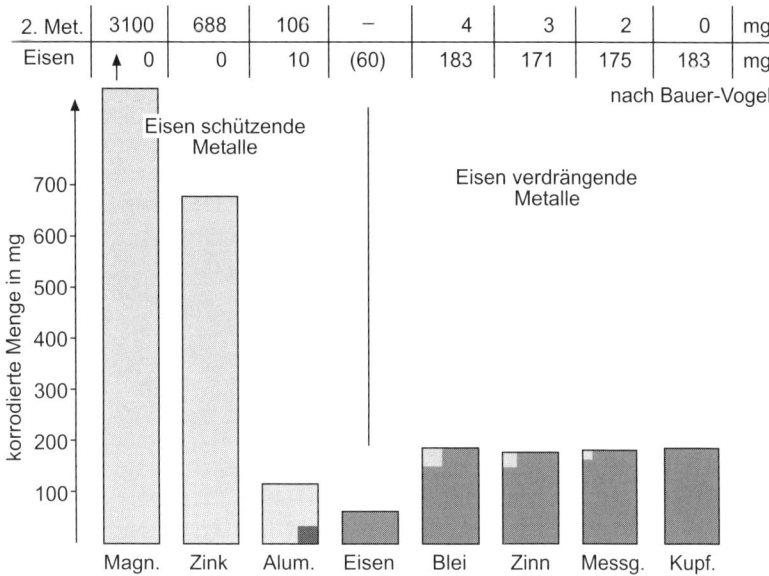

Kontaktkorrosion (in 1 % NaCl-Lösung)

2. Met.	3100	688	106	–	4	3	2	0	mg
Eisen	↑ 0	0	10	(60)	183	171	175	183	mg

nach Bauer-Vogel

lyt beaufschlagt, wird das Eisen aufgelöst, da Sn edler als Fe ist. Verzinnte Eisengefäße (Sn...E_0 = –0,14 V) rosten schon bei kleinsten Beschädigungen (Bilder 4.10a und 4.10b).

Kontaktkorrosion durch Mischbau
Bei Kontakt zweier Metalle **löst sich das unedlere Metall** in ein meist vorhandenes leitendes Medium, z.B. Salzlösung oder kohlensaures Wasser, wodurch es negativ aufgeladen wird (siehe Lokalelement). Es kommt zu einem Elektronenfluss vom unedleren zum edleren Metall und zur Korrosion des ersteren.

> Die Kontaktkorrosion kommt im Bauwesen häufig vor, wenn Konstruktionsteile aus verschiedenen Metallen im sog. Mischbau miteinander elektrisch leitend verbunden werden. Sie ist umso stärker, je größer der Potentialunterschied zwischen den beiden Metallen ist (z.B. Cu/Zn).

Die Vorgänge bei der leitenden Verbindung von Eisen mit anderen Metallen sind aus Versuchen (Bild 4.11) ersichtlich. Bei dieser Versuchsreihe [13] wurden Eisenabschnitte in Verbindung mit jeweils einem anderen Metall in 1% NaCl-Lösung der Korrosion überlassen und nach bestimmter Zeit die korrodierte Metallmenge gemessen. Es wurde Folgendes beobachtet:

❑ Eisen allein ergab 60 mg Korrosionsprodukt.
❑ War Al zugegen, verlor die Eisenprobe nur 10 mg; bei Gegenwart von Zink und Mg korrodierte das Eisenteil praktisch überhaupt nicht mehr.
❑ Waren Metalle mit höherem Potential (Pb, Sn, Messing, Cu) als Fe zugegen, dann korrodierte Eisen stärker (170...183 g Korrosionsprodukt).

Al, Zn, Mg wirken also als Eisen schützende, Pb, Sn, Messing und Cu als Eisen verdrängende Metalle.

Praktische Spannungsreihen
Da die Normalspannungsreihe nur unter theoretischen Voraussetzungen gilt, wurden **praktische Spannungsreihen** aufgestellt, die das Potential einer Metallelektrode unter Praxisbedingungen angeben. Da Art, Konzentration, Temperatur u.a. Parameter unter praktischen Bedingungen stark wechseln, ergeben sich in der Praxis von den Standardelektrodenpotentialen **abweichende Korrosionspotentiale** (z.B. in Meerwasser). Dabei ist besonders zu beachten, dass Stähle je nach Herstellung verschiedene Standardelektrodenpotentiale haben (Tabelle 4.1).

Tabelle 4.1   Praktische Spannungsreihen
(nach OELSNER)

Praktische Spannungsreihe für Wasser pH 6,0		Praktische Spannungsreihe für Meerwasser pH 7,5	
Metall	mV[1]	Metall	mV[1]
Silber	+195	Silber	+149
Kupfer	+140	Nickel	+ 46
Nickel	+118	Kupfer	+ 10
Aluminium	−169	Blei	−259
Zinn	−175	Zink (Zn 98,5)	−284
Blei	−283	Stahl	−335
Stahl	−350	Cadmium	−519
Cadmium	−574	Aluminium	−667
Zink (Zn 98,5)	−823	Zinn	−809

[1] Potentialangaben beziehen sich auf die Normal-Wasserstoffelektrode

4.5   Elektrolyse

4.5.1   Prinzip

Die Umwandlung von elektrischer Energie in chemische Energie erfolgt durch die Elektrolyse. Legt man in einem DANIELL-Element eine äußerliche Spannungsquelle als sog. Zersetzungsspannung an, **kehren sich die Vorgänge** um. Definiert man die Anode als den Pol, von dem der Elektronenstrom im Metall wegfließt, ist sie im Fall der Elektrolyse der Pluspol (Cu-Elektrode). Dort erfolgt Elektronenabgabe, also die

❑ anodische Oxidation gemäß $Cu \rightarrow Cu^{2+} + 2e^-$.

Definiert man die Katode als den Pol, zu dem der Elektronenstrom im Metall hinfließt, ist sie im Fall der Elektrolyse der Minuspol (Zn-Elektrode). Dort erfolgt Elektronenzufuhr, also die

❑ katodische Reduktion gemäß $Zn^{2+} + 2e^- \rightarrow Zn$ (Bild 4.12).

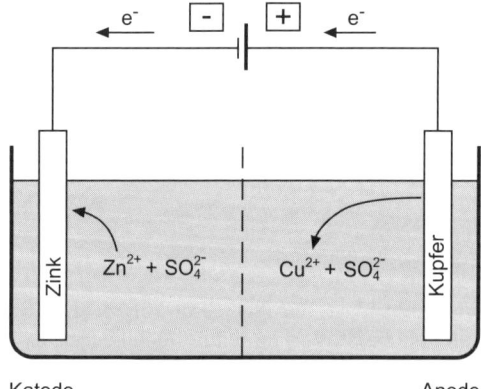

Zersetzungsspannung > 1,10 V

Katode   Anode

Bild 4.12   Elektrolysezelle

4.5.2   Anionen und Kationen

Durch das Diaphragma ist der Stofftransport in einer Elektrolysezelle behindert. Entfernt man dieses, bringt man die Ionen der Lösung in Bewegung. Die Kationen wandern zur Katode und erfahren dort eine katodische Reduktion. Die Anionen wandern zur Anode und erfahren dort eine anodische Oxidation. Die Ionen können stammen

❑ aus einer als Anode geschalteten Elektrode (mit sog. angreifbaren Elektroden),
❑ aus der Lösung (mit sog. nicht angreifbaren Elektroden).

4.5.3 Elektrolyse mit angreifbaren Elektroden

Als Praxisbeispiel dient die Elektroraffination des Kupfers. Fremdelemente wie Ag, Pb, As, Sb stören das Werkstoffverhalten des Cu, z.B. dessen elektrische Leitfähigkeit. Durch **elektrolytische Raffination** können solche Fremdelemente abgetrennt und ein hoher Reinheitsgrad (sog. **Elektrolytkupfer**) erzielt werden. Das Rohkupfer wird als Anode, ein Kupferfeinblech als Katode geschaltet. Cu^{2+}-Ionen wandern zur Kupferfeinblechkatode und werden dort abgeschieden.

❑ Anodenreaktion: $Cu_{roh} \rightarrow Cu^{2+} + 2e^-$.
   Die Anode löst sich auf.

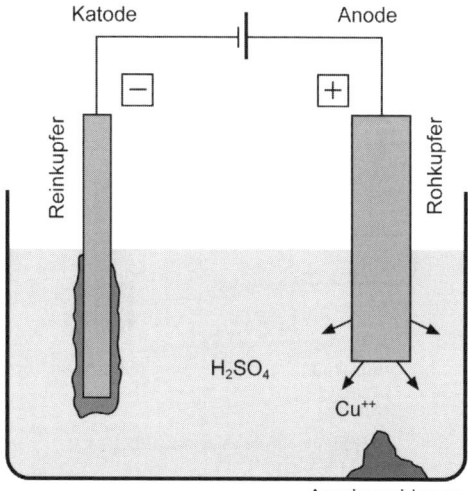

Bild 4.13 Elektrolytische Raffination von Rohkupfer [7]

❑ Katodenreaktion: $Cu^{2+} + 2e^- \rightarrow Cu_{rein}$.
   Das Cu-Feinblech überzieht sich mit Cu.

Wenn man silberhaltiges Rohkupfer in mit Schwefelsäure angesäuerte Kupfersulfatlösung einhängt und elektrolysiert, dann fällt das schwerlösliche Silber unter der sich auflösenden Rohkupferanode als sog. **Anodenschlamm** an. Unedlere und leichter lösliche Metalle gehen zwar mit dem Kupfer in Lösung, werden jedoch bei richtiger Arbeitsweise nicht an der Katode abgeschieden (Bild 4.13).
   Nach demselben Verfahren können auch Elektrolytsilber, -blei, -nickel, -zink und -gold gewonnen bzw. metallische Überzüge erzeugt werden (Vernickeln, Verchromen in der sog. **Galvanotechnik**).

4.5.4 Elektrolyse mit nicht angreifbaren Elektroden

Bringt man in eine Lösung eines Elektrolyten (z.B. eine schwefelsaure Lösung) unangreifbare Elektroden (z.B. Pt-Elektroden) ein, kann man die Lösung zersetzen. Es bilden sich an der

❑ Anode Sauerstoff: $4\,OH^- \rightarrow O_2 + 2\,H_2O + 4e^-$,
❑ Katode Wasserstoff: $4\,H^+ + 4e^- \rightarrow 2\,H_2$

Die anodische Sauerstoffbildung kann technisch genutzt werden. Ersetzt man die Pt-Anode durch eine Al-Anode, reagiert der entstehende Sauerstoff an der Al-Elektrode zu Al_2O_3. Die natürliche Oxidschicht des Al kann dadurch verstärkt werden (**el**ektrolytische **Ox**idation von **Al**uminium – **Eloxal**-Verfahren).

4.5.5 Streustromkorrosion

Wie beim galvanischen Element kommt es auch durch eine Elektrolyse zu stofflichen Veränderungen. Unter dem Einfluss einer Stromquelle kann es durch Streuströme («**vagabundierende Ströme**») zu Korrosion an im Boden verlaufenden Installationen kommen. Beispielhaft ist die Korrosion an Wasserleitungsrohren in der Nähe elektrisch betriebener Bahnen mit schlechten Kontakten an den Schienenstößen. An der Un-

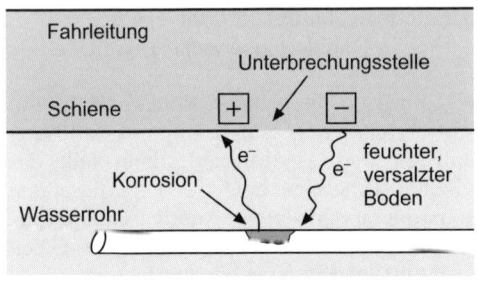

terbrechungsstelle fließt der Strom durch den elektrisch leitenden Boden zur Wasserleitung, verlässt diese wieder und kehrt zur Schiene zurück. Dadurch bilden sich anodische und katodische Bereiche an der Wasserleitung/Schiene mit anodischer Auflösung eines Metalls. Bei dieser Korrosionsart spielt der Gehalt des Bodens an Elektrolyten eine wesentliche Rolle (Bild 4.14).

Anodischer Bereich	Katodischer Bereich (pH > 4,5)
$Fe \rightarrow Fe^{2+} + 2e^-$	$4H^+ + O_2 + 4e^- \rightarrow 2H_2O$

Eisenauflösung

Bild 4.14 Streustromkorrosion am Wasserleitungsrohr unter einer Straßenbahnschiene [21]

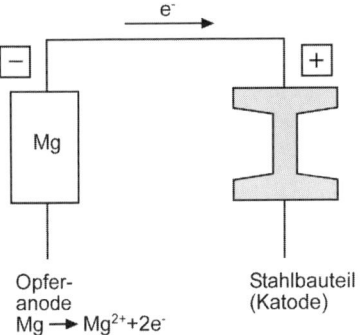

Opferanode
$Mg \rightarrow Mg^{2+} + 2e^-$

Stahlbauteil (Katode)

Katodischer Korrosionsschutz mit Opferanode, ein galvanischer Vorgang

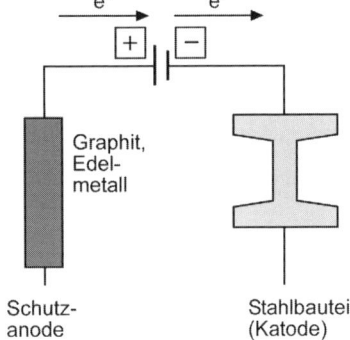

Graphit, Edelmetall

Schutzanode

Stahlbauteil (Katode)

Katodischer Korrosionsschutz mit Fremdstrom, ein elektrolytischer Vorgang

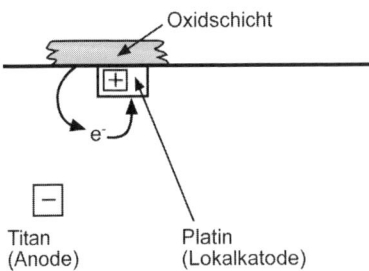

Oxidschicht

Titan (Anode)

Platin (Lokalkatode)

Anodischer Korrosionsschutz mit Lokalkatoden, ein galvanischer Vorgang

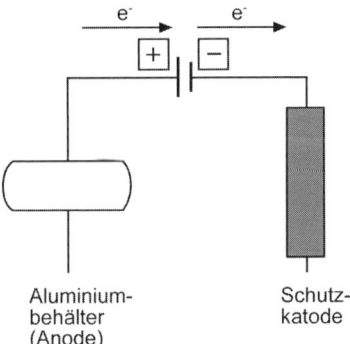

Aluminiumbehälter (Anode)

Schutzkatode

Anodischer Korrosionsschutz mit Fremdstrom, ein elektrolytischer Vorgang

Bild 4.15 Katodischer und anodischer Korrosionsschutz [21]

4.6   Korrosionsschutz

4.6.1   Allgemeines

Potentialbildung, d.h. die Entstehung anodischer und katodischer Bezirke in einer Elektrolytlösung, verursacht elektrochemische Korrosion. Sie kann verhindert werden durch

❑ Vermeidung von Kontaktkorrosion (z.B. durch Isolierschichten),
❑ Fernhalten von Elektrolytlösungen (Lackierung, keine Spalte),
❑ elektrochemische Maßnahmen (Bild 4.15, katodischer und anodischer Korrosionsschutz) [21].

4.6.2   Katodischer Korrosionsschutz

Das zu schützende Metall wird als Katode geschaltet. Es wird so verhindert, dass Oxidationsmittel angreifen, die dem Metall Elektronen entziehen. Die zu schützende Konstruktion ist schwach negativ aufgeladen; das Gleichgewicht der Reaktion $Fe \rightleftarrows Fe^{2+} + 2e^-$ wird nach links verschoben, d.h. die Korrosion durch Elektronenzufuhr zurückgedrängt: $Fe^{2+} + 2e^- \rightarrow Fe$. Man unterscheidet 2 Prinzipien.

Prinzip Galvanisches Element – Eigenstromverfahren
Das zu schützende Metall (z.B. Fe) wird mit einem unedleren Metall (z.B. Mg) leitend verbunden. Zwischen der Mg-Anode und der Eisenkonstruktion entsteht eine Spannungsdifferenz. Da die Anode bei diesem Verfahren durch Korrosion aufgezehrt wird, spricht man von «Opferanode».
Prinzip Elektrolyse – Fremdstromverfahren
Bei diesem Verfahren wird die zu schützende Metallkonstruktion an den negativen Pol einer Gleichstromquelle angeschlossen. Der positive Pol ist mit Hilfsanoden aus Graphit oder Edelmetall verbunden.

Praxisbeispiel: Katodischer Schutz für Stahl in Beton
Die Eisenauflösung wird durch einen entgegengesetzt gerichteten Gleichstrom unterbunden. Hierzu wird auf die Betonoberfläche eine dauerhafte Anode (z.B. ein metalloxidbeschichtetes Titannetz) aufgebracht. Die Bewehrung wird an den Minuspol, das Titannetz an den Pluspol angeschlossen. Das Verfahren hat den Vorteil, dass nur stark korrodierte Bereiche abgetragen werden müssen;, chloridverseuchte Bezirke ohne Zerstörung müssen nicht entfernt werden. Das Schutzsystem ist daher besonders für dem Seewasser ausgesetzte und tausalzbelastete Bauwerke geeignet. Der Einsatz des relativ teuren Verfahrens muss in einer Wirtschaftlichkeitsrechnung (Sanierungskosten, voraussichtliche Nutzungsdauer usw.) abgewogen werden (Bild 4.16).

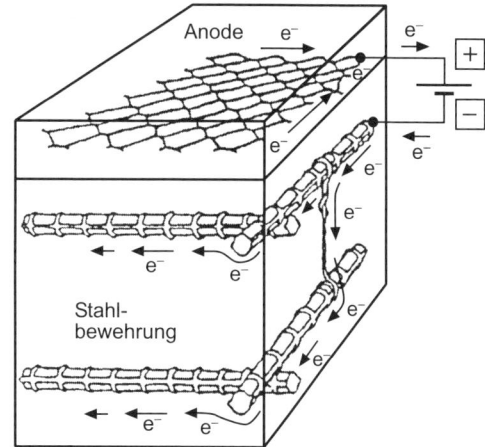

Bild 4.16   Prinzip des katodischen Schutzes für Stahl in Beton [34]

4.6.3   Anodischer Korrosionsschutz

Das zu schützende Metall wird als Anode geschaltet. Metalle, die eine schützende Oxidschicht ausbilden (Al, Ni, Cr, Ti), können anodisch geschützt werden. An deren Oberfläche kommt es zur anodischen Oxidation.

❑ Prinzip Galvanisches Element – Eigenstrom-
   verfahren
   Als Lokalkatode dient z.B. eine geringe Men-
   ge eines Edelmetalls (Pt), das zulegiert wird.
❑ Prinzip Elektrolyse – Fremdstromverfahren
   Das zu schützende Metall wird am positiven
   Pol einer Gleichstromquelle angeschlossen
   und erfährt eine anodische Oxidation.

Literatur zum Thema «Elektrochemie»:
[7; 8; 9; 11; 12; 13; 21; 27; 34; 64]

5 Nichteisenmetalle (Baumetalle)

Der Begriff Nichteisenmetalle umfasst alle technisch genützten Metalle mit Ausnahme von Eisen und Stahl. Unter den Nichteisenmetallen haben für den Baubereich nur die sog. Baumetalle Al, Zn, Pb und Cu Bedeutung. Die Baumetalle zeichnen sich dadurch aus, dass sie in der Lage sind, chemische Schutzschichten auszubilden, die das darunter liegende Metall vor Korrosion bewahren. Die Stabilität der Schutzschicht ist aber abhängig vom umgebenden Medium (pH-Bereich, chemischer Angriff).

5.1 Aluminium

Chemie/Korrosionsverhalten

Allgemeines

Von den Baumetallen haben die Aluminiumwerkstoffe wegen der geringen Dichte des Aluminiums von $2,7\,g/cm^3$, der guten Festigkeit der Legierungen sowie der vielfältigen Oberflächenveredlungsmöglichkeiten im Bauwesen größte Bedeutung erlangt. Für Legierungen gilt prinzipiell die Chemie des reinen Aluminiums. Entscheidend geprägt wird das Korrosionsverhalten durch seinen **amphoteren** Charakter, d.h. der Löslichkeit des schwerlöslichen Hydroxids sowohl im stark Sauren (pH <4, z.B. saurer Regen) als auch im stark Alkalischen (pH >10, z.B. Beton, Bild 5.1).

Als Faustregel für die Praxis kann gelten, dass das Baumetall Aluminium **im pH-Bereich > 4 und < 10 gebrauchstauglich** ist.

Luft/Atmosphäre

Reines Aluminium ist an der Luft beständig, da es sich mit einem fest anliegenden, zusammenhängenden dünnen Oxidhäutchen bedeckt, das das darunter liegende Metall vor weiterem Angriff schützt (**Passivierung** des Aluminiums).

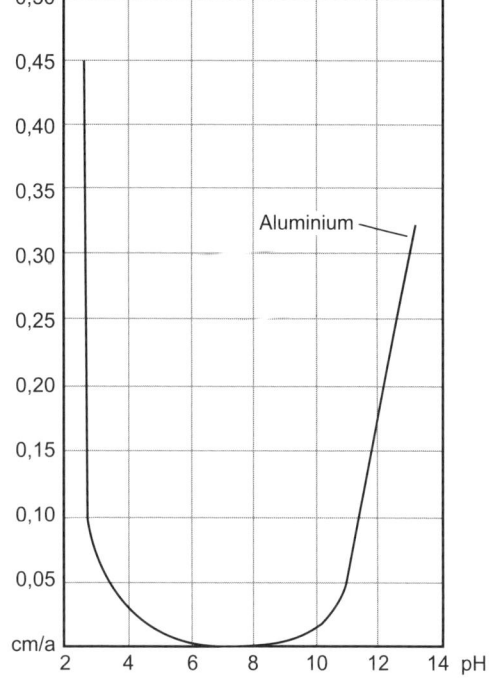

Bild 5.1 Abtragung von Al-Metall in Abhängigkeit des pH-Wertes [8]

$$4\,Al + 3\,O_2 \rightarrow 2\,Al_2O_3$$

Die Schutzwirkung kann erheblich verbessert werden, indem man durch anodische Oxidation eine wesentlich dickere Oxidschicht (von 0,2 auf 20 µm) erzeugt (Eloxal-Verfahren).

Beispiele: Dach Dortmunder Westfalenhalle, Eros-Statue Picadilly.

Wasser/schwache Säuren

Von Wasser und schwachen Säuren wird Al-Metall in der Kälte kaum angegriffen, da in solchen Lösungen die Hydroxidionen-Konzentration groß genug ist, schwerlösliches $Al(OH)_3$ zu bilden, das Al-Metall vor weiterer Einwirkung schützt.

$Al_2O_3 + 3\,H_2O \rightarrow 2\,Al(OH)_3$

Säuren
Al ist gegen oxidierende Säuren wie z.B. HNO_3 in der Kälte beständig, da es von ihnen passiviert wird. Nicht oxidierende Säuren wie z. B. HCl lösen die Oxid-/Hydroxidschicht bzw. das Metall unter Bildung von Al-Salzen und Wasserstoff auf:

Hydroxidschicht: $Al(OH)_3 + 3\,H^+ \rightarrow Al^{3+} + 3\,H_2O$
Al-Metall: $2\,Al + 6\,H^+ \rightarrow 2\,Al^{3+} + 3\,H_2$

Basen
Aluminium ist gegen starke Laugen wie z.B. NaOH nicht beständig. Diese lösen die Hydroxidschicht bzw. das Metall unter Bildung von Aluminat und Wasserstoff auf.

Hydoxidschicht: $Al(OH)_3 + OH^- \rightarrow [Al(OH)_4]^-$
Al-Metall: $2\,Al + 6\,NaOH + 6\,H_2O$
$\rightarrow 2\,Na_3[Al(OH)_6] + 3\,H_2$

Anwendung
Legierungen/Aushärtung
Wegen der geringen Härte, geringer Zugfestigkeit, geringer Streckgrenze findet das reine Aluminium kaum Anwendung im Bauwesen. Es werden Legierungen mit Mg, Mn, Si, Zn und Cu verwendet.
   Die Legierungen werden eingeteilt in

❑ **nicht verformbare Gusslegierungen** (z.B. für Beschläge) und
❑ **verformbare Knetlegierungen** (sog. Aluminium-Knetwerkstoffe, von bautechnischer Bedeutung).

Beide können **nicht aushärtbare** (mit Mn oder Mg) und **aushärtbare** Zusammensetzungen besitzen (mit Mg/Si, Mg/Zn und Cu/Mg).
   Unter **Aushärten** versteht man die temperaturgesteuerte Ausbildung eines optimalen Kristallitgefüges durch Lösungsglühen, Abschrecken, Kalt- und Warmauslagern. Durch Legieren in Verbindung mit Aushärten lassen sich Festigkeitseigenschaften erheblich steigern.
   Festigkeitssteigerungen bei nicht aushärtbaren Legierungen sind möglich durch **Kaltverformung** (z.B. Walzen).

Aluminium-Knetwerkstoffe lassen sich grundsätzlich alle eloxieren (anodisieren).

Aluminium-Knetwerkstoffe [71]
Beispiele mit Eigenschaftsvergleich zu Reinaluminium-Knetwerkstoffen (Serie 1000):

❑ **AlMn** (Serie 3000)
Erhöhte Festigkeit, gute Warmumform- und Schweißbarkeit, verbesserte Beständigkeit gegenüber leicht alkalischen Medien, nicht aushärtbar (Dachdeckungen, Wandverkleidungen, wenig beanspruchte Bauteile);.
❑ **AlMg** (Serie 5000)
Mit steigendem Mg-Gehalt Zunahme der Festigkeit (auch beim Kaltverformen), der chemischen Beständigkeit (Seewasser, Witterung, leicht alkalische Medien), Verschlechterung der Schweißbarkeit (erst ab 2,5% wieder besser) und Verarbeitbarkeit; nicht aushärtbar. Zu verwenden für dekorative Bauteile (Schaufenster, Gitter, Zierleisten, Bleche);
❑ **AlMgMn** (Serie 5000)
Die Festigkeit steigt mit zunehmendem Legierungsgehalt und bei Kaltverformung. Gute Schweißbarkeit, Warmumformbarkeit, Meerwasserbeständigkeit und Tieftemperatureigenschaften; nicht aushärtbar. Zu verwenden für leicht biegbare Bleche, Profile, Falze;
❑ **AlMgSi** (Serie 6000)
Im Allgemeinen nicht so fest wie andere Legierungen, gut schweißbar und weich umformbar, gut eloxierbar, kalt verformbar und warm aushärtbar; hervorragende Pressbarkeit, Witterungs- und Korrosionsbeständigkeit. Zu verwenden für Fenster, Türprofile, Bauprofile;
❑ **AlCuMg** (Duraluminium, Serie 2000)
Hohe Festigkeiten und hohe Bruchdehnungen; nachteilig sind die ohne Oberflächenschutz schlechte Korrosionsbeständigkeit, erschwerte Warmumformbarkeit und nur bedingte Schweißbarkeit. Bei Verwendung im Bauwesen Schutzanstrich erforderlich wegen Lokalelementbildung.
❑ **AlZnMg(Cu)** (Serie 7000)
Aluminiumlegierungen mit den höchsten Festigkeiten. Cu-freie Legierungen sind nur

mittelfest, aber gut schweißbar und aushärtend. Die Cu-haltigen Legierungen sind ohne Oberflächenschutz nur bedingt korrosionsbeständig und nur bedingt schweißbar.

Bindemittel

> ! Aufgrund der Unbeständigkeit des Al im Alkalischen müssen bei Berührung von Al-Metall mit alkalisch reagierenden Baustoffen wie z.B. Zement und Kalk Vorsichtsmaßnahmen ergriffen werden (z.B. Beschichtung, Schutzlack, Isolierung).

Gegenüber reinem Gipsputz ist Aluminium beständig, sofern dieser nicht alkalisch eingestellt ist. Chlorid wirkt korrosionsfördernd.

5.2 Zink

Chemie/Korrosionsverhalten
Allgemeines
Geprägt wird das Korrosionsverhalten durch seinen **amphoteren** Charakter, d.h. der Löslichkeit des schwerlöslichen Hydroxids sowohl im stark Sauren (pH <6,5 – z.B. saurer Regen) als auch im stark Alkalischen (pH >12,5 – z.B. Beton, Bild 5.2).

> ! Als Faustregel für die Praxis kann gelten, dass das Baumetall Zn **im pH-Bereich 6,5 bis 12,5 gebrauchstauglich** ist, bei allen anderen Werten nimmt die Abtragung rasch zu.

Luft/Atmosphäre
An der Luft ist Zink korrosionsbeständig. Es bildet eine matte, graublaue Patina, bestehend aus einer dünnen, fest haftenden Deckschicht aus **basischem Zinkcarbonat** (Zinkhydroxidcarbonat).

$$2\,Zn + O_2 + H_2O + CO_2 \rightarrow ZnCO_3 \cdot Zn(OH)_2$$

Ist der Zutritt von CO_2 gehemmt, so kann sich keine Schutzschicht aus Zinkhydroxidcarbonat

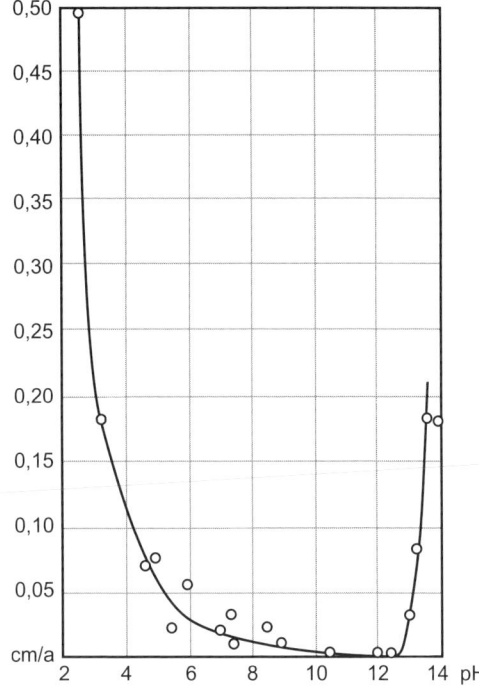

Bild 5.2 Abtragung von Zn-Metall in Abhängigkeit des pH-Wertes [8]

aufbauen. Es bildet sich ZnO, das aber porös ist und schlecht haftet.

Zahllose Anwendungsfälle wie Dacheindeckungen, Regenrinnen, Leitungsmasten zeigen das **günstige Verhalten von Zn in der Atmosphäre**. Die Deckschichten können durch Witterungseinflüsse nach und nach abgetragen werden, gleichzeitig bilden sie sich aus dem darunter liegenden Zink neu. Damit wird kontinuierlich Zink verbraucht, und ein neuer Zinküberzug bzw. ein Zinkblech wird dünner. Die Zinkabtragung ist abhängig von der Zusammensetzung der Atmosphäre.

Wasser
Im Wasser ist Zink korrosionsbeständig durch Bildung einer schützenden **schwerlöslichen Schicht von Zn(OH)₂**. Diese kann sich aber in saurer und alkalischer Lösung nicht ausbilden. Bei rund 70 °C und darüber wird Zn edler als Fe

(**elektrochemische Umkehr**). Es kommt zur schnellen Eisenkorrosion. Bei Spuren von Cu tritt die Umkehrung bereits bei 50 °C ein. Verzinktes Eisen als Rohrmaterial ist nur bis 65 °C zu empfehlen.

Säuren
Mit Säuren erfolgt Auflösung zu Zn^{2+}-Ionen und Salzbildung:

$$Zn + H_2SO_4 \rightarrow ZnSO_4 + H_2$$

Gemäß seiner Stellung in der Spannungsreihe entwickelt Zink mit Säuren Wasserstoff.

Einen besonders ungünstigen Einfluss übt das in aggressiver Atmosphäre enthaltene Schwefeldioxid (z.B. aus Ölheizungen im Winter). Die daraus sich bildende Schwefelsäure führt zur Bildung leicht löslicher Sulfate und damit zu Korrosionsabtrag.

Basen
Mit Basen erfolgt die Auflösung zu Zinkat-Ionen und Zinkat-Salzbildung:

$$Zn + 2\,NaOH + 2\,H_2O \rightarrow Na_2[Zn(OH)_4] + H_2$$

Auch verzinkte Betonstähle bilden im Frischbeton zunächst Ca-Hydroxo-Zinkat und Wasserstoff. Die Reaktion kommt allerdings im Sinne einer Passivierung zum Stillstand.

Anwendung
Sprödigkeit
Infolge der hexagonalen Kristallstruktur ist Zink spröde. Infolge seiner Sprödigkeit und geringen Härte sowie mangelnder Dehnbarkeit findet Zink **keine Anwendung als tragender Baustoff**. Zink hat die größte Wärmedehnzahl aller Baumetalle (α_T: $29 \cdot 10^{-6}$ K^{-1}). Auf Ausdehnungsmöglichkeiten ist konstruktiv zu achten.

Titanzink
Zink wird im Bauwesen heute in Form von **Titanzink** (mit 0,1 bis 0,2 % Ti) verwendet, so z.B. für Abdeckungen, Randeinfassungen, Regenrinnen und -rohre. Titanzink weist eine verbesserte Dauerstandsfestigkeit und geringere Wärmedehnung als Zink auf. Kontaktkorrosion bei Berührung mit Kupfer und Stahl beachten!

Verzinkung
Wegen seines niedrigen Schmelzpunktes und der relativ guten Korrosionsbeständigkeit wird Zink in großem Umfang zur **Verzinkung von Eisenwaren** durch deren Eintauchen in schmelzflüssiges Zink (sog. Feuerverzinkung) verwendet. Bauteile mit Zinkauflagen von 50 µm sind in normaler Atmosphäre für ca. 20 Jahre vor Korrosion geschützt. Der Korrosionsschutz wird bewirkt durch den Zinküberzug und, wenn dieser lokal zerstört ist, durch den anodisch wirkenden Korrosionsschutz des Zinks (Zink als «Opferanode»).

Die Verzinkung von Betonstählen führt zwar zu einem höheren Korrosionswiderstand gegen Carbonatisierung, nicht jedoch gegen Chloridangriff. Sie hat sich auch aus Wirtschaftlichkeitsgründen nicht durchsetzen können.

Bindemittel
Durch die Alkalität des Betons, chlorid- und sulfathaltige Lösungen wird Zink angegriffen.

5.3 Blei

Chemie/Korrosionsverhalten
Allgemeines

> ! Blei und seine Verbindungen gehören zu den **starken Körper- und Umweltgiften**.

Blei wirkt als Gift, wenn Blei-Ionen aus mehr oder weniger löslichen Bleiverbindungen in den menschlichen Körper gelangen. Bodenbelastungen entstehen z.B. bei Erneuerung des Korrosionsschutzes an Stahlbauten, wenn durch Sandstrahlen große Mengen an Bleimennige (Korrosionsschutzpigment) in die Umwelt geraten.

Überschreitungen des Grenzwertes von Blei in **Trinkwasser** können in Altbauten auftreten, in denen das Trinkwasser noch durch Bleirohre geleitet wird. Blei kann auch aus Stahlrohren oder Armaturen stammen, die in ihrer Verzinkung Blei enthalten (Standwasser vor Genuss abfließen lassen!). Laut Trinkwasserverordnung (siehe Anhang) darf das Trinkwasser nicht stärker als mit 25 µg/l Blei belastet sein.

Luft/Atmosphäre

Blei hat sich als Baumetall seit Jahrhunderten in der Atmosphäre bewährt (Dachabdeckung Kölner Dom, Notre Dame). Auf der Bleioberfläche bildet sich eine **Schutzschicht aus Bleihydroxidcarbonat: $Pb_2(OH)_2 CO_3$**. Die Schutzschichtbildung bleibt aus, wenn nicht genügend CO_2 an das Blei herantreten kann. In SO_2-haltiger Atmosphäre (Ölheizung) wird schwer lösliches Bleisulfat in die Schutzschicht miteingebaut.

Wasser

Reines Wasser greift Pb in Gegenwart von Luftsauerstoff unter Bildung von schwach löslichem und deshalb giftigem **Bleihydroxid** an [9]:

$$Pb + \tfrac{1}{2}O_2 + H_2O \rightarrow Pb(OH)_2$$

Letzteres liegt genau genommen als Blei(II)oxid-Hydrat ($xPbO \cdot y\, Pb(OH)_2$) vor und ist in Wasser etwas löslich ($1,96 \cdot 10^{-3}$ mol/l [64]); die wässrige Lösung zeigt eine schwach alkalische Reaktion:

$$Pb(OH)_2 \rightleftarrows Pb(OH)^+ + (OH)^-$$

Als Base **löst sich das Oxidhydrat leicht im Sauren (pH-Wert Trinkwasser!)** unter Salzbildung.

Wesentlich schwächer ausgeprägt ist der saure Charakter:

$$Pb(OH)_2 + H_2O \rightleftarrows Pb(OH)_3^- + H^+$$

Als Säure **löst sich das Oxidhydrat nur in konzentrierten Laugen** unter Bildung von Plumbaten (II) («Plumbite»).

Kohlensäurehaltiges Wasser (z.B. weiches Wasser mit freier aggressiver Kohlensäure) löst Blei mit der Zeit als Bleihydrogencarbonat auf:

$$Pb + \tfrac{1}{2}O_2 + H_2O + 2\, CO_2 \rightarrow Pb(HCO_3)_2 \text{ (leicht löslich)}$$

Je härter ein Trinkwasser ist, d.h. je mehr Calciumhydrogencarbonat und Calciumsulfat es enthält, **umso weniger wird das Blei angegriffen**, weil dann an der Innenwand der Bleiröhren eine fest haftende Schicht von schwerlöslichem $PbCO_3 \cdot Pb(OH)_2$ und $PbSO_4$ gebildet wird. Zur Herabsetzung der Löslichkeit von Blei in Bleirohren muss das Wasser mindestens eine Härte von >8 °dH aufweisen. Bei heißem Wasser kann sich aus der temporären Härte Kohlendioxid entwickeln, was zur Bildung von leicht löslichem Bleihydrogencarbonat führt. Bleirohre dürfen daher für heißes Wasser nicht verwendet werden.

Säuren

Gegenüber Säuren (H_2SO_4, HCl), die mit Blei schwer lösliche Salze bilden ($PbSO_4$, $PbCl_2$), ist Blei beständig. Säuren, bei denen dies nicht der Fall ist, greifen Blei an: Im Fall oxidierender Säuren (Salpetersäure) erfolgt die Auflösung sofort (**lösliches Pb-Nitrat**), im Fall nicht oxidierender Säuren (Essigsäure) erst bei Zutritt von Luftsauerstoff (**lösliches Pb-Acetat**, «Bleizucker», stark giftig). Deshalb sollten keine Gefäße mit Bleibelag oder bleihaltigem Zinnbelag für Lebensmittel verwendet werden. Pb ist unbeständig gegen Huminsäuren (Erdboden).

Basen

Basen können Blei unter Bildung von schwach löslichem $Pb(OH)_2$ angreifen. Konzentrierte Laugen reagieren mit Blei zu löslichen Plumbiten.

Anwendung

Bindemittel

Alkalische Baustoffe wie Zement- und Kalkmörtel greifen Pb unter Bildung von schwach löslichem $Pb(OH)_2$ an. Bleirohre können z.B. durch bituminöse Beschichtungen geschützt werden. Bei Kontakt mit Gips entsteht eine Schutzschicht aus Bleisulfat. Gegen Chloride ist Blei beständig.

Bleirohre

Blei ist das weichste Gebrauchsmetall mit nur geringer Festigkeit. Es ist sehr dehnbar, druckverformbar und korrosionsbeständig. Bleirohre sind leicht verarbeitbar, biegsam, dämpfen Wasserfließgeräusche («Wasserschlagen»), vertragen wiederholtes Zufrieren und sind nachgiebig bei Erdbewegungen. Im Trinkwasserbereich allerdings ist Blei schon seit den 70er-Jahren durch andere Materialien (Cu, verzinkter Stahl, PVC) verdrängt worden.

Baumetall
Anwendung findet Blei als Baumetall bei Dacharbeiten sowie im Säureschutz (Säurebehälter für Schwefelsäure) und Strahlenschutz (Reaktorbau, Röntgenräume). Blei als «relativ edles Metall» bewirkt beim Zusammenbau mit Aluminium und Zink an diesen Metallen Kontaktkorrosion.

5.4   Kupfer

Chemie/Korrosionsverhalten
Allgemeines
Kupfer hat sich sowohl in der Atmosphäre als auch in Wasserleitungen durch Korrosionsbeständigkeit als Baumetall etabliert. Hinzu kommt seine leichte Verarbeitbarkeit als Werkstoff.

Luft/Atmosphäre
An der Luft oxidiert Kupfer (reines Kupfer ist gelbrot) oberflächlich rasch zu rotem Cu(I)-Oxid Cu_2O, das an der Oberfläche fest haftet und dem Kupfer die bekannte rote Kupferfarbe verleiht. Die glänzende Kupferoberfläche verändert sich an der Luft von rotbraun über dunkelbraun zu anthrazitgrau. Später bildet sich die bekannte **grüne Patina**. Die Patina hat je nach Atmosphäre eine unterschiedliche Zusammensetzung, die der Formel $Cu_2(OH)_2(CO_3, Cl_2, SO_4)$ entspricht. Diese Schutzschicht ist festhaftend und witterungsbeständig. Mechanische Beschädigungen der Patina erfahren durch Neubildung eine «Selbstheilung». Je nach der Umgebungsluft bildet sich überwiegend:

❏ bei Gegenwart von Kohlendioxid (Stadtluft) basisches Kupfercarbonat $CuCO_3 \cdot Cu(OH)_2$,
❏ bei Gegenwart von chloridhaltigen Sprühnebeln (an der Küste) basisches Kupferchlorid $CuCl_2 \cdot 3\,Cu(OH)_2$,
❏ bei Gegenwart von Schwefeldioxid (Industrienähe) basisches Kupfersulfat $CuSO_4 \cdot Cu(OH)_2$.

Leitungswasser
Kupfer hat sich in Wasserleitungen durch eine die Trinkwasserqualität nicht beeinflussende Patina (basisches Kupfercarbonat) gut bewährt. Irrtümlicherweise wird gelegentlich angenommen, es handle sich um Grünspan (Kupferacetat), was nicht der Fall ist. Für dennoch vereinzelt aufgetretenen Lochfraß wird u.a. der Sauerstoffgehalt des Wassers verantwortlich gemacht. Dabei muss zwischen Warm- und Kaltwasser unterschieden werden. Liegt der Sauerstoffgehalt niedrig (Warmwasser), erfolgt keine Korrosion. Liegt dieser hoch (Kaltwasser), fällt die Schutzschichtbildung (besonders bei saurem, weichem Wasser) schwächer aus, und es kann Korrosion erfolgen [39].

Säuren
Seiner Stellung in der Spannungsreihe entsprechend wird Kupfer nur von oxidierenden Säuren (z.B. verd. Salpetersäure, konz. Schwefelsäure) angegriffen, nicht dagegen von nicht oxidierenden Säuren (z.B. HCl):

$$3\,Cu + 8\,HNO_3 \rightarrow 3\,Cu(NO_3)_2 + 2\,NO\uparrow + 4\,H_2O$$
$$Cu + 2\,H_2SO_4 \rightarrow CuSO_4 + SO_2\uparrow + 2\,H_2O$$

Bei Luftzutritt löst es sich jedoch auch in HCl auf:

$$Cu + {}^1/_2\,O_2 \rightarrow CuO$$
$$CuO + 2\,HCl \rightarrow CuCl_2 + H_2O$$

Basen
Cu bildet bei RT stabiles $Cu(OH)_2$. Wirkt aber Ammoniak auf Kupfer ein, so färbt sich das Metall zunächst schwarz und bildet dann lösliches blaues giftiges **Tetraminkupferhydroxid**:

$$2\,Cu + 8\,NH_3 + 2\,H_2O + O_2 \rightarrow 2\,[Cu(NH_3)_4](OH)_2$$

Bei der Verwendung von Kupfer in der Nähe von Viehställen oder sanitären Anlagen ist daher Vorsicht geboten.

Anwendung
Elektroinstallationen
Kupfer hat das höchste elektrische und Wärmeleitvermögen. Dieses wird jedoch durch Verunreinigungen stark herabgesetzt, weshalb für elektrische Leiter Elektrolytkupfer verwendet wird.

Kupferblech
Kupfer vereinigt geringe Härte und große Dehnbarkeit mit relativ guten Festigkeitseigenschaften. Wegen seiner guten Verformbarkeit kann Kupfer auch bei Normaltemperatur druckverformt werden.

> Kupfer hat sich seit Jahrhunderten als Baumetall in der Atmosphäre bewährt, bedingt durch die Bildung einer fest haftenden, witterungsbeständigen und ungiftigen Schutzschicht (Patina).

NH_3 und H_2S aus Schmutzwässern, Kläranlagen, Industriebetrieben und besonders hohe SO_2-Konzentrationen können Kupfer schädigen. Kupferbleche werden für Verkleidungen, Bedachungen und Regenrinnen verwendet. Der direkte Kontakt zu unedleren Metallen muss durch Isolierung vermieden werden.

Kupferrohre
In Trink- und Brauchwasser ist Kupfer gut beständig. Der in den letzten Jahren leicht sinkende **pH-Wert** des Trinkwassers kann jedoch zum Angriff auf Cu-Rohre bzw. zu erhöhten Cu-Werten führen. Laut Trinkwasserverordnung darf das Trinkwasser nicht stärker als mit 2 mg/l Kupfer belastet sein. Bei Verarbeitung des Kupfers mit unedleren Metallen (z. B. Fe, Al, Zn) können diese elektrochemisch angegriffen werden. Daher ist bei Rohrinstallationen **in Fließrichtung zuerst der unedlere** (z.B. verzinktes Eisen), dann der edlere Teil (z.B. Kupfer) anzuordnen. Ist dies so nicht möglich, z.B. hinter einer Warmwasserkupferschlange, so sind nach dieser nur Cu-Rohre zu verwenden, denn Cu fördert die elektrochemische Umkehr des Zinks. Bei verzinkten Eisenrohren, die hinter Cu eingebaut sind, korrodiert unter Einfluss von Cu-Spänen das Fe schon ab 50 °C. Neben Kalt- und Warmwasserleitungen dienen Kupferrohre für Öl- und Gasleitungen.

Bindemittel/Erdboden
Im basischen Milieu der Kalk- und Zementmörtel sowie gegenüber Sulfaten (Gips) ist Kupfermetall beständig. Wegen des halbedlen Charakters des Cu ist seine Verwendung auch an Stellen, wo es mit dem Erdboden in Berührung kommt, ohne besonderen Schutz möglich.

Kupferlegierungen
Im Bauwesen besitzen Kupferlegierungen ebenfalls eine große Bedeutung. Durch Legierung mit Zink werden Zugfestigkeit und Dehnbarkeit des Kupfers außerordentlich erhöht. **Messing (Cu/Zn)** ist die meist verwendete Kupferlegierung – im Bauwesen vorwiegend für Armaturen. Bronzen sind Legierungen aus Kupfer mit einem oder mehreren Legierungsmetallen. **Zinnbronzen (Cu/Sn)** können vergossen und geschmiedet werden (Türschilder, Glocken, Statuen), **Aluminiumbronzen (Cu/Al)** enthalten bis 14% Al und werden als funkensicheres Werkzeug, im Fassadenbau und als Roste und Gitter verwendet. **Neusilber (Cu/Ni/Zn)** mit silberähnlicher Farbe wird im Innenausbau für Wand- und Türverkleidungen, Geländer u.ä. eingesetzt.

5.5 Einwirkung von Bindemitteln auf Baumetalle

5.5.1 Gipsmörtel

Frische Gipsmörtel und feuchte Gipsbaustoffe enthalten gelöstes Sulfat, d.h. Sulfat-Ionen. Sie beschleunigen das Rosten des Stahls im Gips. Für **Rabitzarbeiten** ist daher nur verzinktes Drahtgewebe zu benutzen. Zwar wird auch Zink durch Sulfat angegriffen, es schützt aber das darunter liegende Eisen. Aufgrund alkalischer Stellmittel in Baugipsen und Anhydritbindern ist Al-Metall u.U. gefährdet (pH-Wert!). Blei wird durch eine Schutzschicht aus Bleisulfat geschützt. Daher kann eine Unterputzinstallation durch Verbleiung geschützt werden. Kupfer ist unempfindlich gegen Gips.

5.5.2 Frische Kalk- und Zementmörtel

Diese Mörtel greifen infolge ihres Gehaltes an gelöstem Kalkhydrat Zink, Pb, Al stark, Cu dagegen nicht an. Cu hingegen kann durch ammoniakalische sowie chloridhaltige Betonzusätze angegriffen werden.

5.5.3   Magnesiabinder (Steinholz)

Sie wirken infolge ihres Gehaltes an $MgCl_2$ korrosionsfördernd für Cu, Zn und Al. Pb bildet eine $PbCl_2$-Schutzschicht aus und ist daher nicht gefährdet. Zn und Al können außerdem alkalisch von $Mg(OH)_2$ angegriffen werden. Cu, Zn, Al müssen gegen Magnesiamörtel isoliert und vor späterer Durchfeuchtung geschützt werden (siehe Abschnitt 12.3).

Literatur zum Thema «Nichteisenmetalle»:
[8; 9; 11; 12; 21; 28; 35; 39; 42; 71]

6 Eisen und Stahl

6.1 Eisenerz

Wegen seiner ausgeprägten Neigung, sich mit Sauerstoff zu verbinden, trifft man reines Eisen in der Natur praktisch nicht an (allenfalls in Meteoren). Dagegen kommen oxidische und sulfidische Erze sehr häufig und an den verschiedensten Stellen der Erde vor. Sie sind nur dann wirtschaftlich nutzbar, wenn sie einen gewissen Eisengehalt aufweisen. Die untere Grenze für den wirtschaftlichen Abbau liegt bei 18%. Wichtige Erze sind

- ❏ **Magneteisenstein Fe_3O_4** (Magnetit) mit Eisenanteilen von 45 bis 70%. Vorkommen in Nord- und Mittelschweden, Norwegen, im Ural, in Nordafrika und in den USA;
- ❏ **Roteisenstein Fe_2O_3** (Hämatit) mit Eisenanteilen von 40 bis 65%. Vorkommen am Oberen See/Nordamerika, Spanien und in Deutschland;
- ❏ **Brauneisenstein $Fe_2O_3 \cdot xH_2O$** (Limonit) findet sich in den phosphorhaltigen Minetteerzen in Lothringen sowie in Norddeutschland;
- ❏ **Spateisenstein $FeCO_3$** (Siderit) findet sich in Deutschland (Siegerland) und Österreich (Steiermark).

6.2 Hochofenprozess

Eisenerze sind durch begleitende metallische und nichtmetallische Minerale, sog. **Gangart**, verunreinigt. Um diese zu binden, werden Zuschlagstoffe, sog. **Zuschläge**, zugegeben.

Deren Auswahl richtet sich nach der Gangart. Enthält die Gangart hauptsächlich Al_2O_3 und SiO_2-Komponenten, setzt man **basische Zuschläge** (z.B. Kalk) zu. Enthält die Gangart hauptsächlich CaO-haltige Komponenten, setzt man **saure Zuschläge** (z.B. Feldspat, Quarz u.a.) hinzu. Die Zuschläge wirken zugleich als Flussmittel, d.h., sie setzen die Schmelztemperaturen der Erze herab. Der Hochofen wird mit einem Gemisch aus Eisenerzen und Zuschlägen einerseits und Koks andererseits schichtenweise von oben beschickt. Durch Einblasen sehr heißer Luft (Heißwind 900 bis 1300 °C) wird der Koks verbrannt. Die Reduktion des Eisenoxids (vereinfacht als FeO) erfolgt

- ❏ in der Reduktionszone indirekt gemäß $FeO + CO \rightarrow Fe + CO_2$,
- ❏ in der Schmelzzone direkt gemäß $FeO + C \rightarrow Fe + CO$.

Das gebildete CO_2 reagiert durch Reduktion mit glühendem Koks wieder zu CO

- ❏ im sog. Boudouard-Gleichgewicht gemäß $CO_2 + C \rightleftarrows 2\,CO$

Die flüssige Schlacke hat eine geringere Dichte als das gewonnene Roheisen und schwimmt daher oben auf. Beide Produkte werden abgestochen (Bild 6.1).

6.3 Roheisen

Das Hauptprodukt **Roheisen ist kohlenstoffreich (2,5...4%)** und enthält außerdem noch Begleitstoffe wie Si (0,5...3%), Mn (0,5...6%) P (0...2%) und S (0,01%...0,05%). Roheisen hat wegen des hohen Kohlenstoffgehaltes und der Begleitstoffe **nur geringen Gebrauchswert**. Es ist spröde, lässt sich nicht schmieden und nicht walzen und nur als sog. **Gusseisen** verwenden. Eisenlegierungen mit einem Kohlenstoffgehalt von >2,06% werden als Gusseisen bezeichnet.

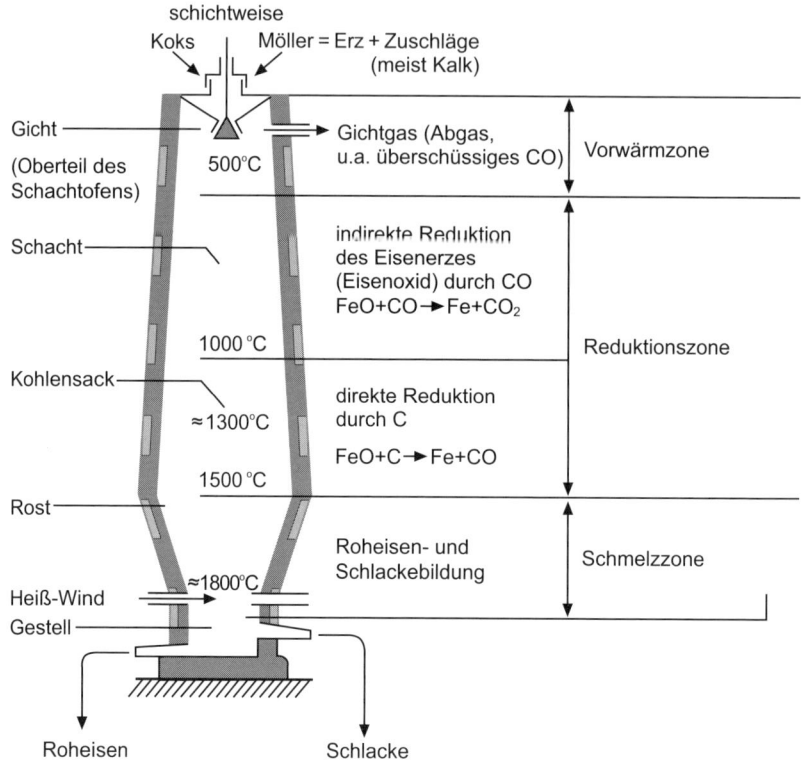

Bild 6.1   Hochofenprozess [36]

6.4   Schlacke

Die Schlacke ist für die Baustoffindustrie von großer Bedeutung. Diese besteht im Wesentlichen aus Ca-Silikaten gemäß

$$SiO_2 + CaCO_3 \rightarrow CaSiO_3 + CO_2$$

und Al-Silikaten. Sie wird in verschiedenen Formen verarbeitet. Wesentlich dabei ist die Art ihrer Herstellung, d.h. welchem Abkühlungsprozess sie unterworfen wurde. Bei **langsamer Abkühlung** entstehen kristallisierte Produkte, die als Schotter oder Splitt (Stückschlacke, Betonschlacke) oder Schlackenpflastersteine (Gussschlacke) Verwendung finden. Zerfaserte Schlackenwolle (Hüttenwolle) dient als Wärme-/Schall-Dämmstoff. Bei **schneller Abkühlung** im kalten Wasserstrahl entstehen amorphe Pro-

dukte, bekannt als **Hüttensand** mit seinen latenthydraulischen Eigenschaften. Wird die Schlacke durch Einblasen von Dampf geschäumt, entsteht Schaumschlacke, auch **Hüttenbims** genannt. Er ähnelt dem Naturbimsstein. Hüttenbims ist infolge der eingeschlossenen Luft wärmedämmend und wird überwiegend für Leichtbeton verwendet [46].

6.5   Stahlgewinnung

Eisen zeigt bei verschiedenen Kohlenstoffgehalten ganz unterschiedliche Eigenschaften.

Soll es zu Stahl mit seinen hervorragenden Gebrauchseigenschaften (Härte, Zähigkeit, Warmverformbarkeit u.a.) verarbeitet werden, muss es auf einen bestimmten Kohlenstoffgehalt eingestellt werden. Das aus dem Hochofen abgestochene Roheisen mit 2,5 bis 4% C muss zur Stahlherstellung auf einen **Kohlenstoffgehalt von 0,02 bis 2,06%** herabgesetzt und andere Begleitstoffe (Si, Mn, P, S) müssen entfernt werden. Dies geschah früher durch selektive Oxidation dieser Stoffe, dem sog. **Windfrischen** (Luftdurchblasen) in auskippbaren Behältern, den sog. Konvertern (Bessemer-Birne oder Thomas-Birne). Da beim Windfrischen sich ein Teil des Luftstickstoffs im Eisen löst und seine Verformungseigenschaften verschlechtert, wurde ein neues Verfahren, das sog. **Sauerstofffrischen**, entwickelt. Bei diesem wird Sauerstoff von oben auf das flüssige Stahleisen (Sauerstoffaufblasverfahren, **LD-**, **LDAC-Verfahren**) oder von unten durch einen Düsenboden durch die Schmelze geblasen (Sauerstoffbodenblasverfahren, **OBM-Verfahren**). Verbleibt Restsauerstoff, so verbindet er sich beim Erstarren mit C zu CO, das als Gas entweicht und im Stahl sog. «Kochen» erzeugt. Man erhält blasenhaltigen, unberuhigten Stahl. Um blasenfreien, **beruhigten Stahl** zu erhalten, fügt man zur Entfernung des Restsauerstoffs **Desoxidationsmittel** (Ferrosilizium, Aluminium) hinzu. Das Frischen von Stahl geschieht heutzutage praktisch nur noch nach den Sauerstoff-Blasverfahren (unlegierte Stähle) im Konverter oder nach dem **Elektrolichtbogenofen-Verfahren** (legierte Stähle).

> Stahl ist ein warmverformbarer Eisenwerkstoff mit einem Gehalt an Kohlenstoff von $\leq 2,06$ M-%.

6.6   Unlegierter Stahl

Unlegierter Stahl liegt vor, wenn der Kohlenstoffgehalt nicht höher als 2,06% liegt und herstellungsbedingte Begleitstoffe (Si, Mn, P, S) als auch Legierungselemente (Al, B, Bi, Co, Cr, Cu, La, Mn, Mo, Nb, Ni, Pb, Se, Si, Te, Ti, V, W, Zr) unterhalb vorgeschriebener Grenzen (DIN EN 10 021) liegen.

6.7   Legierter Stahl

Legierter Stahl liegt vor, wenn der Kohlenstoffgehalt nicht höher als 2,06% liegt und Legierungselemente (s.o.) oberhalb vorgeschriebener Grenzen liegen (DIN EN 10 021). Man unterscheidet **niedrig legierten Stahl** mit zusätzlich bis 5% Legierungselementen und **hoch legierten Stahl** mit mehr als 5% Legierungselementen. Besondere Bedeutung kommen Chrom, Nickel und Mangan zu. Stähle mit mehr als 12,5% Chrom sind nicht rostend und säurebeständig. Nickel steigert die Zugfestigkeit, Härte und Zähigkeit. Mangan erhöht die Durchhärtbarkeit, Verschleißfestigkeit und Schmiedbarkeit.

6.8   Kennzeichnung von Stählen

Stähle werden eingeteilt nach der Güte (Qualitäts- und Edelstähle mit Kurznamen und Nummernsystem) und nach der chemischen Zusammensetzung (unlegiert, niedrig legiert, hoch legiert). Nur auf letztere soll hier eingegangen werden.

❑ **Unlegierte Stähle** werden durch den 100fachen prozentualen Kohlenstoffgehalt bezeichnet. Beispiel: C15 heißt unlegierter Stahl mit 0,15% C. Zu den unlegierten Stählen gehören allgemeine Baustähle.
❑ **Niedrig legierte Stähle** werden durch Kennzahlen bezeichnet.
   Kennzahl = prozentualer Legierungsbestandteil · Faktor. Faktoren sind z.B. für C 100, für Cr 4, für Mo 10; Beispiel: 10 Cr Mo 9.10 heißt 0,1% C; 2,25% Cr; 1,0 % Mo.
   Zu den niedrig legierten Stählen gehören wetterfeste Baustähle. Sie bilden bei normaler Bewitterung eine schützende Eisenoxid-Deckschicht. Sie sind ohne zusätzlichen Korrosionsschutz anwendbar, jedoch nicht in starker Industrie- und Meersatmosphäre, Dauerfeuchtigkeit und Tausalzeinwirkung.
❑ **Hoch legierte Stähle** werden durch ein vorgesetztes X (für korrosionsbeständig) bezeichnet; für C gilt Faktor 100. Bei allen übrigen Legierungselementen werden die Prozentzahlen unmittelbar angegeben. *Beispiel*: X40MnCr22.4 heißt hoch legierter Stahl mit

0,4% C, 22% Mn und 4% Cr. Zu den hoch legierten Stählen gehören nicht rostende Stähle, wenn deren C-Gehalte $\leqq$ 1,2%, Cr-Gehalte $\geqq$ 10,5% und Ni-Gehalte < 2,5 bzw. $\geqq$ 2,5 % liegen. Der Stahl X5CrNi18.8 entspricht dem bekannten V2A-Stahl (**Ver-suchsschmelze 2, A**ustenit).

tigen. **Vergüten** heißt, den Stahl auf hoher Tem-peratur abschrecken und anlassen. Dadurch verbessern sich Härte und Zugfestigkeit. Das **Einsetzen** bedeutet Oberflächenhärtung durch Aufkohlung der Randzone. Das **Nitrieren** bedeutet Oberflächenhärten durch Erhitzen mit Ammoniak unter Bildung sehr harter Nitride.

6.9   Thermische Behandlung von Stahl

Durch spezielle Wärmebehandlungsverfahren können die Eigenschaften von Stählen, ins-besondere Festigkeit und Zähigkeit, außer-ordentlich verbessert werden. Das **Glühen** be-seitigt innere Spannungen. Das **Abschrecken**, d.h. Eintauchen des erhitzten Stahls oberhalb der Linie GS (siehe Abschnitt 6.10) in Wasser, dient zur Härtung. Das **Anlassen** bedeutet eine Wiedererwärmung des Stahls nach dem Ab-schrecken, um innere Spannungen zu besei-

6.10   Fe-C-Diagramm

Reines Eisen kristallisiert bei Abkühlung aus der Schmelze (>1536 °C) je nach Temperatur in verschiedenen Kristallstrukturen mit den ent-sprechenden **Kantenlängen** aus (Bild 6.2):

❑ im Temperaturbereich 1536 bis 1392 °C kubisch raumzentriert als δ-**Eisen** (2,96 Ångström),
❑ im Temperaturbereich 1392 bis 911 °C kubisch flächenzentriert als γ-**Eisen** (3,56 Ångström),

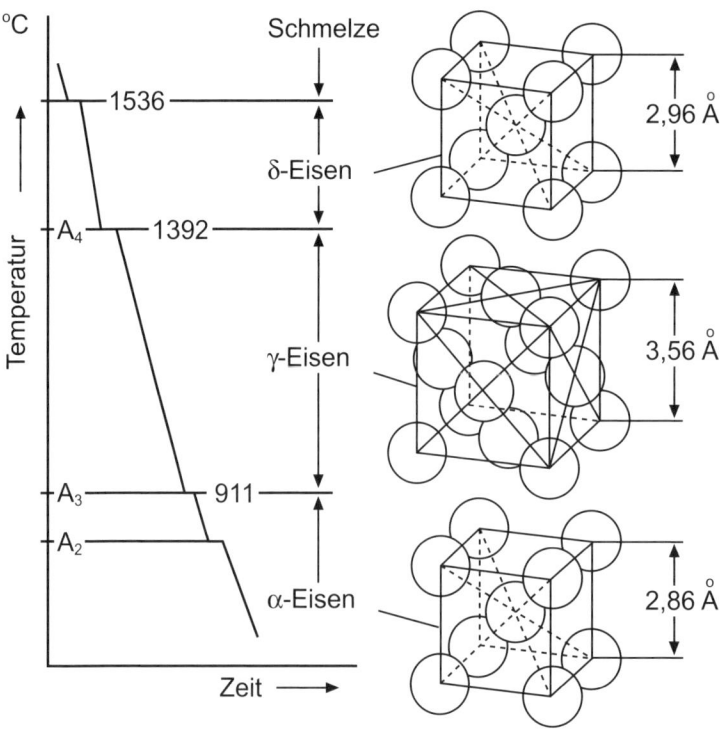

Bild 6. 2
Abkühlungskurve des Eisens [20]
1 Å = 10^{-7} mm

❑ im Temperaturbereich unter 911 °C kubisch raumzentriert als α-**Eisen** (2,86 Ångström).

Bei den genannten Temperaturen finden Kristallumwandlungen statt. Bei 1536 °C kristallisiert das δ-Eisen aus, das bei 1392 °C in das energieärmere γ-Eisen umlagert. Bei Abkühlung auf 911 °C erfolgt eine weitere Umwandlung in das noch energetisch stabilere α-Eisen. Unterhalb einer Temperatur von 769° wird das Eisen ferromagnetisch (Curie-Punkt).

In die aufgeweiteten Kristallgitterlücken (siehe Kantenlänge) des γ-Eisens können Kohlenstoffatome eindiffundieren. Während α-Eisen maximal nur 0,02% C einlagern kann (sog. **Ferrit**, sehr weich und dehnbar), kann γ-Eisen bis max. 2,06% C einfügen. γ-Eisen liegt in Abhängigkeit des Kohlenstoffgehaltes entweder als sog. **Austenit** (Einlagerungsmischkristall) oder als Gemisch aus **Austenit** mit **Zementit** (Eisen-

Kohlenstoff-Verbindung Fe_3C mit 6,68 % C) vor. Zementit ist hart und spröde. Sinkt der C-Gehalt auf 0,8 % und darunter, entsteht unterhalb 723 °C **Perlit** (abwechselnde Schichten aus Zementit und Ferrit).

Der C-Gehalt der Schmelze bestimmt im erhärteten Stahl bei Raumtemperatur den unterschiedlichen Gehalt der Kristallite. Demzufolge lassen sich **Kohlenstoffstähle** in folgende Gruppen unterteilen (Bild 6.3):

❑ **Stahl mit ≦ 0,02% Kohlenstoff**
Es liegen Kristallite aus praktisch reinem Eisen vor (α-Eisen, Ferrit);
❑ **Stahl mit >0,02% und <0,8% Kohlenstoff** (untereutektoider Stahl) scheidet bei langsamer Abkühlung entlang der GS-Linie so lange Ferrit aus, bis der restliche Austenit die eutektoide Zusammensetzung erreicht hat und bei 723 °C (Perlitlinie) in Perlit umwan-

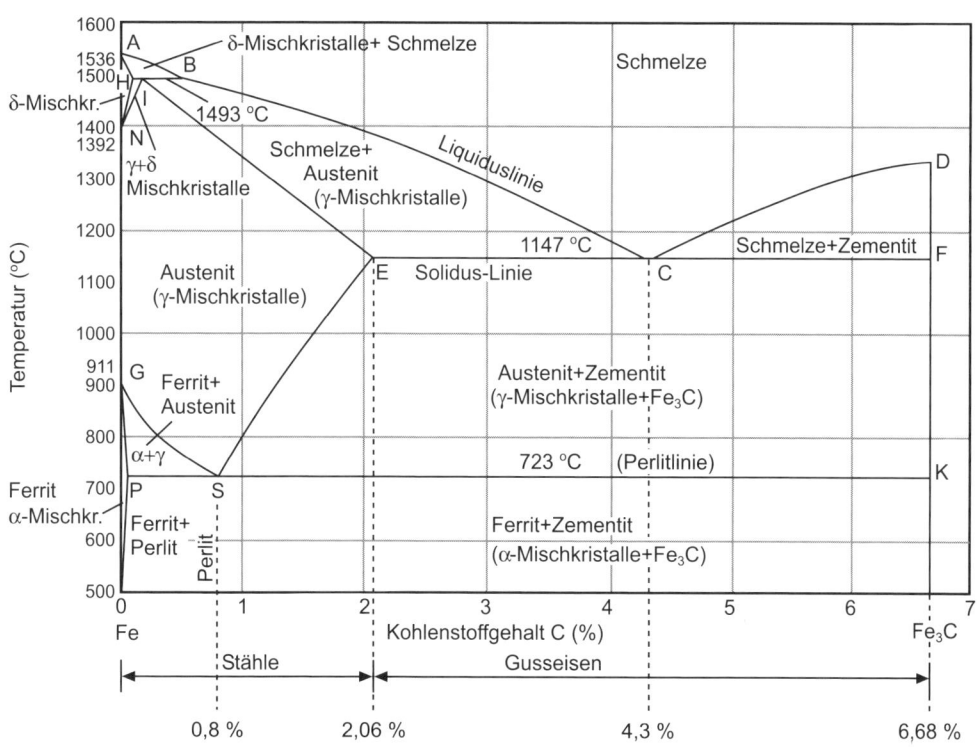

Bild 6.3 Fe-C-Diagramm [19]

delt. Der Stahl zeigt im Gefüge **festes Perlit neben weicher ferritischer Grundmasse; der Stahl ist dehnbar (Baustahl)**.

Eine eutektoide Mischung ist ein Kristallgemisch, das dem Eutektikum ähnelt, jedoch im festen Zustand entstanden ist. Generell versteht man unter Eutektikum ein charakteristisches Gemenge aus zwei oder mehreren im flüssigen Zustand vollständig mischbaren, im festen Zustand aber nicht mischbaren Stoffen, das bei einer bestimmten Temperatur erstarrt.

❏ **Stahl mit 0,8% Kohlenstoff** (perlitischer oder eutektoider Stahl) scheidet beim Abkühlen im Punkt S ein sehr gleichmäßiges, feinkörniges Gefüge in Form von **Perlit** aus. Perlit besteht aus weichen Ferritkörnern, in die sich harter Zementit plättchenförmig abgelagert und gleichmäßig verteilt hat. Dadurch ergibt sich **große Festigkeit bei guter Dehnbarkeit.** Perlit zeigt im Schliffbild perlmuttähnlichen Glanz.
❏ **Stahl mit > 0,8% Kohlenstoff** (übereutektoider Stahl) scheidet beim Abkühlen entlang der Linie SE Sekundärzementit ab. Das Gefüge besteht aus **sprödem Zementit und fester perlitischer Grundmasse**. Mit steigendem Kohlenstoffgehalt werden Perlitkörner immer mehr von Zementitplättchen umge-

ben. Darin liegt die Ursache für die mit steigendem Kohlenstoffgehalt zunehmende Härte und Zugfestigkeit des Stahls, zugleich aber auch für dessen zunehmende Versprödung. **Dieser Stahl ist hart, aber nicht sehr elastisch (Werkzeugstahl)**. Kohlenstoffgehalte über 1% bringen wieder Verschlechterungen wegen der festigkeitssenkenden Kornvergrößerung.

6.11   Stähle für den konstruktiven Ingenieurbau

Es wird unterschieden zwischen Baustählen für Stahlkonstruktionen, Betonstählen für schlaffe Bewehrung und Spannstählen im Spannbetonbau (siehe Lehrbücher Baustoffkunde).

Wegen der festigkeitssenkenden Kornvergrößerung und wegen wachsender Sprödigkeit bei zunehmendem Kohlenstoffgehalt enthalten Baustähle und Betonstähle weniger als 1,0% Kohlenstoff, meist zwischen 0,12 und 0,6%. Spannstähle liegen unlegiert zwischen 0,6 und 0,9% C, niedrig legiert zwischen 0,4-0,7 %C. [20]

Literatur zum Thema «Eisen und Stahl»:
[9; 13; 19; 20; 36; 38; 74]

7 Silikatchemie

7.1 Chemische Grundlagen

7.1.1 Kieselsäuren, Silikate und Silizium-dioxid

Orthokieselsäure der Formel $Si(OH)_4$ ist nur bei einem pH-Wert von 3,20 einige Zeit beständig. Bei größeren und kleineren pH-Werten spaltet sie intermolekular Wasser ab. Dabei bildet sich zunächst Orthodikieselsäure $H_6Si_2O_7$ (Bild 7.1).

Bei weiterem Wasseraustritt über diverse Polykieselsäuren bilden sich Metakieselsäuren der Bruttozusammensetzung H_2SiO_3. Deren Moleküle sind bei kleiner Gliederzahl $n = 3,6$ zu einem Ring geschlossen, bei größerer bildet sich die **kettenförmige Metakieselsäure** (Bild 7.2).

Grob vereinfacht kondensieren unter Austritt weiterer Wassermoleküle kettenförmige Metakieselsäuren zu **Bändern**, Bänder zu **Schichten (Blättern)** (Bild 7.3).

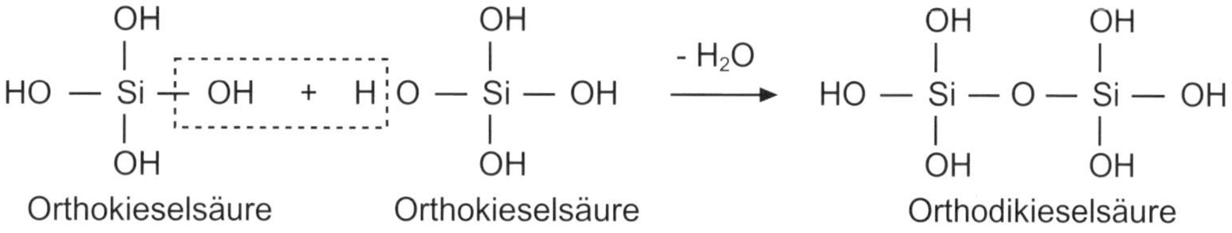

Bild 7.1   Kondensation von Orthokieselsäure zur Orthodikieselsäure

Bild 7.2
Kettenförmige
Metakieselsäure

Kette $[H_2SiO_3]_n$ Band $[H_6Si_4O_{11}]_n$ Schicht $[H_2Si_2O_5]_n$

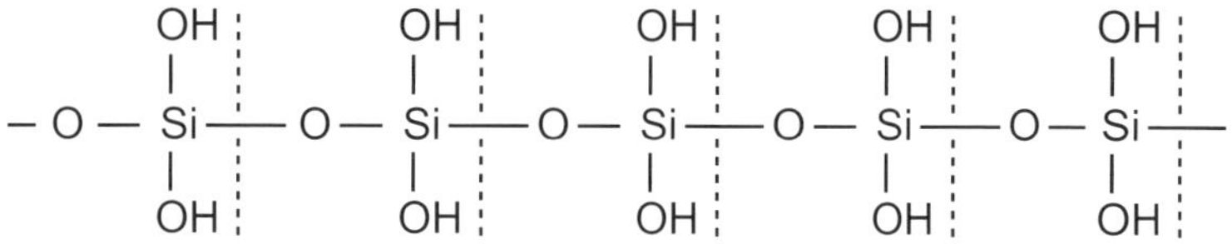

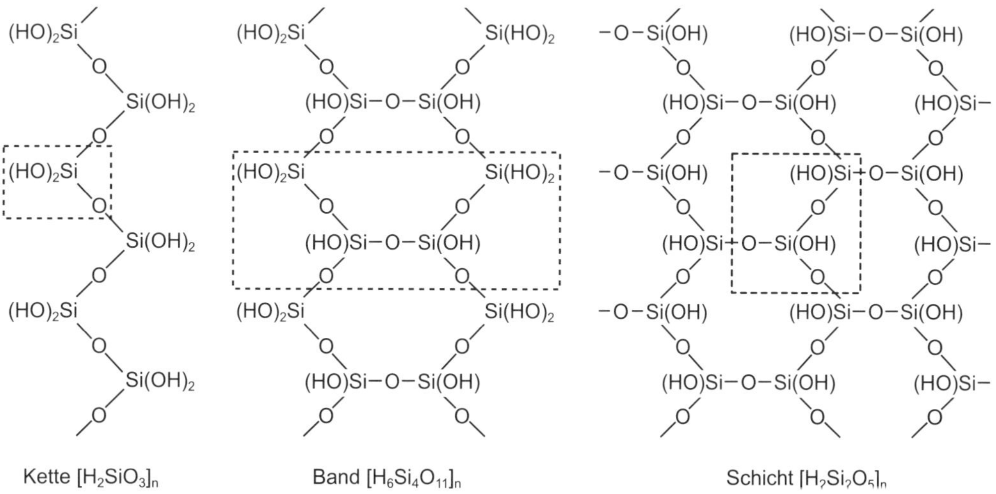

Bild 7.3   Ketten-, Band- und Schichtstrukturen von Kieselsäuren [9]

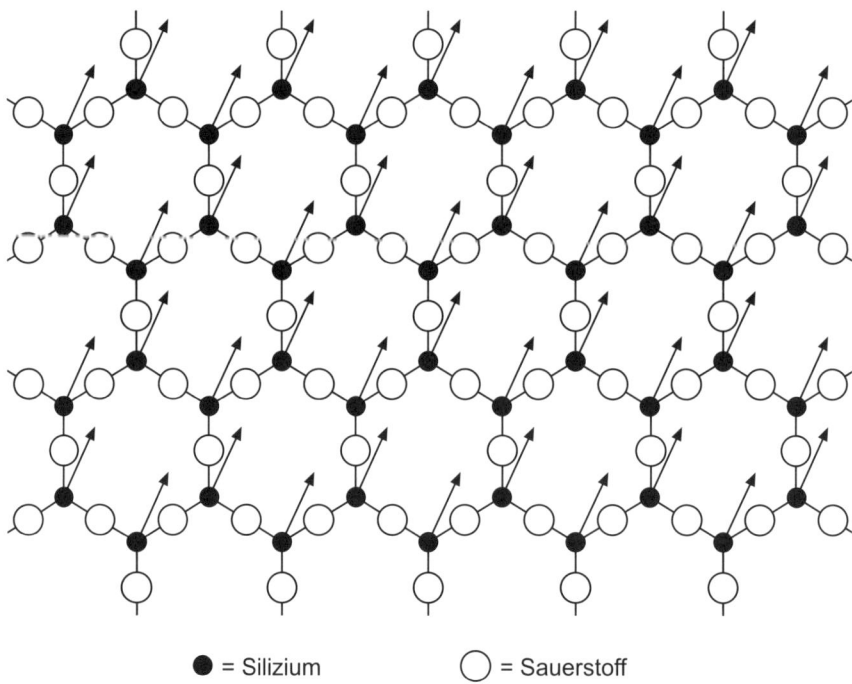

● = Silizium   ○ = Sauerstoff

Bild 7.4   SiO$_2$-Raumnetz

In Kieselsäuren mit Schichtstrukturen können die restlichen, nach oben und unten gerichteten OH-Gruppen zum ladungsneutralen **Raumnetz** der Summenformel SiO$_2$ (Siliziumdioxid, z.B. als Quarz) kondensieren (Bild 7.4).

In allen Kieselsäuren weist das Silizium die Koordinationszahl 4 auf. Jedes Si-Atom ist tetraedrisch von 4 Sauerstoffatomen umgeben. Projiziert man jede SiO$_4$-Gruppe bzw. jeden Tetraeder in die Papierebene, so lässt sich der Aufbau der Kieselsäuren durch die Tetraeder-Schreibweise veranschaulichen. In den kondensierten Kieselsäuren bedeutet jede freie Tetraeder-Ecke (einschließlich der nach oben oder nach unten ragenden) eine OH-Gruppe, jede gemeinsame Ecke ein Sauerstoffatom, das zwei Siliziumatomen gleichzeitig angehört. Das Si-Atom hat man

sich im Inneren der Tetraeder vorzustellen. Denkt man sich die Wasserstoffatome der Kieselsäuren durch Metallatome ersetzt, gelangt man zu den Salzen der Kieselsäure, den Silikaten. Jede freie Tetraederecke bedeutet hier ein negativ geladenes Sauerstoffatom (Bild 7.5).

> Als Silikate liegen **räumlich begrenzte** (Insel-, Gruppen-, Ringstruktur) bzw. **räumlich unbegrenzte** (Ketten-, Band-, Schicht-, Gerüststruktur) **Silikatanionen** vor, die mittels Metallkationen (z.B. Na, K, Mg, Ca, Al, Fe) verbunden sind. Silikate mit unbegrenzter Anionengröße besitzen baupraktische Bedeutung.

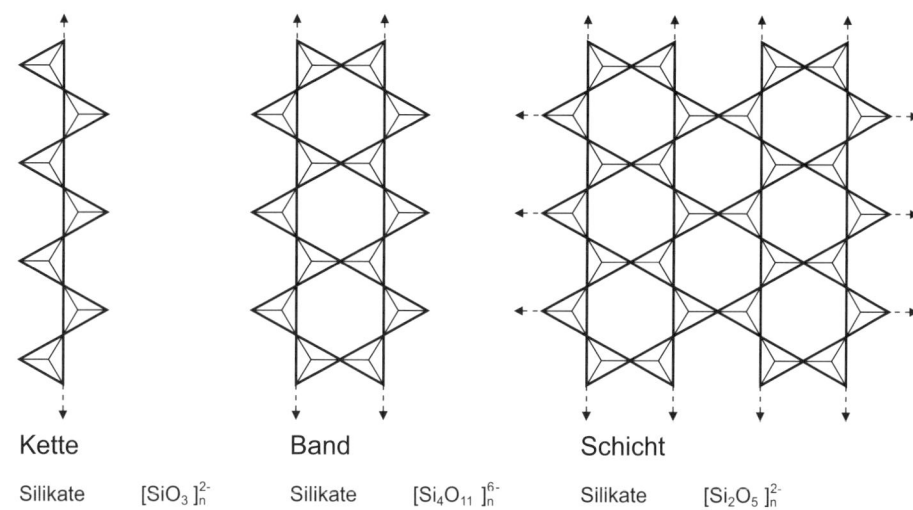

Kette Band Schicht

Silikate $[SiO_3]_n^{2-}$ Silikate $[Si_4O_{11}]_n^{6-}$ Silikate $[Si_2O_5]_n^{2-}$

Bild 7.5 Tetraederanordnung in Silikaten mit Ketten-, Band- und Schichtstruktur, n = sehr groß [9]

7.1.2 Silikate mit begrenzter und unbegrenzter Anionengröße

Silikate mit begrenzter Anionengröße sind z.B. [9]

Anionenformel	Struktur des Anions	Beispiel
$[SiO_4]^{4-}$	Inselsilikat	Olivin, $(Mg, Fe)_2[SiO_4]$
$[Si_2O_7]^{6-}$	Gruppensilikat	Thorveitit, $Sc_2[Si_2O_7]$
$[Si_6O_{18}]^{12-}$	Ringsilikat	Beryll, $Be_3Al_2[Si_6O_{18}]$

Silikate mit unbegrenzter Anionengröße sind z.B.

Anionenformel	Struktur des Anions	Beispiel
$[SiO_3]^{2-}$	Kettensilikat	β-Wollastonit, $Ca[SiO_3]$
$[Si_4O_{11}]^{6-}$	Bandsilikat	Amphibole, Hornblenden, Krokydolith $Na_2 Fe_3^{II} Fe_2^{III}[Si_4O_{11}]_2(OH)_2$
$[Si_2O_5]^{2-}$	Schicht-(Blatt-)silikat	Pyrophyllit, $Al_2[Si_2O_5]_2(OH)_2$, Kaolinit $Al_2[Si_2O_5](OH)_4$, Chrysotil $Mg_3(OH)_4[Si_2O_5]$ (Serpentinasbest)
$[AlSi_3O_8]^-$, $[AlSi_2O_6]^-$	Gerüstsilikat	Feldspat $K[AlSi_3O_8]$, Zeolith $Na[AlSi_2O_6]\cdot H_2O$

7.2   Natürliche Silikate

Mannigfaltigkeit
Natürlich vorkommende Silikate machen zusammen mit Siliziumdioxid etwa 90% der festen Erdkruste aus. Natürliche Silikate bilden nicht nur mengenmäßig, sondern auch hinsichtlich der Zahl unterschiedlicher Verbindungen die umfangreichste Klasse anorganischer Verbindungen. Die **Strukturvielfalt** (Insel, Gruppen, ...) des anionischen und die Ionenvariabilität (Na^+, K^+, Ca^{++}, Al^{+++}... zwischen Ketten, Bändern, Schichten und Gerüsten) des kationischen Verbindungsteils erzeugt die extreme Mannigfaltigkeit der Silikate. Diese erhöht sich noch dadurch, dass kleine Kationen, wie z.B. dreiwertiges Aluminium, die Siliziumatome der Silikat-Tetraeder teilweise ersetzen (Aluminosilikate). Da Al eine positive Ladung weniger als Si hat, sind zur Neutralisation weitere Kationen erforderlich. *Beispiel:* Feldspat, Zeolith, Glimmer (Muskovit) $KAl_2[AlSi_3O_{10}](OH)(F)$.

Eigenschaften

> Die Eigenschaften der Silikate werden wesentlich durch Bau und Zusammenhalt des anionischen Verbindungsteils geprägt. Während innerhalb der Ketten, Bänder und Schichten sehr feste Atombindungen bestehen, basiert ihr Zusammenhalt untereinander nur auf den dazwischen befindlichen Metallkationen. So zeigen Silikate mit Ketten und Bandstruktur gute Spaltbarkeit parallel zur Ketten- und Bandrichtung (**Faserstruktur**) und Silikate mit Schichtstruktur leichte Spaltbarkeit längs der Schichten (**Blattstruktur**). Hingegen bilden Silikate mit Insel-, Ring- oder Gerüststruktur im Allgemeinen harte und **kompakte Kristalle**.

Die ausgeprägte Spaltbarkeit der Silikate mit Ketten-, Band- und auch Schichtstruktur zeigt sich am Beispiel **Asbest** (DIN 18 850-1; DIN 19 800).

Ketten- und Bandsilikate
Der Begriff Asbest stellt eine Gruppenbezeichnung für verfilzte, faserartige Mineralien dar. Bedeutender Vertreter ist der **Krokydolith/Blauasbest** (auch als Amphibolasbest bezeichnet; Zugfestigkeit bis 2250 N/mm^2; Fp. 1150 °C)

In seinen **Eigenschaften** ist Asbest unbrennbar, unempfindlich gegen Laugen und viele Säuren, biologisch beständig, hoch zugfest. Es wird angewendet in Welltafeln, Dachplatten und Rohren aus Asbestzement (Eternit), Hitzeschutzbekleidung, Asbestpappe, Dichtungsringen, Kupplungs- u. Bremsbelägen, feuerfesten Spinn- und Webwaren.

Gesundheitsgefahr besteht im Umgang mit Asbest durch Einatmen von lungengängigen Fasern (Asbestose, nicht heilbar). Solche sind: <3 μm dick und 5 bis 500 μm lang; das Länge-Durchmesser-Verhältnis muss größer sein als 3 : 1. Nur solche Fasern gelangen in die kleinsten Lungenbläschen und verhaken sich dort (siehe Abschnitt 20.9.3). Asbest ist eingestuft in die Gruppe der Krebs erzeugenden Arbeitsstoffe ohne MAK-Wert. Geringe Emissionen bestehen durch Abwitterung von Asbestzementbauteilen, große hingegen bei Spritzasbestputz und Asbest-Leichtbauplatten, in denen Asbest im Gegensatz zu Asbestzement nur schwach gebunden ist! Seit 1994 sind Einfuhr, Produktion und Anwendung von Asbest in Deutschland verboten. Für den Umgang mit Asbest bei notwendigen Abbruch-, Sanier- und Instandsetzungsarbeiten gelten umfassende Schutzvorschriften.

Asbestersatz ist teilweise möglich durch modifizierte Polyacrylnitrilfasern (Dolanit) bzw. Polyvinylalkoholfasern (Kuralon); Faserdurchmesser: 13...100 μm, Länge: 2...24 mm (z.B. in Faserzement).

Schichtsilikate
Die **Spaltbarkeit** längs der einzelnen Schichten ist in Mineralien wie z.B. blätteriger Serpentin und Glimmer gut vorstellbar. Bedeutender Vertreter der Asbeste ist der **Chrysotil/Weißasbest** (auch als Serpentinasbest bezeichnet, Zugfestigkeit 560...760 N/mm^2; Fp. 1550 °C)

Die **graphitähnliche Weichheit** der Schichtsilikate Kaolinit und Talk erklärt sich aus der leichten Verschiebbarkeit der Schichten gegeneinander. So wird Talk $(Mg_3(OH)_2[Si_2O_5]_2$ oder

$3\,MgO \cdot 4\,SiO_2 \cdot H_2O$) als Füllstoff in Kunststoffen eingesetzt.

Auch das **Adsorptions- und Quellvermögen** vieler Schichtsilikate wie z.B. bei dem in **Bentonit** enthaltenen Montmorillonit (Pyrophyllit mit eingelagerten, hydratisierten Kationen) geht auf die besondere Verbindungsstruktur zurück. Zwischen Schichten, bestehend aus SiO_4-Tetraedern/AlO_6-Oktaedern/SiO_4-Tetraedern (sog. Dreischichtmineral), kann sich durch Vergrößerung des Schichtabstandes Wasser einlagern. Bentonit kann auf diese Weise quellen, gelieren und thixotropieren und hat daher als Dichtungsbaustoff große Bedeutung.

Gerüstsilikate

Die quarzähnliche Härte der **Feldspate** rührt von der Raumnetzstruktur ihres Silikatgerüstes her, meist als **Aluminosilikat**. Zur Ladungsneutralisation sind Kationen erforderlich, die geeignete Hohlräume der Aluminosilikate besetzen. Als Gemengebestandteil finden sich Feldspate im Granit und Basalt. Feldspate finden bautechnische Verwendung in der Glas- und Keramikindustrie, als Straßenschotter, als reflektierende Körnung in der Straßendecke. Eine andere wichtige Gruppe sind die **Zeolithe**. Sie unterscheiden sich von den Feldspaten durch einen anderen Substitutionsgrad der Si-Atome durch Al-Atome. In Zeolithen liegen Strukturen mit Al-substituierten Tetraedern vor, die zu einem porenreichen, anionischen Raumnetzwerk verbunden sind. Im Innern der Poren und Kanäle befinden sich Wassermoleküle sowie Alkali- und Erdalkali-Ionen. Eine Wasserabgabe erfolgt ohne Zerfall des Aluminosilikatgerüstes. Wasserfreie «getrocknete» Zeolithe nehmen begierig Wassermoleküle auf (z.B. Trocknung von Gasen und Lösungsmitteln). **Alkalizeolithe** (Permutite, Sasil) tauschen gebundene Alkali-Ionen gegen Ca-Ionen des harten Wassers aus. Eine Regenerierung erfolgt mit einer NaCl-Lösung.

7.3 Künstliche Silikate

Übersicht

Als künstliche Silikate sind im Bauwesen bekannt:

❏ Glas (Alkali/Erdalkali/Erdmetall-Silikate),
❏ keramische Baustoffe (Alkali/Erdalkali/ Erdmetall-Silikate bzw. Aluminosilikate),
❏ Zement (Calciumsilikate),
❏ Kalksandstein, Porenbeton (Calciumsilikat).

Zement und Kalksandstein/Porenbeton werden in den Kapiteln 8 und 10 behandelt.

Glas
Eigenschaften

> Glas ist eine amorphe, d.h. ohne Kristallisation erstarrte metastabile, «**unterkühlte**» **Schmelze,** bestehend aus einem Gemisch von Metalloxiden (Na-, K-, Mg-, Ca-, Ba-, Pb-, Zn-Oxid) mit SiO_2. Unverzichtbarer Bestandteil ist SiO_2; er kann teilweise durch B_2O_3, Al_2O_3 oder P_2O_5 ersetzt sein. Glas ist aufgrund der Alkalilöslichkeit von amorphem SiO_2 **baseninstabil**.

Glasherstellung
Diese geschieht durch Schmelze bestimmter Rohstoffmischungen wie z.B. Quarzsand (für SiO_2), Soda (für Na_2O), Pottasche (für K_2O), Kalkstein (für CaO), Mennige (für PbO), Borax (für B_2O_3), Kaolin oder Feldspat (für Al_2O_3). **Färben** geschieht durch Metalloxide oder Metalle, **Trüben** (Milchglas) durch Trübungsmittel ($Ca_3(PO_4)_2$, SnO_2, $NaAlF_6$). **Emaille** ist getrübtes Glas, das auf Metall zum Schutz oder zur Zierde aufgeschmolzen wird.

Glasarten
Man unterscheidet

❏ Natron-Kalk-Gläser (Normalgläser): Fensterglas, Tafelglas, Flaschenglas, Spiegelglas;
❏ Kali-Kalk-Gläser (schwerer schmelzbar): böhmisches Kristallglas;
❏ Natron-Kali-Kalk-Glas: Thüringer Glas;
❏ Bor-Tonerde-Gläser (durch Ersatz eines Teils SiO_2 durch B_2O_3 und Al_2O_3 besonders chemisch und thermisch – bei Temperaturdifferenzen – widerstandsfähig): «Duran-Glas», «Jenaer Glas»;
❏ Kali-Blei-Glas (Bleikristallglas mit hohem Lichtbrechungsvermögen).

Keramische Baustoffe

Rohstoffe

Rohstoffe für keramische Baustoffe bestehen vorwiegend aus Ton und Lehm mit den Tonmineralien Kaolinit, Illit und Montmorillonit, d.h. Aluminosilikaten mit Schichtstruktur und angelagertem Hydratwasser. Tone sind Verwitterungsprodukte feldspathaltiger Gesteine (Granit, Syenit, Porphyr u.a.) und Mineralien der Ursprungsgesteine (z.B. Quarz). Maßgeblich für die Wertigkeit der Tone ist deren Gehalt an Tonerde (Al_2O_3). Man unterscheidet reine Tone (z.B. Kaolin – Porzellanerde für Porzellan) und weniger reine Tone (keramische Tone). Sie enthalten neben Kaolinit auch Feldspat, Quarz, Glimmer, Eisenoxid, Humus usw. und finden Anwendung für Ziegel und Töpferwaren. Stark eisenhaltige Tone werden beim Brennen braun bis rot.

Einteilung

Man unterscheidet

❑ **Irdengut** mit einem wasserdurchlässigen, porösen Scherben. Es wird unterteilt in *farbiges Irdengut* (z.B. Mauerziegel, Dachziegel; Brenntemperatur 900 bis 1100 °C) und *Steingut* (z.B. Fliesen mit Wasseraufnahme >10% und guter Wandhaftung, Sanitärartikel; Brenntemperatur 1100 bis 1300 °C);
❑ **Sinterzeug** mit einem wasserundurchlässigen, dichten Scherben. Es wird unterteilt in *Steinzeug* (z.B. Fliesen mit Wasseraufnahme < 3%, Klinker, Riemchen, Kanalisationsrohre, Brenntemperatur 1200 bis 1300 °C) und *Porzellan* (z.B. Sanitärkeramik, Geschirr, Brenntemperatur 1200 bis 1500 °C);
❑ **Feuerfest-Erzeugnisse** (feuerfeste Steine, Brenntemperatur 1300 bis 1800 °C).

Irdengut

a) Beispiel Mauerziegel

Rohstoffe für Mauerziegel sind **Lehme und Tone** unterschiedlicher, natürlicher Zusammensetzung. Der Abbau geschieht oberflächennah in ausgesuchten Lagerstätten.

Die **Zwischenlagerung** geschieht im Sumpfhaus oder Maukturm (Mischen verschiedener Tonsorten, gleichmäßige Durchfeuchtung), das Zerkleinern im Kollergang.

Als **Magerungsmittel** zur Vermeidung des Schwindens bzw. Erzeugung einer Formstabilität werden bei sehr fetten Tonen Sande, vorgebrannte Tonmassen (Schamotte) und Kalkgranulat beigemengt.

Zur Herstellung von hochwärmedämmenden Ziegeln ist eine Porosierung erforderlich. Diese wird durch Zugabe von **Porosierungsmitteln** wie z.B. Sägemehl, Polystyrol oder Kohlestaub erreicht.

Die **Formgebung** des aufbereiteten Rohmaterials erfolgt durch **Strangpressen** mit entsprechenden Mundstücken und nachgeschaltetem Drahtabscheider.

Die **Trocknung** der feuchten Rohlinge beträgt in der Regel 24 bis 48 Stunden.

Die Rohlinge werden nun auf eine **Garbrandtemperatur von 900 bis 970 °C** aufgeheizt und bei dieser Temperatur 2 bis 6 Stunden gebrannt [75]. Höhere und lange Brenntemperaturen bewirken eine Abnahme der Porosität und eine Zunahme der mechanischen Festigkeit (innere Strukturverdichtung, «Sinterung», Klinker). Dies ist auch der Fall, wenn **Flussmittel** vorhanden sind (Kalk, Eisenoxide, Feldspat), die die Sintertemperatur herabsetzen. Die rückstandsfreie Verbrennung der Porosierungsmittel bewirkt eine Feinporosierung.

Bauschädliche Stoffe in Ziegeln und Klinkern sind

❑ aus Calciumcarbonatanteilen erbrannte **Kalkkörner** («Knollen» >1 mm, gebrannter Kalk), die durch Wasseraufnahme Absprengungen verursachen. Ein dem Ziegelton beigegebener Kalk ($CaCO_3$) muss daher gut zerkleinert und verteilt sein;
❑ durch den Brennprozess eingeführte Na_2SO_4-Anteile, die als **Glaubersalz** $Na_2SO_4 \cdot 10\ H_2O$ ausblühen und das Gefüge des Mauerwerks zerstören können.

b) Beispiel Steingut

Steingut ist gekennzeichnet durch einen porösen, wassersaugenden Scherben mit Glasurüberzug. Zur Erzeugung von Steingut dient ein eisenoxidarmer und daher weiß brennender Ton (geschlämmtes Kaolin, vermischt mit Quarz oder Sand). Je nach Art des Flussmittels (Kalkspat oder Feldspat) erhält man beim Brennen leichtes Kalk-Steingut oder schweres Feldspat-Steingut. Steingut-Formlinge werden zweimal gebrannt: zuerst unglasiert (Rohbrand bei 1100 bis 1300 °C), dann mit einer aus niedrig schmelzenden Silikaten bestehenden Glasurmasse (Glasurbrand bei 900 bis 1000 °C); *Beispiele:* Wandfliesen (Porosität verleiht gute Haftung), Spülbecken, Waschtische, Klosettschüsseln aus Feldspat-Steingut).

Sinterzeug
Je nachdem, ob der Scherben nicht durchscheinend oder durchscheinend ist, unterscheidet man **Steinzeug** und **Porzellan**. Die Rohmaterialien bei Steinzeug sind die gleichen wie bei Steingut, nur ist der Feldspatgehalt der Ausgangsmasse größer. Verwendet man ausgesucht reine Rohstoffe sowie einen größeren Gehalt an Kaolin und einen geringeren an Quarz und Feldspat, erhält man beim Brennen Hartporzellan. Gebrannt wird wie beim Steingut zweimal, wobei Temperaturen bis 1450 °C angewendet werden. Gewöhnliche Steinzeug-Gegenstände erhalten meist nur eine Salzglasur, indem man in das Brenngewölbe Kochsalz einstreut. Natriumchlorid zersetzt sich zu HCl und Na_2O, das mit den Silikaten des Scherbens eine dünne Schicht Na-Aluminiumsilikat bildet. Sanitärporzellan und feineres Steinzeug wird mit einer Feldspatglasur (Feldspat, Marmor, Quarz und Kaolin) überzogen. Unter den aus Steinzeug hergestellten Baustoffen seien Klinker und Kanalisationsrohre genannt.

Feuerfest-Erzeugnisse
Feuerfest-Erzeugnisse ertragen Temperaturen bis 1700 °C und mehr ohne Verformung. **Schamottesteine** (ca. Zusammensetzung $Al_2O_3 \cdot 2\ SiO_2$) erhält man aus Bindeton (roher, plastischer Ton) und Schamotte (zerkleinerter feuerfester Ton). *Anwendung:* Auskleidung von Feuerungen, Hochöfen usw. Die feuerfesten Eigenschaften sind auf die Bildung von kristallinem Mullit ($3\ Al_2O_3 \cdot 2\ SiO_2$, Fp. >1800 °C) zurückzuführen. Durch Vermehrung des Tonerdegehaltes kann man die Erweichungstemperatur der Schamottesteine weiter erhöhen. So erweichen die durch Brennen des natürlichen Aluminium-

silikates Sillimanit gewonnenen **Sillimanitsteine** (ca. Zusammensetzung $Al_2O_3 \cdot SiO_2$) erst bei 1850 °C und die noch tonerdereicheren als Futter für Zementdrehrohröfen dienenden **Dynamidonsteine** bei 1900 °C. Umgekehrt nimmt durch Zusatz von Quarz die Erweichbarkeit zu (Dinassteine). Vollständigkeitshalber seien noch im Feuerfestbau verwendete tonerdefreie Materialien erwähnt. Diese bestehen aus Chrom-Magnesia-Steinen und Forsterit ($2\ MgO \cdot SiO_2$).

7.4 Siliziumdioxid

Modifikationen
SiO_2 stellt das Endprodukt der Kondensationskette der Kieselsäuren dar in Form eines im Unterschied zu den Gerüstsilikaten ungeladenen Raumnetzes. Es tritt in verschiedenen Modifikationen auf.

Siliziumdioxid ist in der Natur weit verbreitet und findet sich sowohl in kristallisierter (Quarz, Tridymit, Cristobalit) als auch amorpher Form (Opal, Kieselgur, Chalcedon, natürliche Puzzolane). Die häufigste Erscheinungsform ist der Quarz, z.B. in Form von Bergkristall (klar), Rauchquarz (braun), Amethyst (violett) oder als Gemengebestandteil in Granit, Gneis, Glimmerschiefer, Sandstein und Quarzsand.

Chemische Eigenschaften
Im kristallisierten Zustand ist SiO_2 reaktionsträge. In diesem Zustand wird es von Säuren, außer Flusssäure, kaum angegriffen. Auch wässrige Alkalilaugen wirken selbst beim Kochen nur langsam ein. Nur beim Schmelzen mit NaOH reagiert Quarz zu Wasserglas.

Im amorphen Zustand ist SiO_2 reaktionsfähig. So löst sich amorphes, frisch hergestelltes SiO_2 in Laugen auf. Glas zeigt ein ähnliches, aber abgeschwächtes Verhalten (bei Angriff Verätzung und Trübung).

Physikalische Eigenschaften
Siliziumdioxid kommt in umwandelbaren Modifikationen vor, die mit erheblicher Volumenzunahme (Quarzsprung) verbunden sind: α-Quarz (trigonal) → β-Quarz (hexagonal) (573 °C) oder α-Cristobalit (tetragonal) → β-Cri-

stobalit (kubisch) (270 °C). Beton mit quarzhaltigem Kies erfährt auf diese Weise eine Schädigung bei starker Erhitzung oder im Brandfall.

Silikosegefahr
Die Gesundheit ist gefährdet, z.B. im Labor oder Mischwerk, durch Einatmen von **freier kristalliner Kieselsäure** der Partikelgröße <5 µm aus Quarzsanden direkt bzw. als Gemengebestandteil in Bauprodukten (z.B. Spezialmörtel mit Anteil freier kristalliner Kieselsäure >1%). Entsprechende Arbeitsschutzvorkehrungen (Staubmaske mit entsprechenden Partikelfilter) sind hier zu treffen (siehe Abschnitt 20.9).

Literatur zum Thema «Silikatchemie»:
[9; 10; 11; 13; 20; 40; 75]

8   Baukalk

8.1   Einleitung

Baukalk gilt als das klassische Bindemittel schlechthin, d.h. als ein Stoff, der in der Lage ist, Gesteinskörnungen zu einem Kunststein fest zu verkitten. Nach ihrem Erhärtungsverhalten werden Baukalke eingeteilt in nicht hydraulische, d.h. nur an der Luft abbindende (**Luftkalke**), und in hydraulische, d.h. an der Luft und in Wasser abbindende (**hydraulische Kalke**). Bei dem Begriff «Kalk» handelt es sich um einen **Sammelnamen** für verschiedene Calciumverbindungen wie Kalkstein $CaCO_3$, gebrannter Kalk CaO und gelöschter Kalk $Ca(OH)_2$.

8.2   Luftkalk

Nicht hydraulische Kalke werden wegen der zur Erhärtung nötigen Kohlensäure der Luft Luftkalke genannt. Luftkalk – chemisch $(Ca(OH)_2$ – war über Jahrhunderte das wichtigste Mörtelbindemittel. Obwohl er heute durch hydraulische, schnell erhärtende Bindemittel im Außenbereich sowie Gips im Innenbereich ersetzt wurde, spielt er infolge seiner besonderen Eigenschaften immer noch eine große Rolle als Mischkomponente in Putz- und Mauermörtel. Diese sind:

❏ Plastizität durch kolloidale Feinteiligkeit,
❏ leichte Verarbeitbarkeit,
❏ geringe Rissanfälligkeit durch gute Elastizität,
❏ Frost-/Wetterbeständigkeit,
❏ Porosität und «Atmungsfähigkeit».

8.2.1   Rohstoff Kalkstein

Calciumcarbonat $CaCO_3$ in Form von Kalkstein fungiert sowohl als Ausgangsprodukt für die Gewinnung von Luftkalk als auch als Endprodukt nach Reaktion des Luftkalkes mit dem CO_2 der Luft.

Kristallmodifikationen
Calciumcarbonat existiert in den Kristallmodifikationen **Calcit** (Kalkspat, trigonal kristallisiert, beständigste Form), **Aragonit** (rhombisch kristallisiert) und **Vaterit** (hexagonal), wobei Calcit als weitaus häufigste Kristallstruktur vorkommt (Bild 8.1).

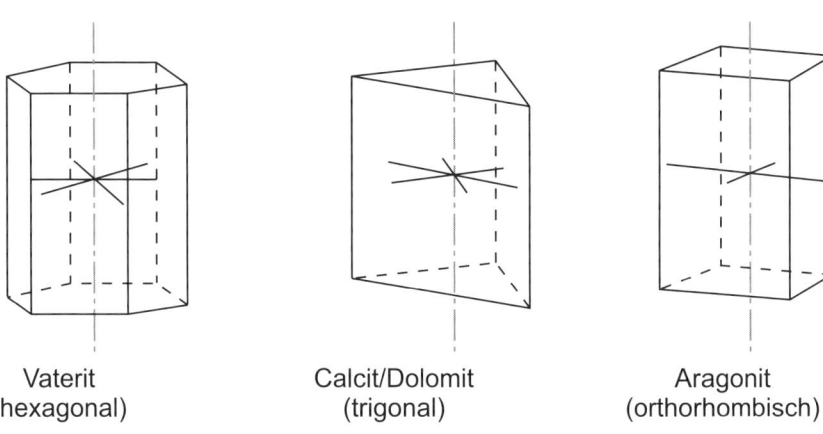

Vaterit   Calcit/Dolomit   Aragonit
(hexagonal)   (trigonal)   (orthorhombisch)

Bild 8.1   Kristallmodifikationen von $CaCO_3$ [41]

Kalksteinformationen
In der Natur findet sich Kalkstein in verschiedenen Erscheinungsformen:

❏ als sedimentärer Kalkstein (Jura),
❏ als Marmor, d.h. als metamorph entstandener hochfester Kalkstein;
❏ als Kalkschiefer (z.B. Solnhofener Platten),
❏ als Kreide (aus Kalkschalen von Kleinlebewesen gebildet; weiche, erdige Form),
❏ als Travertin (aus kalkhaltigem Wasser ausgeschiedener löchriger Kalkstein),
❏ als Tuff (Sinterkalke, sehr weiche Kalksteine),
❏ als Dolomit (Mischgestein Ca-Mg-Carbonat),
❏ als Mergel (Kalkstein mit Tonbeimischung).

Verwendung von Kalkstein
Kalkstein erfährt Anwendung als Rohstoff für die Kalk- und Zementherstellung (als Kalkstein und als Mergel), als Zumahlstoff für Zemente, als Naturstein (Kalktuff, Travertin) und als sog. Füller (Kalksteinmehl) für mineralische Baustoffe, u.a. um den Feinanteil auszugleichen. Gebrochener und zu Schotter, Splitt oder Brechsand aufbereiteter Kalk- und Dolomitstein hat sich als Zuschlag für Beton bewährt. Er erfüllt die Anforderungen nach DIN 4226 für Zuschlag für Beton. Kalkstein geht mit dem Bindemittel Zement eine besonders haltbare Verbindung ein und verbessert die Grünstand- und Frühfestigkeiten. Seine geringe Wärmedehnung ist bei Massenbeton vorteilhaft.

Chemischer Nachweis
Carbonatischer Zuschlag lässt sich durch einen Säuretest nachweisen. Liegt $CaCO_3$ vor, ist beim Übergießen mit konzentrierter Salzsäure ein Aufbrausen, verursacht durch CO_2-Entwicklung, feststellbar.

$$CaCO_3 + 2\,HCl \rightarrow CaCl_2 \text{ (in Lösung)} + CO_2 \text{ (Gasblasen)} + H_2O$$

Der Nachweis ist gut geeignet, um calcitische (chemische Basis $CaCO_3$) von quarzitischen (chemische Basis SiO_2) Zuschlägen zu unterscheiden, da mit letzteren keine Reaktion erfolgt.

8.2.2 Brennen – Löschen – Erhärten

Die Umwandlung des Bindemittelrohstoffs Kalkstein in gebrannten Kalk erfolgt durch das Kalkbrennen. Durch Wasserzugabe (Löschen) erfolgt die Umwandlung zum Bindemittel $Ca(OH)_2$, das mit Zuschlägen Kalkmörtel ergibt. Dieser erhärtet einerseits durch Austrocknung und Verkleben der Kalkteilchen (ähnlich im Lehmbau) und durch Aufnahme von Kohlendioxid aus der Luft, d.h. unter Abspaltung von Wasser, und Übergang zu Calciumcarbonat (Erhärten).

Brennen
Zur Kalkherstellung werden rohe, vom Steinbruch kommende Kalksteine in Schachtöfen zwischen 900 bis 1200 °C, d.h. unterhalb der Sintergrenze, gebrannt.

$$CaCO_3 \rightarrow CaO + CO_2;$$ zugeführte Bildungswärme: 178 kJ/mol [9]

Die Einhaltung einer bestimmten Brenntemperatur während des Brennprozesses ist von großem Einfluss auf die Güte des gebrannten Kalkes. Eine zu niedrige Brenntemperatur führt zu noch ungebrannten $CaCO_3$-Anteilen, eine zu hohe Brenntemperatur zu kristallinem «totgebrannten Kalk», «Sinterkalk» oder «Freikalk», der nicht sofort ablöscht, sondern erst nach Beginn des Erhärtungsprozesses («Kalktreiben»). Da die Steine beim Brennen nur wenig schwinden, hinterlässt die entweichende Kohlensäure Poren mit einem Volumenanteil von größer 50%, der einen raschen Löschvorgang unterstützt.

Löschen
Unter starker Erwärmung und Wasseraufnahme entsteht aus gebranntem Kalk (CaO) gelöschter Kalk (Ca(OH)$_2$

$$CaO + H_2O \rightarrow Ca(OH)_2;$$ freigesetzte Bildungswärme: 65,2 kJ/mol [9], starke Volumenzunahme

Diese Reaktion ist stark exotherm. 1 kg CaO entwickelt 1163 kJ Wärme. Wasser, das beim früher üblichen Nasslöschen in überstöchiometrischer Menge (zu sog. Kalkbrei) zugegeben wurde, kann sich dabei bis zum Sieden erhitzen (Spritz- und Verätzungsgefahr der Augen). Frisch gelöschter Kalk sollte nie sofort verarbeitet werden, da ungelöschte Teilchen sprengend wirken («Einsumpfdauer» des Lieferwerks beachten). Heutzutage wird Branntkalk werkseitig mit stöchiometrischen Mengen Wasserdampf in Löschtrommeln «trocken gelöscht». Die harten Branntkalkstücke quellen zum 2,5fachen Volumen auf und zerfallen zu einem feinen weißen, trockenen Pulver (Weißkalkhydrat).

Erhärten
Gelöschter Kalk nimmt in Anwesenheit von Wasser Kohlensäure aus der Luft auf. Es entsteht in langsamer Reaktion (teilweise über Jahre) abgebundener Kalk und Baufeuchtigkeit [20]:

$Ca(OH)_2$ + H_2O + CO_2
Luftkalk, Anmachwasser aus Luft
Gelöschter
Kalk

→ $CaCO_3$ + 2 H_2O
abgebundener Baufeuchtigkeit
Kalk

Ohne Wasser, d.h. nur mit der Luft allein, ist ein Erhärten nicht möglich (Sonne, saugende Untergründe!). Bei Wassersättigung hingegen kann CO_2 nicht eindiffundieren. Gelöschter Kalk ist deshalb trocken lange lagerfähig. Für die Anwendung von Luftkalk gilt:

❑ für Lüftung sorgen (d.h. Kohlendioxidzufuhr),
❑ Austrocknung vermeiden, da sonst die Carbonatisierungsreaktion nicht in Gang kommt.

> ! Die Erhärtung von gelöschtem Kalk ist nicht nur auf die Carbonatisierung zurückzuführen. Durch die große Oberfläche der Kalkteilchen sind diese in der Lage, nach Austrocknung Restwasser adsorptiv zu binden. So können sich Oberflächenkräfte ausbilden, die Kalkteilchen untereinander und mit den Zuschlagkörnern verkleben.

8.2.3   Kreislauf des Kalkes

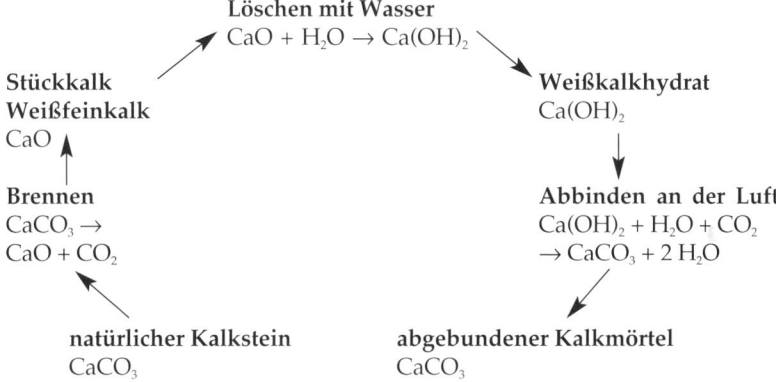

Löschen mit Wasser
$CaO + H_2O → Ca(OH)_2$

**Stückkalk
Weißfeinkalk**
CaO

Brennen
$CaCO_3 →$
$CaO + CO_2$

natürlicher Kalkstein
$CaCO_3$

Weißkalkhydrat
$Ca(OH)_2$

Abbinden an der Luft
$Ca(OH)_2 + H_2O + CO_2$
$→ CaCO_3 + 2 H_2O$

abgebundener Kalkmörtel
$CaCO_3$

8.2.4   Luftkalk – Rohstoffe und Produkte

Zur Herstellung von Luftkalk wird möglichst **reiner Kalkstein** (mind. 95% an $CaCO_3$) verwendet. Aus diesem Prozess erhaltener Kalk wird als Weißkalk bezeichnet. **Weißkalk** ist besonders ergiebig, d.h., das Verhältnis Volumen des Frischmörtels–Masse des Trockenmörtels ist besonders hoch. Weitere Bezeichnungen: Stuckkalk (gebrannter Kalk); Weißfeinkalk (gebrannter Kalk, feingemahlen); Kalkteig (mit Wasserüberschuss gelöschter, eingesumpfter Kalk; Weißkalkhydrat (mit Wasserdampf gelöschter Kalk). Wird als Rohstoff Dolomit (Ca/Mg – Mischcarbonat) verwendet, erhält man **Dolomitkalk**. Dolomitkalk weist eine größere Ausblühgefahr bei Kontakt mit Rauchgasen (SO_2) und Feuchtigkeit durch Bildung von leicht löslichem $MgSO_4 \cdot 7\,H_2O$ (Bittersalz) auf. Zur Verwendung als Luftkalk kann auch Calciumhydroxid dienen, das bei der chemischen Produktion von Acetylen (Rohstoff für PVC) aus Calciumcarbid als sog. **Carbidkalk** anfällt [20]:

$CaCO_3$	$+\ 4\,C$
Kalkstein	Koksstaub
$\rightarrow$	$CaC_2\ +\ \ 3\,CO$
Calciumcarbid	Kohlenmonoxid
CaC_2	$+\ 2\,H_2O$
Calciumcarbid	Wasser
$\rightarrow C_2H_2$	$+\ Ca(OH)_2$
Acetylen	gelöschter Kalk
	Carbidkalk

Praxisbeispiel: Diese Reaktion dient auch dem Nachweis von Feuchtigkeit, z.B. in noch nicht ausgetrockneten und daher nicht belegreifen Estrichen (**sog. CM-Methode**). Hierzu wird eine pulverisierte Bodenprobe in einer geschlossenen Apparatur (CM-Gerät) mit einer Calciumcarbidampulle vermahlen. Bei Anwesenheit von Feuchtigkeit entsteht Acetylengas, das eine messbare Druckerhöhung an einem angeschlossenen Manometer verursacht.

Die Besonderheiten des Carbidkalkes sind:

❑ geringere Ergiebigkeit, weil durch Kohlenstaubbeimengung abgemagert,
❑ manchmal Geruch (verfliegt) und grünliche Färbung (Sulfide aus Koks),
❑ Treiben wegen manchmal nichtumgesetzter Carbidrückstände. Deshalb besser zum Tünchen als zum Verputzen geeignet;
❑ kann wegen Lagerung teilweise carbonatisiert sein.

8.2.5   Luftkalk nach Norm

Die aktuelle Kalknorm DIN 1060-1(3/95)/DIN EN 459-1(1/99) kennt den Begriff Luftkalk nicht. Sie unterscheidet bestimmte Kalktypen nach der im Kalk enthaltenen Summe aus CaO und MgO in M.-%., die gewissen Mindestmengen unterliegt:

❑ Weißkalk (Kurzbezeichnung CL) mit den Typen CL 70, CL 80, CL 90,
❑ Dolomitkalk (Kurzbezeichnung DL) mit den Typen DL 85, DL 90.

Für Luftkalk werden Weißkalke (Carbidkalk wird Weißkalk zugeordnet) und Dolomitkalke eingesetzt.
Anforderungen an die Festigkeit werden nicht genannt.

8.3   Hydraulisch erhärtende Kalke

8.3.1   Rohstoffe für Luftkalke und hydraulische Kalke

Die Herstellung von Luftkalk setzt Rohstoffe hohen Reinheitsgrades (Kalkstein, Dolomit) voraus. Störend wirken Beimengen von Ton, Sand und Eisenoxid, wie sie in Kalkmergel vorhanden sind. Gerade diese «Verunreinigungen» sind aber für die Herstellung hydraulisch erhärtender Kalke essentiell. Diese werden daher aus Kalkmergel hergestellt. Das Brennprodukt enthält Bestandteile, die durch Reaktion mit Wasser zementähnlich, d.h. hydraulisch erhärten (Tabelle 8.1).

Tabelle 8.1   Die Rohstoffe Kalkstein und Mergel

Kalkstein – Zusammensetzung		
Gesteinsart	*$CaCO_3$-Gehalt in M.-%*	*Beimengungen*
Reiner Kalkstein	98...100	
Dolomitkalk	90...98	$MgCO_3$-Anteile
Gebrannter Kalkstein – Zusammensetzung		
Bestandteil	*Chemische Bezeichnung*	*Eigenschaften*
Branntkalk	Calciumoxid CaO	Brennprodukt löscht zu $Ca(OH)_2$/$Mg(OH)_2$ und erhärtet an der Luft
Magnesia	Magnesiumoxid MgO	
Mergel – Zusammensetzung		
Gesteinsart	*$CaCO_3$ Gehalt in M.-%*	*Beimengungen*
Kalkmergel	75...90	$MgCO_3$-Anteile, Eisenoxid Fe_2O_3
Mergel	40...75	Silikathaltige Tonerde
Tonmergel	10...40	$Al_2O_3 \cdot n \, SiO_2$
Gebrannter Mergel – Zusammensetzung		
Bestandteil	*Chemische Bezeichnung*	*Eigenschaften*
Branntkalk	Calciumoxid CaO	Brennprodukt erhärtet unter Wasser zu «hydraulischem Kalk» Überschüssiges CaO/MgO löscht zu $Ca(OH)_2$/$Mg(OH)_2$ und erhärtet an der Luft
Magnesia	Magnesiumoxid MgO	
Hydraulefaktoren	C_2S, C_3A, C_4AF	

8.3.2   Hydraulefaktoren

Beim Brennen von Kalkmergel entstehen neben CaO Kieselsäure (SiO_2), Tonerde (Al_2O_3) und Eisenoxid (Fe_2O_3). Man bezeichnet sie als «**Hydraulefaktoren**». Gebrannter Kalk verbindet sich unterhalb der Sintertemperatur zwischen 1000 und 1200 °C mit den Hydraulefaktoren zu

$2 \, CaO \cdot SiO_2$ **Dicalciumsilikat «C_2S»**
$3 \, CaO \cdot Al_2O_3$ **Tricalciumaluminat «C_3A»**
$4 \, CaO \cdot Al_2O_3 \cdot Fe_2O_3$ **Tetracalciumaluminatferrit «C_4AF»**

Diese Verbindungen erhärten durch Reaktion mit Wasser. Die gebildeten Hydrate sind in Wasser unlöslich und damit wasserbeständig («hydraulisch»). Die hydraulisch erhärtenden Kalke enthalten aber noch mindestens 3% freies CaO, das fabrikmäßig gelöscht wird und wie Luftkalk erhärtet.

Da sich die Oxidschreibweise recht kompliziert gestaltet, wird an dieser Stelle auf die in Zementchemie übliche **Nomenklatur** der dort vorkommenden chemischen Verbindungen unter Verwendung bestimmter Kürzel hingewiesen. Es bedeuten:

$C = CaO$; $S = SiO_2$; $H = H_2O$; $A = Al_2O_3$; $F = Fe_2O_3$; $s = SO_3$; $M = MgO$

8.3.3   Hydraulischer Kalk nach Norm

Die Luftkalke werden nach ihrem CaO- und MgO-Gehalt, die hydraulischen Kalke nach der Druckfestigkeit von Normenmörteln eingeteilt. Je nach Anteil an hydraulisch erhärtenden Bestandteilen (alte Bez. in Klammern), d.h. der erzielbaren Mindestdruckfestigkeit, unterscheidet die DIN 1060-1(03.95)/DIN EN 459-1 (01.99):

❑ HL 2 (Wasserkalk), Druckfestigkeit nach 28 Tagen 2...7 N/mm²,

❑ HL 3,5 (hydraulischer Kalk), Druckfestigkeit nach 28 Tagen 3,5...10 N/mm²,
❑ HL 5 (hoch hydraulischer Kalk), Druckfestigkeit nach 28 Tagen 5...15 N/mm².

HL 2 ist schwach hydraulisch. Die Erhärtung beruht auf Zusammenwirken von Carbonaterhärtung und hydraulischer Erhärtung. Bei der Verarbeitung ist daher anfänglich Luftzutritt zur Aufnahme von Luftkohlensäure notwendig. Nach etwa 7 Tagen kann die weitere Erhärtung auch unter Wasser erfolgen.

HL 3,5 enthält einen höheren Anteil an hydraulischen Verbindungen als HL 2. Für die Erhärtung ist anfänglich Luftzutritt erforderlich – etwa 5 Tage. Danach kann die Erhärtung auch unter Wasser erfolgen.

HL 5 enthält einen höheren Anteil an hydraulischen Verbindungen HL 2 und HL 3,5; entsprechend geringer ist der Anteil an freiem Kalk. Zur Carbonaterhärtung an der Luft sind nur 1 bis 3 Tage notwendig, danach kann die Erhärtung auch unter Wasser erfolgen.

Natürliche hydraulische Kalke **NHL** werden durch Brennen von Kalkmergel mit nachfolgendem Löschen und Mahlen hergestellt *(Beispiel: natürlicher hydraulischer Kalk NHL DIN 1060 – NHL 3,5).*

Hydraulisch erhärtende Kalke können auch durch fabrikmäßiges Mischen von Luftkalk mit bis zu 20% latent hydraulischen Stoffen (Hüttensand), hydraulischen Stoffen (Zement) und puzzolanischen Stoffen (Trass) hergestellt werden. Sie werden dann mit **NHL-P** bezeichnet; *(Beispiel*: **Trasskalk**, fabrikfertiges Gemisch von Trass mit gelöschtem Kalkhydratpulver $Ca(OH)_2$. Trasskalk entspricht den Forderungen der DIN 1060 für HL 5 [20].

8.4   Anwendung von Baukalk

Kalkfarbanstriche
Weißkalkhydrat $Ca(OH)_2$ wird zum Weißeln oder Tünchen in Kellern, Garagen, Ställen u.a. Nutzräumen verwendet. Aufgrund seines hohen pH-Wertes wirkt er desinfizierend. Die Wetterbeständigkeit kann durch hydraulische Zusätze (z.B. hydraulische Kalke) verbessert werden. Kalkanstriche im Außenbereich haben nur

noch für die Mittelmeerländer Bedeutung (siehe Abschnitt 19.3).

Mauer- und Putzmörtel
Baukalke werden als Bindemittelkomponente für Mauermörtel und Putzmörtel verwendet. Diese werden als sog. **Werktrockenmörtel** in Säcken oder Silos angeliefert. Das fertig gemischte Trockenprodukt, das lange gelagert werden kann, wird auf der Baustelle mit Wasser angemacht und über Pumpen an Ort und Stelle gefördert.

Grund- und Straßenbau
Gebrannte Kalkprodukte und Kalkstein werden im Grund- und Straßenbau zur Bodenverfestigung und -stabilisierung eingesetzt. Ca-Ionen, die durch Kalk zugeführt werden, stabilisieren durch Ionenaustausch das Verhalten von Tonmineralien im Boden; eine Verfestigung wird durch Carbonatisierung einerseits und puzzolanischer Reaktion mit Kieselsäure aus dem Boden andererseits erreicht. Man erzielt eine Zunahme der Stabilität gegenüber Wasser und Frost. Kalkstein und Bitumen haben eine hervorragende Haftung zueinander. Aus diesem Grund ist Kalksteinzuschlag in vielen bituminösen Fahrbahnbefestigungen zu finden.

Kalksandstein
Branntkalk, quarzitischer Sand und Wasser werden innig durchmischt und zur Ablöschreaktion zwischengelagert. Diese Rohmasse wird in großen Pressen zu Steinen geformt, die in Autoklaven (165...215 °C, 9 bis 22 bar, 4 bis 8 Stunden) [12] während der sog. **Hydrothermalsynthese** gehärtet werden.

$$x\,Ca(OH)_2 + y\,SiO_2 + z\,H_2O$$
$$\rightarrow (CaO)_x\,(SiO_2)_y\,(H_2O)_{x+z}$$
$$CSH\text{-Phase}$$

Ca-Ionen reagieren mit der auf der Oberfläche der Quarzkörner entstehenden Kieselsäure und Wasser topochemisch zu Calciumsilikathydraten (CSH-Phase), die eine dauerhafte Verkittung der Quarzkörner zum Kalksandstein bewirken. Kalksandsteine zeichnen sich durch Feuerfestigkeit, hohe Maßhaltigkeit und Schalldämmung aus. Kalksandsteine sind nach ihrer

Druckfestigkeit (Druckfestigkeitsklassen 4 bis 60, Hauptanwendung 12, 20, 28) und Rohdichte (Rohdichteklassen 0,6 bis 2,2, Hauptanwendung 1,2 bis 2,0) gekennzeichnet.

Porenbeton

Gegenüber Kalksandstein ist der Porenbeton (Hauptanwendung in den Rohdichteklassen 0,35 bis 1,00) ein Leichtgewicht. Trotz der gleichen Zutaten Quarzsand, Kalk und Wasser entsteht durch die Zugabe des Treibmittels Al bzw. der Freisetzung von Wasserstoffgas ein anderer, sehr poriger Baustoff gemäß

$$2\,Al + Ca(OH)_2 + 6\,H_2O \rightarrow Ca(Al(OH)_4)_2 + H_2$$

Nach dem Aufschäumen und Ansteifen wird der Porenbetonblock durch leichte Bandsägen zu den gewünschten Steinmaßen zerschnitten. Die Härtung erfolgt ähnlich dem Kalksandstein durch Bildung einer CSH-Phase in der folgenden Hydrothermalsynthese (190 °C, 12 bar, 6 bis 12 Std.) im Autoklaven. Porenbetonsteine zeichnen sich neben der geringen Rohdichte durch eine hohe Schall- und Wärmedämmung und einem hohen Feuerwiderstand aus. Im Gegensatz zu Mauerziegeln wirken seine Eigenschaften nach allen Richtungen des Raumes.

Literatur zum Thema «Baukalk»:
[12; 13; 17; 20; 37; 41; 46]

9 Latenthydraulische Stoffe und Puzzolane

9.1 Allgemeines

Latenthydraulische Stoffe und Puzzolane sind Stoffe, die **allein mit Wasser keine Bindemittel** ergeben. Da latenthydraulische Stoffe und Puzzolane keine selbstständigen Bindemittel sind, gelten sie als Zusatzstoffe, es sei denn, eine bauaufsichtliche Zulassung erlaubt die Zurechnung zum Bindemittel. Die chemische Zusammensetzung zeigt bei dem latenthydraulischen Hüttensand hohe Kalkanteile, gebunden als Aluminosilikate, und bei den Puzzolanen (Trass, Flugasche, Microsilica) hohe Anteile amorpher Kieselsäure und niedrige Kalkanteile (Bild 9.1).

	M.-% CaO	M.-% SiO_2	M.-% Al_2O_3
Hütten- sand S	45...55	28...40	10...15
Trass P	<10	50...67	14...20
Flug- asche V	<15	45...55	25...35
Mikro- silica SF	—	80...99	Rest

Bild 9.1 Latenthydraulische Stoffe und Puzzolane – Gehalte an $CaO/SiO_2/Al_2O_3$ [20; 46; 5]

9.2 Latenthydraulische Stoffe

Definition

Latenthydraulische Stoffe enthalten verborgen (latent) hydraulisch erhärtende Stoffe, deren Reaktion mit Wasser (Erhärtung) durch **anregende Stoffe** ausgelöst werden muss. Solche, die Hydratation auslösenden oder anregenden Stoffe sind Kalkhydrat (meist aus Portlandzement-Hydratation) oder Sulfat.

Hochofenschlacke

Unter den latenthydraulischen Stoffen hat nur die Hochofenschlacke Bedeutung, und von dieser wiederum nur ganz bestimmte Typen hinsichtlich Abkühlungsgeschwindigkeit und Zusammensetzung. Hochofenschlacke wird zum latenthydraulischen Stoff, wenn sie (mit Wasser oder Luft) schnell gekühlt wird und dabei glasig bzw. **amorph** erstarrt («Hüttensand»). Langsam gekühlte, kristallisierte Hochofenschlacke ist nicht reaktionsfähig. Außerdem ist nur **basische** Hochofenschlacke anwendbar, da nur diese den **notwendigen Kalkgehalt** mitbringt. Basische Hochofenschlacke besitzt etwa folgende Zusammensetzung in M.-%: CaO 45...55; SiO_2 28...40; Al_2O_3 10...15 und MgO 1...10%. Wesentlich für die latenthydraulischen Eigenschaften ist ein Kalkgehalt von >40% [20]. Anwendungsbeispiel: Gemische aus Hüttensand und **Portlandzement als Anreger** ergeben Portlandhüttenzement bzw. Hochofenzement (CEM II bzw. CEM III, siehe Abschnitt 10.10.1).

9.3 Puzzolane

Geschichtliches

Den in Gegenwart von Wasser erhärtenden Kalk («hydraulischer» Kalk) haben die Römer erfunden und in großem Umfang für Hafenbauten und Wasserbauten verwendet. Sie haben diese Wirkung erreicht, indem sie gelöschtem Kalk eine bei dem Ort Pozzuoli vorkommende Erde («Puzzolanerde») zusetzten. Später fand man solche Erden («Puzzolane») auch auf der Mittelmeerinsel Santorin (Santorinerde), in der Eifel, im Neuwieder Becken (rheinischer Trass) und im Nördlinger Ries (bayrischer Trass «Suevit»). Bei den genannten Erden handelt es sich mit Ausnahme von Suevit um vulkanische Auswurfmassen. Allen gemeinsam ist ein hoher Gehalt an amorpher Kieselsäure. In dieser liegen im Gegensatz zu der in Quarzsand befindlichen kristallinen Kieselsäure die SiO_2-Moleküle ungeordnet nebeneinander. In den letzten Jahrzehnten kam den als Sekundärrohstoffen anfallenden künstlichen Puzzolanen wie Flugasche (Steinkohlenkraftwerke) und Silikastaub (Metallurgie) zunehmende Bedeutung zu.

Definition

> Puzzolane enthalten **von Haus aus keine hydraulisch erhärtenden Stoffe**, d.h., sie haben kein «schlummerndes Erhärtungsvermögen». Sie können aber **stöchiometrisch** mit $Ca(OH)_2$ in Reaktion treten und dabei hydraulische Erhärtungsprodukte (CSH-Phasen) bilden. Die Reaktionsfähigkeit der Puzzolane beruht auf dem Vorhandensein **reaktionsfähiger, amorpher Kieselsäure** (SiO_2 in energiereichem, glasartigem Zustand)

Man unterscheidet natürliche und künstliche Puzzolane.

Reaktionsfähigkeit

Amorphe Kieselsäure kann mit Säuren und Laugen reagieren. Deshalb ist amorphe Kieselsäure in Salzsäure löslich, kristalline hingegen nicht. Mit Calciumhydroxid reagiert amorphe Kieselsäure gemäß der **puzzolanischen Reaktion** zur festigkeitsbildenden CSH-Phase:

$$3\ Ca(OH)_2 + 2\ SiO_2\ (amorph) \rightarrow 3\ CaO \cdot 2\ SiO_2 \cdot 3\ H_2O\ (= Calciumsilikathydrat «CSH»)$$

Es entsteht also die gleiche Verbindung wie bei der Hydratation der Calciumsilikat-Phasen des hydraulischen Kalks und des Zementes.

Natürliche Puzzolane

Zusammensetzung

Trass kommt unter den natürlichen Puzzolanen in Deutschland die größte Bedeutung zu.

Er enthält in M.-%: SiO_2 50...67; Al_2O_3 14...20; Fe_2O_3 2...5; CaO/MgO 10, Na_2O/K_2O 3...8; Wasser 5...8. Sein Gehalt an reaktionsfähiger Kieselsäure liegt bei >50 M.-% [20].

Anforderungen

Als hydraulischer Zusatzstoff muss Trass bei der Normenprüfung (DIN 51 043, 08/79) eine Mindestdruckfestigkeit von $5\ N/mm^2$ nach 28 Tagen erreichen. Die Prüfung erfolgt an $4 \times 4 \times 16$-cm-Prismen, die aus 720 g Trass, 180 g Kalkhydrat, 1350 g Normensand und 405 g Wasser hergestellt werden. Trass muss außerdem so fein gemahlen sein, dass seine spezifische Oberfläche mind. $5000\ cm^2/g$ (Blaine) beträgt.

Verwendung und Eigenschaften

Trass als Zusatzstoff wird dem Beton zugesetzt. Er verleiht ihm folgende Eigenschaften:

❑ höhere Dichtigkeit bzw. Widerstandsfähigkeit gegen chemischen Angriff,
❑ Steigerung der Zugfestigkeit bzw. Elastizität (Vermeidung von Setzrissen bei Massenbeton),
❑ Verzögerung des Erhärtens (Herabsetzung der Spitzen der Hydratationswärme, Minderung der Schwindrissgefahr, daher geeignet für Massenbeton), verbunden mit einer verminderten Frühfestigkeit/Frostbeständigkeit beim Verarbeiten,
❑ Verminderung der Ausblühgefahr durch Kalkbindung (Trasskalk). Es entsteht mehr Gel, das die Wasserwanderung einschränkt.

Künstliche Puzzolane

Allgemeines

Zu den künstlichen Puzzolanen gehören Flugaschen, Silikastäube (siehe Abschnitt 10.10.1) und Gesteinsmehle (Ziegelmehl). Besondere Bedeutung als Zusatzstoff zu Beton haben Steinkohlenflugasche und Silikastaub erlangt. Die Verwendung von Braunkohlenflugasche ist aufgrund des erhöhten Freikalkgehaltes eingeschränkt.

Steinkohlenflugasche SFA
a) Zusammensetzung
SFA ist ein mineralischer Staub aus nicht brennbaren Bestandteilen der Steinkohle (in M.-%: SiO_2 45...55; Al_2O_3 25...35; Fe_2O_3 5...15, neben $\leqq$ 15 CaO/MgO und Na_2O/K_2O), der aus dem Rauchgas am Elektrofilter abgezogen wird und hauptsächlich aus kugelförmigen glasigen Partikeln besteht und puzzolanisch reagiert. Man unterscheidet zwischen **kieselsäurereicher Flugasche V** (max. 10% reaktionsfähiges CaO) und **kalkreicher Flugasche W** (min. 10 und max. 15% reaktionsfähiges CaO) SFA [46; 5]. Die chemische Zusammensetzung ist vergleichbar mit der von natürlichen Puzzolanen. Die Partikelgröße liegt im Wesentlichen zwischen 1 und 100 µm und ergänzt daher optimal den Kornaufbau von Zement und Feinstsand.

b) Anforderungen
SFA darf als Betonzusatzstoff verwendet werden, wenn sie der DIN EN 450 «Flugasche für Beton» entspricht oder eine allgemeine bauaufsichtliche Zulassung des Deutschen Instituts für Bautechnik, Berlin, erteilt wurde und eine laufende werkseigene Produktionskontrolle durch den Hersteller sowie eine Fremdüberwachung durch eine anerkannte Stelle durchgeführt wird. Flugaschen nach DIN EN 450 müssen folgende Anforderungen erfüllen:

❑ Glühverlust $\leqq$ 5 M.-%,
❑ Chloridgehalt $\leqq$ 0,1M.-%,
❑ SO_3-Gehalt $\leqq$ 3,0 M.-%,
❑ CaO $_{frei}$-Gehalt $\leqq$ 1,0 M.-% (2,5 M.-% wenn raumbeständig).

Des Weiteren bestehen Anforderungen an die Kornrohdichte, die Feinheit und dem Aktivitätsindex. Der **Aktivitätsindex** beschreibt das Verhältnis von Druckfestigkeiten von Mörtelprismen mit Flugasche (25 M.-% SFA/75% Zement) und ohne (100% Zement, Nullmörtel). Er muss nach 28 Tagen mindestens 75% und nach 90 Tagen mindestens 85% des Nullmörtels betragen [4].

c) Eigenschaften und Verwendung:
Naturwissenschaftlich betrachtet, wirkt SFA in Beton auf verschiedene Art und Weise [43]:

❑ **physikalisch** (Füller-Effekt durch Feinkörnigkeit, kugelige Form, günstige Korngrößenverteilung),
❑ **mineralogisch** (SFA wirkt als Kristallisationskeim für Zementhydratationsprodukte mit Verdichtung des Bindemittelgefüges),
❑ **chemisch** (puzzolanische Reaktion mit Kalkalkalischem Bindemittelleim: Bildung von Calciumsilikathydrat (CSH) und Calciumaluminathydrat (CAH).

Anwendungstechnisch betrachtet, wirkt SFA auf die Eigenschaften des Frisch- und Festbetons.

❑ Frischbeton: Reduzierung des Wasser-Zement-Wertes, Verbesserung der Verarbeitbarkeit, Verdichtungswilligkeit, Pumpfähigkeit und des Sedimentationsverhaltens, Reduktion der Hydratationswärmeentwicklung,
❑ Festbeton: Verminderte Ausblühneigung, Verbesserung der Nacherhärtung, der Endfestigkeit, der Sichtbetonflächen, des Widerstandes gegen chemischen Angriff (Chlorid und Sulfat).

d) Zementreduktion

Bei der Verwendung von Flugasche nach DIN EN 450 kann der Zementgehalt reduziert werden. Anstelle des W/G-Wertes gilt dann der **äquivalente Wasser-Zement-Wert** $(W/Z)_{eq} = W/(Z + k_f \cdot f_b)$.

Der **Anrechenbarkeitswert** k_f ist in der Regel mit 0,4, in besonderen Fällen mit 0,7 anzunehmen. **Der maximal anrechenbare Flugaschegehalt f_b** darf 0,33 Z nicht überschreiten.

Falls eine größere Menge Flugasche verwendet wird, gilt die Mehrmenge als Mehlkornanteil und findet bei der Berechnung des $(W/Z)_{eq}$ keine Anwendung.

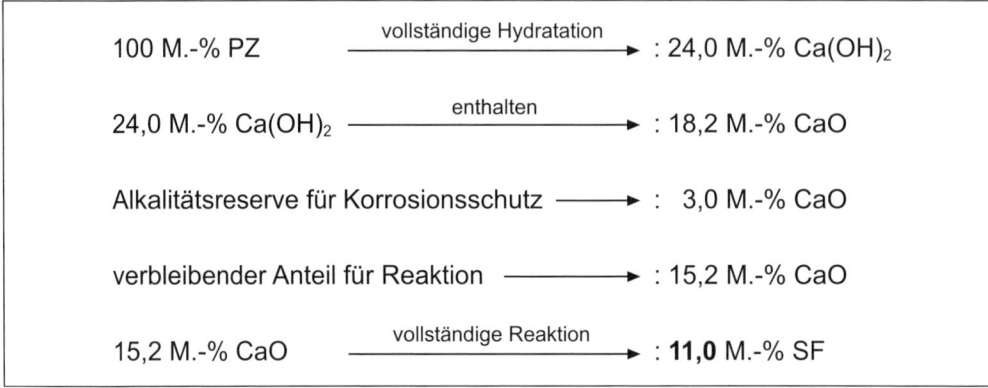

Bild 9.2   Maximale Silikastaubzugabe für Portlandzement [29]

Silikastaub SF (Mikrosilica)
a) Zusammensetzung
Silikastaub ist ein feinstkörniger, weitgehend amorpher mineralischer Betonzusatzstoff, der beim Herstellen von Silizium und Silizium-legierungen durch Reduktion von hochreinem Quarz durch Kohle im Lichtbogenofen bei sehr hohen Temperaturen entsteht und in Staub-filtern abgeschieden wird. Hierzu gehört das Handelsprodukt Mikrosilica, das zu 80...99% aus amorphem SiO_2 besteht [46]. Die Teilchen-größe 0,1...0,15 μm ist ca. 100-mal feiner als die von Zement. Mikrosilica wird als Pulver oder Suspension geliefert.

b) Eigenschaften und Verwendung
Die technologisch wichtigsten Eigenschaften von Silikastaub sind:

❑ die rege **Puzzolanität** durch den hohen Ge-halt an amorpher Kieselsäure. So liefert SF einen größeren Festigkeitsbeitrag als eine vergleichbare Zementmenge;
❑ der **Füllereffekt** durch den hohen Gehalt an Kornteilen 1 μm. Sie sind in der Lage, die Hohlräume zwischen den einzelnen Ze-mentpartikeln zu füllen.

Durch Bindung des für den Korrosionsschutz wichtigen Kalkhydrates muss der SF-Zusatz bei Stahlbeton begrenzt werden. Der Grenzwert von 11% basiert auf Erkenntnissen, dass ein Ge-halt von 3% CaO, bezogen auf Zement, den Kor-rosionsschutz noch gewährleistet (Bild 9.2).

SF findet Anwendung als Zusatz für **Spritz-beton** im Tunnelbau (weniger Rückprall, bes-sere Haftung, dickere Schichten, weniger Staub, Festigkeitserhöhung) und für **hochfesten Beton** (Füllereffekt, Verbesserung der Mikrostruktur Zement-Zuschlag).

Getemperte Gesteinsmehle GG
In silikatischen Gesteinsmehlen kann durch Brennen amorphe Kieselsäure entstehen, die zu puzzolanischen Eigenschaften führt. Dies ge-schieht z.B. bei fein gemahlenem Ziegelmehl. **Phonolith**, ein basaltähnliches Ergussgestein, erhält durch Tempern bei 400 °C trassähnliche Eigenschaften. Phonolith findet sich in der Lau-sitz und der Eifel, im Kaiserstuhlgebiet und um den Hegau. Phonolith ist im bauaufsichtlich zu-gelassenen Phonolithzement PUZ neben Port-landzementklinker zu 20 bis 35% enthalten.

Literatur zum Thema «Latenthydraulische Stoffe und Puzzolane»: [4; 5; 20; 29; 43; 46]

10 Zement

10.1 Geschichtliches

Das erste hydraulische, d.h. mit und unter Wasser erhärtende Bindemittel wurde von den Römern erfunden (Opus caementitium) und in großem Umfang für ihre Wasserbauten genutzt. Es bestand aus gelöschtem Kalk und Puzzolanen. Im Mittelalter geriet dieses Bindemittel in Vergessenheit. Mit Beginn des technischen Zeitalters begannen Bemühungen zur Schaffung eines dringend benötigten hydraulischen Bindemittels. 1756 beobachtete der Engländer J. SMEATON an Brennprodukten aus mergeligem Kalkstein hydraulische Eigenschaften. 1824 erzeugte der Engländer J. ASPDIN durch Brennen einer künstlichen Mischung von Kalkstein und Ton unterhalb der Sintergrenze ein hydraulisch reagierendes Bindemittel. Dieses Bindemittel erhielt den Namen «Portlandcement», weil daraus hergestellte Bauteile in der Farbe dem graustichig weißen, auf der Insel Portland gewonnenen Naturstein ähnlich waren. 1843 entwickelte Sohn W. ASPDIN das Verfahren weiter und erzeugte durch Sinterung Portlandzement im heutigen Sinne. Die Herstellung von Portlandzement in Deutschland begann um 1850 (A. BLEIBTREU, W. MICHAELIS). 1862 entdeckte E. LANGEN die latent hydraulischen Eigenschaften von Hochofenschlacke, die zur Herstellung von Eisenportland- und Hochofenzement führten.

10.2 Abgrenzung zu hydraulischem Kalk

Unterschiede im Rohstoff
Während zur Herstellung von hydraulischen Kalken (siehe Abschnitt 8.3) Kalkstein mit tonigen Beimengungen (Mergel) nicht definierter Zusammensetzung geeignet ist, verlangt die Herstellung von Portlandzement (alte Abkürzung: PZ) ein abgestimmtes Verhältnis von **Kalkstein zu Ton von etwa 3 : 1**, die dem sog. **Rohmehl** zugrunde liegt.

Unterschiede beim Brennen
Hydraulischer Kalk wird bis zu Temperaturen von 1200 °C erbrannt. Die Umsetzung der Hydraulefaktoren geschieht topochemisch durch Reaktion an der Oberfläche der Reaktionspartner, weshalb diese fein gemahlen sein müssen. Es tritt hierbei **kein Sintern** (beginnendes, oberflächliches Anschmelzen, aber noch kein ganzheitliches Schmelzen) auf. Das Brennen geschieht also **unterhalb der Sintergrenze**. Das Reaktionsprodukt enthält C_2S, C_3A und C_4AF (hydraulische, festigkeitsbildende Phasen) und im Überschuss noch ungebundenes CaO. Die Brenntemperatur des Rohmehls liegt hingegen **oberhalb der Sintergrenze**, die bei 1300 °C beginnt. Bei ca. 1450 °C (Schmelzanteil 20...30%) bildet sich eine neue Mineralphase durch Bindung von weiterem CaO. Aus C_2S (Dicalciumsilikat) wird C_3S (Tricalciumsilikat):

$$2\ CaO \cdot SiO_2 + CaO \rightarrow 3\ CaO \cdot SiO_2\ («C_3S»)$$

> Tricalciumsilikat C_3S ist die für Portlandzement charakteristische Verbindung und der Grund seiner im Vergleich zum hydraulischem Kalk überlegenen Eigenschaften.

10.3 Herstellung von Zement

Aufbereiten
Rohstoffe für die Zementherstellung sind Kalkstein und Ton, insbesondere ihr natürliches Gemisch, der **Mergel**. Die Gewinnung geschieht im Steinbruch durch Sprengen. Das Material wird etwa auf Faustgröße zu **Schotter** zerkleinert, der vorhomogenisiert wird. Dazu wird in sog. **Mischbetten** Schicht für Schicht aufgeschüttet und quer dazu wieder abgetragen. Auf diese Weise lässt sich eine gute Durchmischung des Rohmaterials erreichen. Gegebenenfalls muss der Mischbettaufbau geändert werden und mit

Kalkstein, tonhaltigem Kalkstein, Sand oder Eisenerz korrigiert werden. Vom Mischbett gelangt das Rohmaterial in die **Mahltrocknungsanlage**. Dort wird das Material gemahlen und gleichzeitig durch Nutzung der Drehofenabwärme getrocknet. Das so gewonnene **Rohmehl** wird zur weiteren Vergleichmäßigung in Mischkammersilos zwischengelagert. Durch ständige Laboranalysen (CaO, Al_2O_3, SiO_2 und Fe_2O_3) wird die chemische Zusammensetzung überprüft, bis der $CaCO_3$-Anteil im Rohmehl 75 bis 80% beträgt.

Brennen
Aus dem Rohmehl wurden früher unter Wasserzugabe Rohlinge geformt, die in Ringöfen klingend hart gebrannt wurden – daher der Name **Klinker**. Heutzutage geschieht das Brennen in **Drehrohröfen**. Es handelt sich um schwach geneigt gelagerte, mit feuerfesten Steinen ausgekleidete Stahlrohre von 3,5...5 m Durchmesser und 50...80 m und mehr Länge. Das in Vorwärmeranlagen auf 800 °C aufgeheizte Rohmehl wird am höheren Ende aufgegeben und wandert infolge der Drehung (2...3 min^{-1}) allmählich zum unteren Ende (1...2 h), wo der Ofen mit einer Öl-, Kohlenstaub- oder Gasflamme beheizt wird (Brenngastemperatur 2000 °C). Aus Gründen der Energieersparnis werden auch **Sekundärbrennstoffe**, wie z.B. Altreifen, mit verfeuert. Das Brenngut sintert bei 1450 °C. Der Brennvorgang ist ein kontinuierlicher Prozess. Ständig fließt Rohmehl nach. Walnussgroße, harte kugelige Massen – der sog. **Zementklinker** – verlassen abgekühlt (100...300 °C) den Ofen. Die Kühlung muss rasch erfolgen, da sonst C_3S unter Bildung von C_2S und CaO wieder zerfällt. Der ungemahlene Klinker verhält sich aufgrund seiner kleinen Oberfläche sehr reaktionsträge und könnte im Freien aufbewahrt werden. Aus ökonomischen (Bedarfsschwankungen) und ökologischen Gründen (Staub) wird er in Silos oder Hallen gelagert.

Im Einzelnen spielen sich im Drehrohrofen folgende Vorgänge ab:
- ❏ **Beschickung** mit bei 800 °C **vorgetrocknetem Rohmehl** (ohne Feuchte, ohne Kristallwasser, weitgehend ohne Kohlensäure);
- ❏ **Leichtbrand** zwischen 1000...1200 °C. Es reagieren gebrannter Kalk und entwässerter Ton miteinander. Analog zu hydraulischem Kalk entstehen Dicalciumsilikat, Tricalciumaluminat und Tetracalciumaluminatferrit;
- ❏ **Garbrand** zwischen 1200 und 1450 °C. Es wird weiteres CaO gebunden. Aus Dicalciumsilikat bildet sich Tricalciumsilikat. Die Reaktion erfolgt durch Diffusion der Teilchen, oberhalb der Sintertemperatur verstärkt in der Flüssigphase.

Mahlen
Zur Entfaltung seiner Bindemitteleigenschaften muss der Zementklinker auf hohe Feinheit gemahlen werden (**Mahlfeinheit mindestens 85%** <70 µm). Zur Regelung des Erstarrens werden 3 bis 5% Gips/Anhydrit hinzugegeben. Zur Herstellung von Kompositzementen oder Hochofenzementen werden weitere Komponenten («Zumahlstoffe») mit vermahlen (Bild 10.1).

10.4   Chemische Zusammensetzung

Portlandzement weist etwa folgende Zusammensetzung (in M.-%) auf: CaO 61...69, SiO_2 20...25, Al_2O_3 4...7, Fe_2O_3 0,2...5, MgO 0,5...5, Na_2O + K_2O 0,5...1,5, SO_3 0,1...1,3 [41]. Als Nebenbestandteile treten in Portlandzement TiO_2 und Mn_2O_3 auf. Maßgeblich für die chemische Zusammensetzung des Klinkers ist das Verhältnis von Kalkstein und Ton (3 : 1). Nach Abgabe des Kristallwassers aus Ton und Entsäuerung des Kalksteins stehen sich CaO und entwässerter Ton im Verhältnis ca. 2 : 1 gegenüber. Um gezielte normative Zementeigenschaften zu erreichen, sind weitere Feinabstimmungen notwendig. Für diesen Zweck wurden die Verhältniszahlen der Einzelbestandteile, die sog. **Moduln**, aufgestellt. Sie regeln den Kalk-

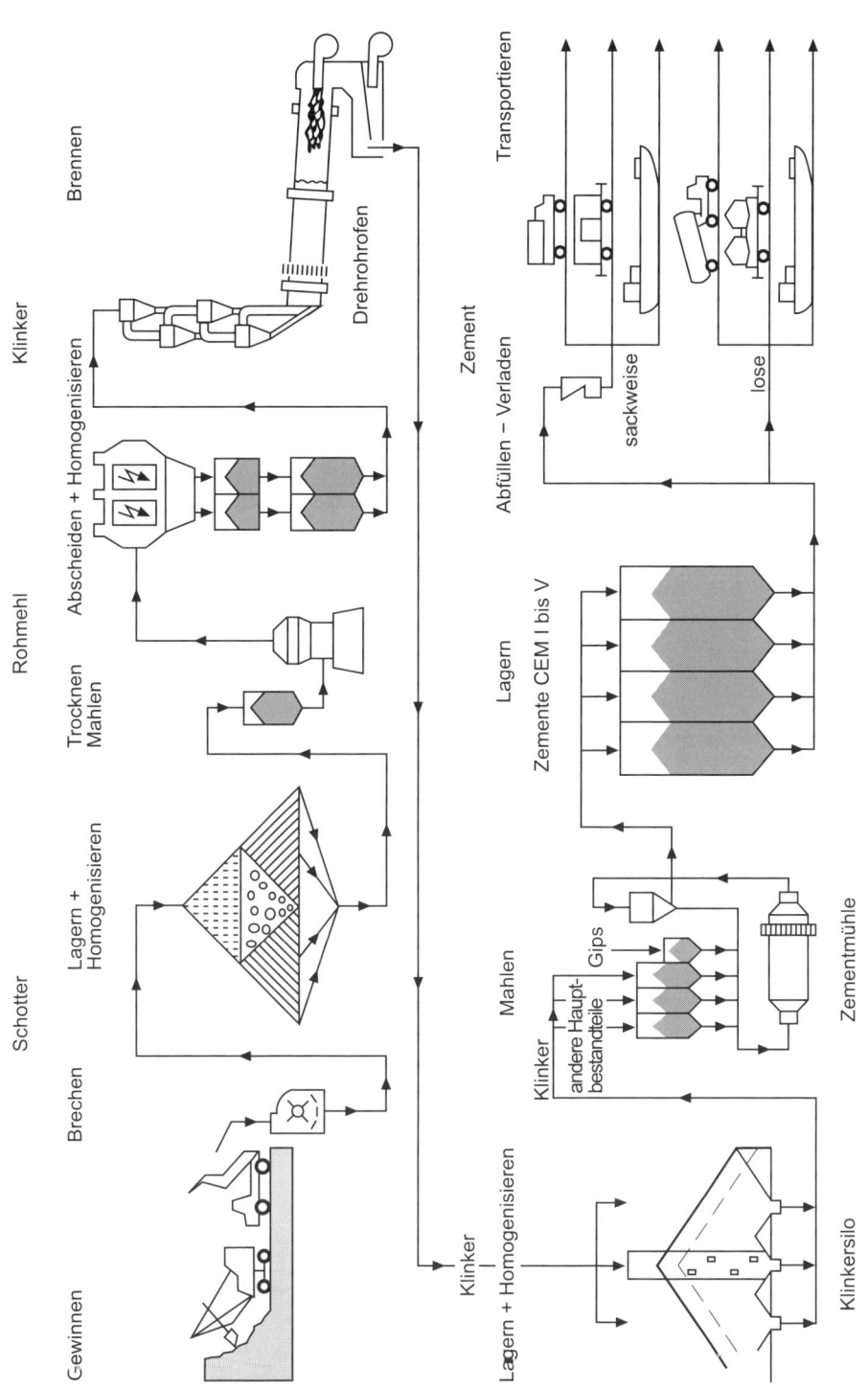

Gewinnen

Brechen

Lagern + Homogenisieren

Trocknen Mahlen

Abscheiden + Homogenisieren

Brennen

Schotter

Rohmehl

Klinker

Drehrohrofen

Klinker

Lagern + Homogenisieren

Klinkersilo

Mahlen

Klinker
andere Haupt-
bestandteile

Gips

Zementmühle

Lagern

Zemente CEM I bis V

Zement

Abfüllen – Verladen

Transportieren

sackweise

lose

Bild 10.1   Zementherstellung [1]

gehalt des Zementes. Er ist von großer Bedeutung, da ein zu niedriger Kalkgehalt einen Abfall der Festigkeit, ein zu hoher Kalktreiben verursacht.

Zur Berechnung des optimalen Kalkgehaltes werden folgende Kennwerte verwendet:

Hydraulischer Modul (HM)

$HM = CaO/SiO_2 + Al_2O_3 + Fe_2O_3$, Grenzwerte: 1,7 bis 2,3. Geringere Werte erzeugen zu wenig Festigkeit, höhere keine Volumenbeständigkeit. Der HM wird in Deutschland nur noch selten angewendet.

Kalkstandard II (KSt II)

$KSt\ II = 100 \cdot CaO/2,8\ SiO_2 + 1,18\ Al_2O_3 + 0,65\ Fe_2O_3$; Grenzwerte für technische Klinker: 90 bis 102

Ein Portlandzementklinker mit KSt II = 100 enthält den optimalen CaO-Gehalt, der unter technischen Bedingungen an seine Hydraulefaktoren gebunden werden kann. Ein Kalkstandard über 100 heißt, dass nicht das gesamte CaO mit den Hydraulefaktoren reagieren kann, der CaO-Gehalt ist im Überschuss. Normale Portlandzemente werden auf einen KST II von 90…97, schnell erhärtende hochfeste Portlandzemente auf einen KST II von 97…102 eingestellt [41].

Eine Optimierung der Koeffizienten unter Berücksichtigung des MgO-Gehaltes liefert der sog. Kalkstandard III.

Neben den Kalkkennwerten HM und KSt II gibt es weitere Quotienten, die einen schnellen Überblick über die chemische Charakteristik eines Zementrohmehls gestatten:

Silikatmodul (SM)

$SM = SiO_2/Al_2O_3 + Fe_2O_3$, im Allgemeinen 1,9…3,2

Tonerdemodul (TM)

$TM = Al_2O_3/Fe_2O_3$, im Allgemeinen 1,5…2,5; bei HS-Klinker <1,5

10.5 Mineralische Zusammensetzung

Lange Zeit war man der Ansicht, dass Zement eine einheitliche Verbindung aus Kalk und Ton sei. LE CHATELIER fand 1887 unter dem Mikroskop aber verschiedene Mineralien, TÖRNEBOHM bezeichnete diese 1897 nach den Buchstaben des Alphabets als Alit und Belit. Die in der Folgezeit geschehene Strukturaufklärung zeigte, dass Alit mit C_3S und Belit mit C_2S identisch war. Als weitere Klinkermineralien wurden C_3A und C_4AF gefunden. Neben diesen 4 Klinkerphasen enthält gemahlener Zementklinker noch Freikalk (CaO, 0…2%), Periklas (MgO, 0,5…5%), Alkalien in Form von Natrium- und Kaliumsulfat. Portlandzement enthält überdies noch 3 bis 5% Calciumsulfat, das als Anhydrit, Halbhydrat und/oder Dihydrat bei der Vermahlung zugegeben wird.

Die **durchschnittlichen Gehalte der Klinkerphasen in Portlandzement** betragen

❑ C_3S 60 M.-%,
❑ C_2S 15 M.-%,
❑ C_3A 10 M.-%,
❑ C_4AF 8 M.-%.

10.6 Eigenschaften der Klinkermineralien

C_3S ist mit ca. 60% der **Hauptbestandteil** des Portlandzements und zeichnet sich aus durch

❑ schnelle Erhärtungsgeschwindigkeit und hohe Endfestigkeit,
❑ große Hydratationswärme,
❑ mittlere Schwindneigung,
❑ Sulfatunempfindlichkeit.

C_2S ist mit ca. 15% weitaus weniger im Portlandzement enthalten und zeichnet sich aus durch

❑ langsame, stetige Erhärtungsgeschwindigkei, aber dennoch hohe Endfestigkeit,
❑ geringe Hydratationswärme,
❑ geringe Schwindneigung,
❑ Sulfatunempfindlichkeit.

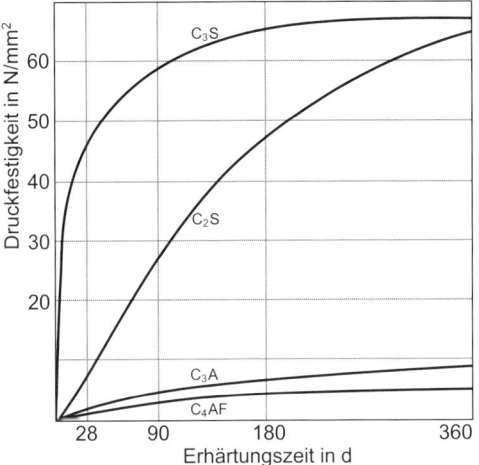

Bild 10.2   Druckfestigkeit der hydratisierten Klinkermineralien [13]

C₃A ist mit nur ca. 10% im Portlandzement enthalten und zeichnet sich aus durch

❏ schnelle Erstarrung, geringe Endfestigkeit,
❏ große Hydratationswärme,
❏ große Schwindneigung,
❏ Sulfatempfindlichkeit (Ettringitbildung bei Sulfateinwirkung).

C₄AF ist mit nur ca. 8% enthalten und zeichnet sich aus durch

❏ langsame Erhärtungsgeschwindigkeit und niedrige Endfestigkeit,
❏ geringe Hydratationswärme,
❏ geringe Schwindneigung,
❏ Sulfatunempfindlichkeit.
   (Bild 10.2)

10.7   Reaktion mit Wasser (Hydratation)

Die Hydratation beginnt sofort bei Wasserzugabe. Die **Gelbildung**, d.h. die Entstehung einer gallertartigen wasserreichen Masse mit anschließender Erstarrung, setzt an den Zementkorngrenzen ein. Die Gelbildung endet mit der vollständigen Umwandlung des Korns –

vorausgesetzt, es ist genügend Wasser zur Hydratation vorhanden. Je nach Größe des Zementkorns ist die Zeit bis zur vollständigen Umwandlung in Hydrat sehr verschieden. Allerfeinste Teilchen können schon nach Stunden hydratisiert sein, gröbere erst nach Tagen, Wochen oder Jahren. Das bedeutet einen **stetigen Festigkeitsanstieg** während dieser Zeit.

Wesentliche **Randbedingungen** für die Hydratation:

❏ Teilchengröße,
❏ Temperaturabhängigkeit (tiefe Temperaturen verzögern, hohe beschleunigen),
❏ ausreichende Feuchte (Austrocknen unterbricht die Hydratation, Nachbehandlung!).

Vereinfacht können die Reaktionen der Klinkerphasen mit Wasser wie folgt angegeben werden. Die C₄AF-Phase wird hier exakterweise mit $C_2(A,F)$ angegeben, da es sich um eine Mischphase aus C_2F und C_2A handelt [41].

❏ Calciumsilikate
$$2\,C_3S + 6\,H \rightarrow C_3S_2H_3 + 3\,CH$$
$$2\,C_2S + 4\,H \rightarrow C_3S_2H_3 + CH$$

❏ Tricalciumaluminat (in kalkgesättigter Lösung ohne Sulfat)
$$C_3A + CH + 18\,H \rightarrow C_4AH_{19}$$

❏ Calciumaluminatferrit (in kalkgesättigter Lösung ohne Sulfat)
$$C_2(A,F) + 2\,CH + 17\,H \rightarrow C_4\,(A,F)H_{19}$$

Das bei der Hydratation der Calciumsilikate frei werdende **Ca(OH)₂** ist für die Festigkeit unwesentlich, hat aber hohe Bedeutung für den **Korrosionsschutz** des Stahls. Es bewirkt, dass Zementstein und damit Stahlbeton basisch reagiert. Bei dem sich einstellenden pH-Wert um 12,5 bildet Eisen eine Passivschicht aus, die den Bewehrungsstahl vor Korrosion schützt.

Da Ca(OH)₂ zu einem gewissen Teil wasserlöslich ist, kann es auch an die Oberfläche transportiert werden und dort nach Aufnahme von Luftkohlensäure einen fest haftenden Belag von CaCO₃ bilden (sog. **Ausblühung**). Die Hydratation des C₃A ist die am schnellsten ablaufende Hydratationsreaktion aller Klinkerphasen. Sie verläuft bei Anwesenheit von Sulfat unterschiedlich (siehe Abschnitt 10.8). Die C_4AF-Phase reagiert ähnlich wie C_3A, aber langsamer.

> Aus der Stöchiometrie geht hervor, dass der Zement etwa 25% Wasser, bezogen auf das Zementgewicht, chemisch bindet. Außer diesem **chemisch gebundenen Wasser** bindet das Zementgel noch etwa 10 bis 15% Wasser adsorptiv. Dieses sog. **Gelporenwasser** kann nur durch Trocknen bei 105 °C entfernt werden. Zur vollständigen Hydratation des Zementes sind deshalb einschließlich des physikalisch gebundenen Gelporenwassers ca. 35 bis 40% Wasser notwendig.

10.8 Calciumsulfatzusatz

Wenn man fein gemahlenen Zementklinker mit Wasser anmacht, so erstarrt das Gemisch in der Regel sofort. Ursache ist die schnelle Reaktion des Wassers mit C_3A. Dieses hydratisiert zu dünntafeligen Calciumaluminathydraten, die durch Bildung kartenhausähnlicher Strukturen überbrücken. Letztere führen zur sofortigen Verfestigung nach dem Anmachen. Mit Zusatz von wenigen Prozent Calciumsulfat (Gips/Anhydrit) hingegen entsteht auf der C_3A-Oberfläche ein feinkristalliner Belag von **noppenförmigem Ettringit** (Trisulfat).

❑ Tricalciumaluminat mit Calciumsulfat
$C_3A + 3\,Cs + 32\,H \rightarrow C_3A \cdot 3\,Cs \cdot 32\,H$
Trisulfat

Dieses ermöglicht weiterhin ein gegenseitiges Bewegen der Körner. Erst nach Stunden entstehen wegen Sulfatmangel stäbchenförmige Monosulfat-Kristalle, die zusammen mit sich nunmehr bildenden Calciumaluminathydratkristallen (siehe Abschnitt 10.7) eine Verzahnung und eine erste Verfestigung hervorrufen.

❑ Trisulfat mit Tricalciumaluminat
$C_3A \cdot 3\,Cs \cdot 32\,H + 2\,C_3A + 4\,H \rightarrow 3\,C_3A \cdot Cs \cdot 12\,H$
Monosulfat

Die Erstarrungsverzögerung wird also durch eine unterschiedliche Gefügeentwicklung im Zementleim erreicht.

Werden **später** dem erhärteten Zementstein erneut SO_4^{2-}-Ionen angeboten (z.B. Grundwasser, Abwasser), kommt es mit Calciumaluminathydraten zur Bildung von Ettringit mit erheblichem Kristallisationsdruck (**Sulfattreiben**).

10.9 Variation im Klinker

Durch Variation im Klinker lassen sich besondere Eigenschaften im Portlandzement erzielen. Letztere sind aber auch durch andere Maßnahmen wie Änderung der Mahlfeinheit oder Zugabe von Zumahlstoffen (Portlandkompositzemente) erreichbar.

10.9.1 Festigkeitsklasse R oder N

Hohe Frühfestigkeiten (R), wie sie bei Spannbeton oder in der Fertigteilindustrie erwünscht sind, erreicht man durch Erhöhung des C_3S-Gehaltes (steht für schnelle Erhärtung) und gleichzeitige Reduzierung des C_2S-Gehaltes (steht für langsame Erhärtung). Technisch wird dies **durch Erhöhung des Kalkgehaltes** erreicht, was sich im Kalkstandard ausdrückt. Umgekehrt lässt sich durch eine **Verringerung des Kalkgehaltes** der Gehalt an C_3S reduzieren und der an C_2S erhöhen; dann gelangt man zu einem **langsamer erhärtenden Zement (N)**. Die Verschiebung zwischen C_2S und C_3S ist also lediglich eine Frage des Kalkgehaltes. In vielen Fällen, wie z.B. bei Massenbeton, spielt eine schnelle Erhärtungsgeschwindigkeit (hoher C_3S-Gehalt) eine untergeordnete Rolle, während die geringere Hydratationswärme und geringere Schwindneigung von Interesse (hoher C_2S-Gehalt) sind.

10.9.2 Niedrigwärmezement NW

Man kann die Hydratationswärme absenken durch **Erhöhung des C_2S-Gehaltes**. Sie lässt sich noch weiter reduzieren durch **Verringerung des C_3A-Gehaltes**.

10.9.3 Zement mit hohem Sulfatwiderstand HS

Die Sulfatempfindlichkeit des C_3A ist so groß, dass sogar der an sich geringe Gehalt im üblichen Portlandzement von 10 bis 12% genügt, um bei Einwirkung sulfathaltiger Wässer (z.B. Grundwasser) den daraus hergestellten Beton zu zerstören. Als Gegenmaßnahme bleibt nur übrig, den **C_3A-Gehalt auf höchstens 3%** zu senken. Dies kann im Klinkerbrand geschehen **durch Erhöhung des Gehaltes an Eisenoxid** (Erzzugabe). C_3A bildet sich nur soweit, als das Al_2O_3 nicht in C_4AF aufgenommen werden kann. Durch Erhöhung des Fe_2O_3-Gehaltes verschiebt sich das Verhältnis C_3A–C_4AF in Richtung des letzteren. Ein solcher Zement hat noch weitere Vorteile, nämlich eine geringe Hydratationswärme und geringe Schwindneigung.

10.9.4 Weißer Portlandzement

Die braungrüne Farbe des Portlandzementes kommt von dem Gehalt an Eisenoxid und Manganoxid. Zur Herstellung von weißem Portlandzement muss daher **eisenfreier Ton (Kaolin)** verwendet werden. Damit nicht zu viel C_3A entsteht, wird der SiO_2-Anteil erhöht, was einen höheren Gehalt an C_2S und C_3S bei normalem C_3A-Gehalt zur Folge hat. Weißer Portlandzement enthält praktisch keine C_4AF-Phase. Weißzement hat die gleichen technologischen Eigenschaften wie grauer Portlandzement.

10.10 Zementbestandteile

Alle Zemente nach DIN EN 197-1 bestehen aus **Haupt-** und **Nebenbestandteilen** sowie **Calciumsulfat** und **Zementzusätzen**. Als Hauptbestandteil gilt Portlandzementklinker (K). Als alleiniger Bestandteil führt er zum klassischen Portlandzement. Zur Erzielung bestimmter Eigenschaften wird er mit anderen Hauptbestandteilen (S, D, P, Q, V, W, T, L, LL), den sog. **Zumahlstoffen**, vermahlen

10.10.1 Hauptbestandteile

Portlandzementklinker (K)
K ist ein hydraulischer Stoff, der überwiegend aus Ca-Silikaten (C_3S, C_2S) mit hohem Festigkeitsbildungsvermögen neben wenig Ca-Aluminaten (C_3A, C_4AF) mit geringem Festigkeitsbildungsvermögen besteht.

Hüttensand (S)
Geschichtliches
Schnell abgekühlte Hochofenschlacke nennt man **Hüttensand**. Diesen bezeichnet man latent hydraulisch, weil es nur eines **Anregers** (z.B. Calciumhydroxid) bedarf, damit er seine hydraulischen Eigenschaften entfaltet. So kann Hüttensand durch Portlandzement angeregt werden, da dieser bei der Reaktion mit Wasser Calciumhydroxid abspaltet. Aufgrund dieser Erkenntnis wurde schon ab 1892 in verschiedenen Portlandzementwerken mit einem Zusatz von ca. 30% Hüttensand sog. Eisenportlandzement hergestellt. In der Folgezeit hat man erkannt, dass schon ein verhältnismäßig geringer PZ-Klinker-Zusatz genügt, um aus Hüttensand ein hydraulisches Bindemittel zu gewinnen. Ein solches, überwiegend aus Hüttensand bestehendes Erzeugnis wurde ab ca. 1900 als «Hüttenzement» in den Handel gebracht, um den in großer Menge als Nebenprodukt anfallenden Hüttensand wirtschaftlich zu verwerten. Dieser Zement (siehe Abschnitt 9.2) ist seit 1917 genormt und heißt nach der neuen Norm DIN EN 197-1 Portlandhüttenzement (CEM II/A-S, CEM II/B-S) bzw. Hochofenzement (CEM III A, CEM III B, CEM III C).

Hochofenprozess
Hochofenschlacke fällt im Hochofen (siehe Abschnitte 6.2 und 6.4) bei der Eisengewinnung aus Erzen an. Neben Eisenoxid enthalten die Erze andere Mineralien (sog. Gangart), vielfach aus tonigem Gestein. Um die Gangart vom Eisen zu trennen, wird Kalkstein zugegeben. Der entstehende gebrannte Kalk reagiert mit den Tonbestandteilen SiO_2 und Al_2O_3 unter Bildung von Calciumsilikat und Calciumaluminat in ähnlicher Weise, wie es bei der Zementherstellung der Fall ist – mit dem Unterschied, dass Hochofen-

schlacke kein Eisen enthält. Der Hauptunterschied zum Portlandzement liegt im geringeren Kalkgehalt. Beim PZ-Klinker liegt dieser bei ca. 66%, bei Hochofenschlacke zwischen 55% und 25%.

Eignung als Zumahlstoff

Als Zumahlstoff ist nur die kalkreiche, sog. **basische** Hochofenschlacke (HOS) geeignet, d.h., die Summe von CaO + MgO muss größer sein als der Kieselsäureanteil (überwiegt letzterer, spricht man von **saurer HOS**):

(CaO + MgO)/SiO_2 > 1 (nach DIN 1164, Okt. 94)

Außerdem muss die Schlacke schnell gekühlt sein, was in der Regel durch Einleiten von Wasser geschieht. Dabei erstarrt HOS glasig, d.h. **amorph**, zu **Hüttensand** mit hydraulischen Eigenschaften nach Anregung. Im Gegensatz dazu erstarrt langsam gekühlte HOS kristallin und hat keine hydraulischen Eigenschaften.

Bindemitteleigenschaften

❑ Erhärtungsgeschwindigkeit: langsam erhärtend
Die rasche und hohe Erhärtung des Portlandzementes (PZ) ist auf den hohen Gehalt an kalkreichem C_3S (73% CaO) zurückzuführen. Diese Klinkerphase liegt in Hüttensand jedoch nicht vor. Dort finden sich die kalkärmeren Varianten C_2S (65% CaO), C_3S_2 (58% CaO), CS (50% CaO) mit geringerem hydraulischen Charakter (Anreger notwendig!). Damit zusammenhängend wirkt Hüttensand in Mischungen mit PZ erhärtungsverzögernd. Sie erreichen allerdings die gleiche Endfestigkeit wie normaler PZ.

❑ Hydratationswärme: gering.
PZ-Hüttensand-Mischungen zeigen eine wesentlich geringere Wärmeentwicklung. Bei Massenbeton werden daher bevorzugt Hüttenzemente verwendet.

❑ Schwindneigung: gering
Da durch Schlackenzusatz die Hydratationswärme in PZ-Hüttensand-Mischungen verringert wird, ist auch die Schwindneigung der hüttensandhaltigen Zemente geringer als die der reinen PZ.

❑ Sulfatempfindlichkeit: keine
Die Sulfatempfindlichkeit des PZ hängt mit dessen Gehalt an C_3A (ca. 11%) zusammen. Wenn dieser unter die kritische Grenze von ca. 3% verringert wird, ist der Zement sulfatbeständig. Die Reduzierung des C_3A-Gehaltes kann man jedoch auch durch hohen Hüttensand-Zusatz erreichen. Als HS-Zemente sind deshalb auch Zemente mit einem Schlackengehalt von mindestens 66 M.-% zugelassen, z.B. Hochofenzement.

Puzzolane (P, Q)

Nach Norm (DIN EN 197-1) müssen puzzolanische Stoffe mindestens 25 M.-% reaktionsfähiges SiO_2 enthalten. Als Zumahlstoffe werden sie eingeteilt in **natürliche Puzzolane (P,Q)** und **künstliche Puzzolane** (Flugaschen V, W, Silikastaub D, siehe unten).

Puzzolane (P) sind Stoffe vulkanischen Ursprungs (z.B. Trass). Trass wirkt etwas verzögernd auf Portlandzement, setzt die Erhärtungsgeschwindigkeit und die Hydratationswärme herab. Trass ist sulfatunempfindlich; da Trasszement nur 20 bis 40% Trass enthält, sinkt dessen C_3A-Gehalt allerdings nicht unter die kritische Grenze, wie es z.B. bei einem 70% Hüttensand enthaltenden Hochofenzement der Fall ist. Trasszement ist deshalb etwas sulfatbeständiger als Portlandzement, aber nicht hochsulfatbeständig im Sinne der Zementnorm.

Beispiel: Portlandpuzzolanzement (CEM II/A-P und CEM II/B-P)

Puzzolane (Q) sind thermisch aktivierte Stoffe, z.B. auf Basis Ton, Phonolith, Schiefer.

Beispiel: Portlandpuzzolanzement (CEM II/A-Q und CEM II/B-Q)

Flugaschen (V, W)

Flugaschen können ihrer Art nach alumo-silikatisch (V) als auch alumo-silikatisch-kalkhaltig (W) sein. Während **V nur puzzolanische Eigenschaften** aufweist, kann **W auch zusätzliche hydraulische Eigenschaften** aufweisen.

Flugasche (V) ist ein kieselsäurereicher, feinkörniger Staub, der hauptsächlich aus kugeligen, glasigen Partikeln mit puzzolanischen Eigenschaften besteht. Der Massenanteil an reaktionsfähigem CaO ist auf 10 M.-% beschränkt. Der Massenanteil an reaktionsfähigem SiO_2 muss mindestens 25 M.-% betragen.

Flugasche (W) ist kalkreich mit einem Massenanteil von 10% bis 15% an reaktionsfähigem CaO und stammt meist aus der Braunkohlenfeuerung. Der Massenanteil an reaktionsfähigem SiO_2 muss mindestens 25 M.-% betragen. Für Flugaschen mit mehr als 15% reaktionsfähigem CaO gelten besondere Regeln.
Beispiel: Portlandflugaschezement (CEM II/A-V, CEM II/B-V, CEM II/A-W, CEM II/B-W)

Gebrannter Schiefer (T)
Gebrannter Ölschiefer wird in speziellen Öfen bei ca. 800 °C hergestellt. Aufgrund der natürlichen Zusammensetzung des Ausgangsmaterials entsteht ein selbstständig erhärtender Stoff aus Ca-Silikaten, Ca-Aluminaten, Ca-Sulfaten und reaktionsfähigem SiO_2. Bei der gemeinsamen Vermahlung mit Portlandzementklinker wird kein Sulfatträger zugegeben, da der Ölschiefer bereits ausreichend Sulfat enthält. Gebrannter Schiefer hat hydraulische und puzzolanische Eigenschaften. Ölschiefer kommt in der Schwäbischen Alb vor.
Beispiel: Portlandschieferzement (CEM II/A-T und CEM II/B-T)

Kalkstein (L, LL)
Kalksteinmehl kann Zement als inerter Füller in kleinen Mengen, in größeren als Zumahlstoff zugegeben werden. Der Gehalt an Tonen und organischen Bestandteilen ist dabei beschränkt ($L \leqq 0,5$ M.-% org. Bestandteile; $LL \leqq 0,2$ M.-% org. Bestandteile). Kalksteinmehl reagiert in geringem Maß mit C_3A, wodurch ein festerer Verbund zwischen Kalkstein und Zementstein erzielt wird. Durch die im Vergleich zum Zementklinker leichtere Mahlbarkeit des Kalksteins haben Portlandkalksteinzemente eine höhere Mahlfeinheit als Portlandzemente gleicher Festigkeitsklasse. Gegenüber Portlandzement verbesserte Eigenschaften sind: geringere Blutungsneigung, gutes Zusammenhaltevermögen und geringerer Wasseranspruch. Portlandkalksteinzement erhärtet schnell und hat eine hohe Frühfestigkeit.

Beispiel: Portlandkalksteinzement (CEM II/A-L; CEM II/B-L; CEM II/A-LL; CEM II/B-LL)

Silikastaub (D)
Silikastaub besteht aus sehr feinen kugeligen Partikel (0,1 μm) mit hohem Gehalt ($\geqq 85\%$) an amorphem SiO_2. Die spezifische Oberfläche muss mindestens 15 m^2/g betragen.
Beispiel: Portlandsilikastaubzement (CEM II/A-D)

10.10.2 Nebenbestandteile

Als Nebenbestandteil können die Zemente bis zu 5% anorganische, mineralische Stoffe enthalten, die aus der Klinkerproduktion (Rohmehl) oder anderen Hauptbestandteilen (z. B. Füller) stammen. Sie verbessern aufgrund ihrer Korngrößenverteilung die physikalischen Eigenschaften von Zement (z.B. Verarbeitbarkeit und Wasserrückhaltevermögen).

10.10.3 Calciumsulfat

Zur Regelung des Erstarrens wird dem Zementklinker als Sulfatträger in geringen Mengen (3 bis 5%) Calciumsulfat (Gips/Anhydrit) zugegeben.

10.10.4 Zementzusätze

Zur weiteren Verbesserung der Zementherstellung oder Zementeigenschaften können Zusätze, z.B. Mahlhilfsmittel (Glykole, Amine), verwendet werden.

10.11 Zementarten nach Norm

10.11.1 Normen

Zusammensetzung, Anforderungen und Eigenschaften der Zemente sind in der Norm DIN EN 197-1, Ausgabe 2/2001, oder in darauf bezogenen bauaufsichtlichen Zulassungen geregelt. Für Zemente mit besonderen Eigenschaften gilt die (Rest-) Norm DIN 1164, Ausgabe

Zusammensetzung; (Massenanteile in Prozent)[1]

Hauptzementarten	Bezeichnung der 27 Produkte (Normalzementarten)		Hauptbestandteile										Nebenbestandteile
			Portlandzementklinker	Hüttensand	Silicastaub	Puzzolane natürlich	natürlich getempert	Flugasche kieselsäurereich	kalkreich	gebrannter Schiefer	Kalkstein		
			K	S	D[2]	P	Q	V	W	T	L	LL[4]	
CEM I	Portlandzement	CEM I	95–100	–	–	–	–	–	–	–	–	–	0–5
CEM II	Portlandhüttenzement	CEM II/A-S	80–94	6–20	–	–	–	–	–	–	–	–	0–5
		CEM II/B-S	65–79	21–35	–	–	–	–	–	–	–	–	0–5
	Portlandsilicastaubzement	CEM II/A-D	90–94	–	6–10	–	–	–	–	–	–	–	0–5
	Portlandpuzzolanzement	CEM II/A-P	80–94	–	–	6–20	–	–	–	–	–	–	0–5
		CEM II/B-P	65–79	–	–	21–35	–	–	–	–	–	–	0–5
		CEM II/A-Q	80–94	–	–	–	6–20	–	–	–	–	–	0–5
		CEM II/B-Q	65–79	–	–	–	21–35	–	–	–	–	–	0–5
	Portlandflugaschezement	CEM II/A-V	80–94	–	–	–	–	6–20	–	–	–	–	0–5
		CEM II/B-V	65–79	–	–	–	–	21–35	–	–	–	–	0–5
		CEM II/A-W	80–94	–	–	–	–	–	6–20	–	–	–	0–5
		CEM II/B-W	65–79	–	–	–	–	–	21–35	–	–	–	0–5
	Portlandschieferzement	CEM II/A-T	80–94	–	–	–	–	–	–	6–20	–	–	0–5
		CEM II/B-T	65–79	–	–	–	–	–	–	21–35	–	–	0–5
	Portlandkalksteinzement	CEM II/A-L	80–94	–	–	–	–	–	–	–	6–20	–	0–5
		CEM II/B-L	65–79	–	–	–	–	–	–	–	21–35	–	0–5
		CEM II/A-LL[4]	80–94	–	–	–	–	–	–	–	–	6–20	0–5
		CEM II/B-LL[4]	65–79	–	–	–	–	–	–	–	–	21–35	0–5

Haupt-zement-arten	Bezeichnung der 27 Produkte (Normalzementarten)	Zusammensetzung (Massenanteile in Prozent)[1]										
		Hauptbestandteile										Neben-bestand-teile
		Portland-zement-klinker	Hütten-sand	Silica-staub	Puzzolane		Flugasche		ge-brannter Schiefer	Kalkstein		
					natürlich	natürlich getem-pert	kiesel-säure-reich	kalkreich		L	LL[4]	
		K	S	D[2]	P	Q	V	W	T	L	LL[4]	
CEM II	CEM II/A-M	80–94	↑				6–20			–	↑	0–5
Portland-komposit-zement[3]	CEM II/B-M	65–79	↑				21–35			–	↑	0–5
CEM III	CEM III/A	35–64	36–65	–	–	–	–	–	–	–	–	0–5
Hochofen-zement	CEM III/B	20–34	66–80	–	–	–	–	–	–	–	–	0–5
	CEM III/C	5–19	81–95	–	–	–	–	–	–	–	–	0–5
CEM IV	CEM IV/A	65–89	–	↓	↓	11–35	↑	–	–	–	–	0–5
Puzzolan-zement	CEM IV/B	45–64	–	↓	↓	36–55	↑	–	–	–	–	0–5
CEM V	CEM V/A	40–64	18–30	–	↓	18–30	↑	–	–	–	–	0–5
Komposit-zement[3]	CEM V/B	20–38	31–50	–	↓	31–50	↑	–	–	–	–	0–5

1) Die Werte in der Tabelle beziehen sich auf die Summe der Haupt- und Nebenbestandteile.
2) Der Anteil von Silicastaub ist auf 10% begrenzt.
3) In den Portlandkompositzementen CEM II/A-M und CEM II/B-M, in den Puzzolanzementen CEM IV/A und CEM IV/B und in den Kompositzementen CEM V/A und CEM V/B müssen die Hauptbestandteile außer Portlandzementklinker durch die Bezeichnung des Zementes angegeben werden.
4) entspricht vormals L nach DIN 1164: 1994-10.

Tabelle 10.1   Die 27 Produkte der Familie der Normalzemente [22]

11/2000. Die Prüfverfahren für Zemente sind in der Norm DIN EN 196, Ausgabe 1990/95, beschrieben.

10.11.2 Hauptarten von Zement

Die DIN EN 197-1 unterscheidet zwischen 5 Hauptarten von Zement:

- ❏ CEM I   Portlandzement
- ❏ CEM II   Portlandkompositzement
- ❏ CEM III Hochofenzement
- ❏ CEM IV   Puzzolanzement
- ❏ CEM V   Kompositzement

Je nach Zusammensetzung wird innerhalb der Hauptarten CEM II bis CEM V zwischen weiteren Zementarten unter Einbeziehung von Art (K, S, D, P, Q, V, W, T, L, LL) und Menge an Zumahlstoffen (A: ärmer an Zumahlstoff; B, C: reicher an Zumahlstoff) unterschieden. In Tabelle 10.1 sind die Zementarten und ihre Zusammensetzung in Massenprozent zusammengestellt. Die Massenanteile beziehen sich auf die Haupt- und Nebenbestandteile des Zements ohne Berücksichtigung des Gehalts an $CaSO_4$ und Zementzusätzen. Die DIN EN 197-1 umfasst 27 Zementarten.

10.11.3 Zemente mit besonderen Eigenschaften

Die in der DIN EN 197-1 nicht aufgeführten Zemente – es sind dies die Zemente mit besonderen Eigenschaften – werden in der DIN 1164 2000-11 erfasst, um sie auch zukünftig zur Verfügung stellen zu können. Für diese Zemente wird weiterhin das Ü-Zeichen entsprechend den Landesbauordnungen verwendet. Es handelt sich um Zemente mit niedriger Hydratationswärme (**NW**), Zemente mit hohem Sulfatwiderstand (**HS**) und Zemente mit niedrig wirksamem Alkaligehalt (**NA**). Andere Zemente mit besonderen Eigenschaften wie Straßenbauzemente, Weißzement und Wasser abstoßende Zemente (Pectacrete) sind Zemente nach DIN EN 197-1.

10.11.4 Normenbezeichnung

> Die Normenbezeichnung der Zemente nach DIN EN 197-1 erfolgt nach Art und Festigkeitsklasse, nach der Festigkeitsentwicklung und ggf. nach besonderen Eigenschaften. Ein Portlandzement der Festigkeitsklasse 42,5 mit hoher Anfangsfestigkeit trägt folgende Bezeichnung:
> Portlandzement DIN EN 197-1 –
> CEM I 42,5 R

Für einen Hochofenzement mit einem Hüttensandgehalt von 66 bis 80% und der Festigkeitsklasse 32,5 mit üblicher Anfangsfestigkeit, niedriger Hydratationswärme und hohem Sulfatwiderstand gilt nach DIN 1164:
Hochofenzement DIN 1164 – CEM III/B 32,5-NW/HS.

10.11.5 Festigkeitsklassen

Bei Beton wird in der Regel die 28-Tage-Druckfestigkeit zugrunde gelegt. Auch die Festigkeitsklassen des Zements werden nach der geforderten Mindestfestigkeit im Alter von 28 Tagen bezeichnet. Ferner wird je Festigkeitsklasse zwischen Zementen mit üblicher (normaler, Kennbuchstabe N) und rascher (rapid, Kennbuchstabe R) Anfangserhärtung unterschieden. Die 28-Tage-Festigkeit ist nach oben begrenzt, um eine möglichst hohe Gleichmäßigkeit der Festigkeitseigenschaften eines Zements für eine bestimmte Festigkeitsklasse sicherzustellen. Für Zemente der Festigkeitsklassen 52,5 N und 52,5 R wurde keine Obergrenze angegeben, weil hier aufgrund der technischen Gegebenheiten eine zu hohe Überschreitung der geforderten Nennfestigkeiten nicht zu erwarten ist. Es werden auch Anforderungen an die Anfangsfestigkeit gestellt. Das Nachweisalter beträgt dabei – mit Ausnahme der Festigkeitsklasse 32,5 – 2 Tage.

Bei der Zementherstellung soll als Zielwert das Mittel aus Mindest- und Höchstwert der Druckfestigkeit nach 28 Tagen angestrebt werden (Bild 10.3).

Bild 10.3
Festigkeitsklassen und
Kennfarben [1]

Festig-keits-klasse	Druckfestigkeit in N/mm^2			Kenn-farbe [1]	Farbe des Auf-drucks [1]
	Anfangsfestigkeit		Normfestigkeit		
	2 Tage	7 Tage	28 Tage		
32,5 N	-	≥ 16	≥ 32,5 ≤ 52,5	Hellbraun	Schwarz
32,5 R	≥ 10	-			Rot
42,5 N	≥ 10	-	≥ 42,5 ≤ 62,5	Grün	Schwarz
42,5 R	≥ 20	-			Rot
52,5 N	≥ 20	-	≥ 52,5 -	Rot	Schwarz
52,5 R	≥ 30	-			Rot

[1] Nur für Zemente mit besonderen Eigenschaften nach DIN 1164 verbindlich

10.12 Anforderungen und Prüfungen

10.12.1 Erstarrungszeit

Da Mörtel oder Betone über einen längeren Zeitraum verarbeitbar bleiben müssen, darf das Erstarren nicht unmittelbar nach dem Mischen beginnen. Aus diesem Grund fordert DIN EN 197-1, dass bei Prüfung mit dem Nadelgerät (DIN EN 196 Teil 3) der Erstarrungsbeginn (EB) für Zemente der Festigkeitsklasse **32,5 nicht früher als 75 min**, für Zemente der Festigkeitsklasse **42,5 nicht früher als 60 min** und für Zemente der Festigkeitsklasse **52,5 nicht früher als 45 min** nach dem Anmachen eintreten darf. Üblicherweise liegt der EB bei Portlandzement zwischen 2 und 4 Stunden, bei Hochofenzement zwischen 3 und 6 Stunden. Das gelegentlich bei Transportbeton auftretende vorzeitige **Ansteifen** (durch Temperatureinflüsse, Zement, Betonzusätze, Transport u.a.) wird durch die Nadelprüfung nicht erkannt. Es kann auch ein sog. **falsches Erstarren** vorliegen, das bei weiterer Bearbeitung wieder verschwindet (u.a. wegen zu hoher Mühlentemperatur, Umwandlungen im Sulfatträger, z.B. Rohgips zu Stuckgips).

10.12.2 Druckfestigkeit

Die Druckfestigkeit wird nach DIN EN 196 Teil 1 an einer Mörtelmischung aus 1 GT Zement, 3 GT Normensand und 0,5 GT Wasser ermittelt.

10.12.3 Raumbeständigkeit

Zemente müssen raumbeständig sein, d.h. volumenstabil während der Hydratation. Fehlende Raumbeständigkeit (Treiben) tritt auf, wenn ein zu hoher Gehalt an freiem CaO (>2%, nicht an SiO_2 oder Al_2O_3 gebunden) oder freiem MgO (>5%) vorliegt. Die Bestimmung der Raumbeständigkeit erfolgt mit dem Le-Chatelier-Ring nach DIN EN 196 Teil 3. Das damit bestimmte Dehnungsmaß darf für alle Zementarten und Festigkeitsklassen einen Wert von 10 mm nicht überschreiten.

10.12.4 Mahlfeinheit

Die DIN EN 197 enthält keine spezifischen Anforderungen. Trotzdem sei auf die Anforderungen der DIN 1164 Teil 1 Ausgabe 3.90 hingewiesen. So werden eine Reihe von Zementeigenschaften, wie z.B. die Festigkeitsentwicklung (je feiner Zement gemahlen ist, umso größer ist die Frühfestigkeit), und die Hydratationswärme durch seine Mahlfeinheit bzw. spezifische Oberfläche bestimmt. Maßgebend für die Festigkeit eines normalen Zements ist die Kornfraktion 3...30 μm (Bestimmung mit Lasergranulometrie). Die spezifische Oberfläche nach BLAINE sollte mindestens 2200 cm²/g betragen. Bei der Verwendung grober Zemente (spezifische Oberfläche deutlich unter 2800 cm²/g) sind der Wasseranspruch und das Wasserrückhaltevermögen im Allgemeinen geringer (neigen zum Bluten). Sehr feine Zemente (5000 bis 7000 cm²/g) besitzen einen größeren Wasseranspruch (erhöhtes Schwinden).

10.12.5 Hydratationswärme, NW-Zement

Höhe und Entwicklung der Hydratationswärme eines Zements hängen von seiner Zusammensetzung ab und nehmen in der Regel mit seiner Anfangsfestigkeit zu:
Zemente mit niedriger Hydratationswärme (NW) dürfen in den ersten 7 Tagen höchstens eine Wärmemenge von 270 J/g Zement entwickeln (DIN 1164, Teil 8).

10.12.6 Sulfatwiderstand, HS-Zement

Nach DIN 1164 gelten als Zemente mit hohem Sulfatwiderstand (HS):

❑ Portlandzement CEM I mit einem rechnerischen Gehalt an Tricalciumaluminat C_3A von höchstens 3% und einem Gehalt an Al_2O_3 von höchstens 5%,
❑ Hochofenzement CEM III B und C mit einem Hüttensandgehalt von 66 bis 95%.

10.12.7 Alkaligehalt, NA-Zement

Als Zemente mit niedrigem wirksamen Alkaligehalt (NA) gelten in M.-%:

❑ CEM I bis CEM V mit einem Gesamtalkaligehalt von ≦0,60% Na_2O-Äquivalent,

❑ CEM II/B-S von ≧21% Hüttensand und ≦0,70 % Na_2O-Äquivalent,
❑ CEM III/A mit ≦49% Hüttensand und ≦0,95% Na_2O-Äquivalent,
❑ CEM III/A mit ≧50% Hüttensand und ≦1,10% Na_2O-Äquivalent,
❑ CEM III/B und C mit ≦2% Na_2O-Äquivalent.

10.12.8 Oberfläche nach BLAINE

Über die Bestimmung der spezifischen Oberfläche lässt sich eine Aussage zur Mahlfeinheit eines Zements machen. Gemessen wird die **Zeit**, während der die Luft durch eine Zementprobe hindurch strömt. Gemeinsam mit anderen Parametern (Tabellenwerte, Hilfsgrößen) wird daraus die spezifische Oberfläche des Zements in cm²/g errechnet. Es handelt sich um

❑ Luftdurchlässigkeit (Permeabilität) eines Zementbettes (= Zeit),
❑ Porosität,
❑ Dichte des Zements,
❑ Viskosität der Luft,
❑ Gerätekonstante.

Experimentell wird die Zementprobe an ein unter Unterdruck stehendes U-Rohr-Manometer angeschlossen. Bei grobem Zement strömt die Luft schnell, bei feinem Zement langsam durch die Probe. Die gemessene Zeit ergibt in Abhängigkeit vom Prüfverfahren Blaine relative Werte für die spezifische Oberfläche. Andere Messmethoden ergeben andere Werte.

10.13 Arbeitsschutz

10.13.1 Kennzeichnung

Entsprechend der Gefahrstoffverordnung ist Zement aufgrund seines alkalischen Potentials als «reizend» eingestuft worden (Augen schützen!). Dementsprechend sind Lieferschein und Verpackung mit dem Gefahrenhinweis Xi sowie den zutreffenden R- u. S-Sätzen zu kennzeichnen.

10.13.2 Maurerkrätze

Zement enthält rohstoffbedingt geringe Mengen Chromoxid, das im Brennprozess zu Chromat oxidiert wird. Chromat kann bei händischer Verarbeitung (Hautkontakt) zur sog. Maurerkrätze führen. Aus diesem Grund bieten Zementhersteller chromatreduzierte Sackware an (siehe Abschnitte 15.6 und 20.3).

10.14 Lagerung

Zement zieht Feuchte an und muss daher in Silos und auch als Sackzement trocken gelagert werden. Vorübergehend im Freien gelagerter Sackzement muss eine belüftete Kantholzunterlage erhalten. Abdeckfolien dürfen die Zementsäcke wegen Kondenswasserbildung nicht berühren. Solange sich Klumpen noch zwischen den Fingern zerdrücken lassen, ist die Festigkeitsminderung vernachlässigbar klein. Sachgemäß gelagerter Sackzement als auch Silozement erleiden nach 3 Monaten eine Festigkeitsminderung von 10%, die bei schnell erhärtenden Zementen noch größer sein kann. Die Lagerungszeit, besonders bei Sackzementen, sollte bei CEM 52,5 N und R auf einen Monat, bei anderen auf 2 Monate begrenzt sein.

10.15 Nicht genormte Zemente

10.15.1 Sulfathüttenzement SHZ

SHZ ist ein ohne Brennprozess herstellbarer Zement auf Basis hochbasischer Hochofenschlacke (75…85%) mit hohem CaO- und Al_2O_3-Gehalt (Al_2O_3 >14%). SHZ wird auch Gipsschlackenzement genannt, da die hydraulische Erhärtung durch Rohgips oder Anhydrit angeregt wird. SHZ war bis 1969 genormt. Wegen Mangels an geeignetem (tonerreichem) Hüttensand wurde die Produktion in Deutschland eingestellt und die Normung zurückgezogen. In Frankreich und Belgien ist SHZ noch verbreitet durch Einsatz der tonerreichen Minette-Erze. Die Erhärtung geschieht nicht so schnell wie bei Portlandzement, die Festigkeit ist aber etwa gleich.

10.15.2 Tonerdezement TZ

Herstellung und Zusammensetzung
Tonerdezement wird in metallurgischen Öfen durch Sintern (1500…1600 °C) von reinem Kalkstein und Bauxit und anschließender Feinmahlung hergestellt. Chemisch besteht TZ zu 80% aus Calciumaluminaten. Nebenbestandteile sind SiO_2 ($\leqq 10\%$) und Fe_2O_3 ($\leqq 15\%$). Die beim Schmelzen entstehenden Mineralphasen setzen sich zusammen aus der Hauptklinkerphase CA neben CA_2, C_2AS, $C_{12}A_7$, C_2S, und C_4AF. **C_3A entsteht in nicht nennenswerten Anteilen**.

Eigenschaften
TZ entwickelt **sehr schnell Festigkeiten**, hauptsächlich verursacht durch die schnelle Hydratation von CA. Anfangsfestigkeiten von 20…60 N/mm^2 sind nach 1 Tag erreichbar, verbunden mit einer hohen **Hydratationswärme** (550…670 J/g) innerhalb des ersten Tages (**Schwindneigung!**). Sie erlaubt ein Betonieren bei Frost.
Beispiel: Beton mit 300…350 kg TZ/m^3: nach 6 Std. 20 N/mm^2; nach 18 Std. 37 N/mm^2; nach 24 Std. 42 N/mm^2; nach 28 Tagen 60 N/mm^2 und mehr

Im Gegensatz zu Portlandzement entwickelt sich bei der Hydratation nur sehr wenig $Ca(OH)_2$, was **nachteilig für den Korrosionsschutz** der Bewehrung ist.

Art und Menge der Hydratationsprodukte hängen stark von der Temperatur ab. Vereinfacht dargestellt, laufen folgende Vorgänge ab:

$$\text{unter } 15\,°C:\ CA + 10\,H \rightarrow CAH_{10} \text{ (instabil)}$$
$$15…25\,°C:\ 2\,CA + 11\,H \rightarrow C_2AH_8 \text{ (instabil)}$$
$$+ AH_3$$
$$\text{größer } 60\,°C:\ 3\,CA + 12\,H \rightarrow C_3AH_6 \text{ (stabil)}$$
$$+ 2\,AH_3$$

Die instabilen Phasen CAH_{10} und C_2AH_8 (ca. 50% der Reaktionsprodukte) lagern oberhalb 20 °C mit der Zeit in das stabile C_3AH_6 um (sog. **Umwandlung**):

$$3\,CAH_{10} \text{ (hexagonal)} \rightarrow C_3AH_6 \text{ (kubisch)}$$
$$+ 2\,AH_3 + 18\,H$$
$$3\,C_2AH_8 \rightarrow 2\,C_3AH_6 + 2\,AH_3 + 9\,H$$

Diese Umwandlung führt durch Volumen-schwund und Wasserbildung zu Porosität, die einen **Festigkeitsabfall** bewirkt. Außerdem sinkt der pH-Wert von 11,6 auf Werte unter 9.

Des Weiteren sind in TZ-Beton eingebettete Spannstähle durch **Wasserstoffversprödung** gebrochen, was u.a. zu Einstürzen von Vieh-stalldecken in Süddeutschland geführt hat. Un-tersuchungen zeigten einen Zusammenhang mit TZ.

TZ ist **sulfatbeständig**, widersteht Moor- und Meerwasser, beständig gegen weiches Wasser und greift Pb, Zn, Al wegen Ca(OH)$_2$-Mangel nicht an.

Anwendung

Bis 1962 wurde TZ in Beton verwendet, danach wurde er für tragende Beton- und Stahlbeton-bauteile verboten. Hauptanwendung heute:

❏ als **hitzebeständiger Beton** mit geeigneten Zuschlägen bis 1600° (nach Wasseraustreiben keramische Bindung durch Sintervorgänge) im Feuerungsbau, Schornsteinformstücke (Fondu Lafarge);

❏ als **Schnellbinder** (siehe Abschnitt 10.15.3);

❏ als **Zementmörtelauskleidung** für den Kor-rosionsschutz von Guss- oder Stahlrohren in der Wasserver- und -entsorgung.

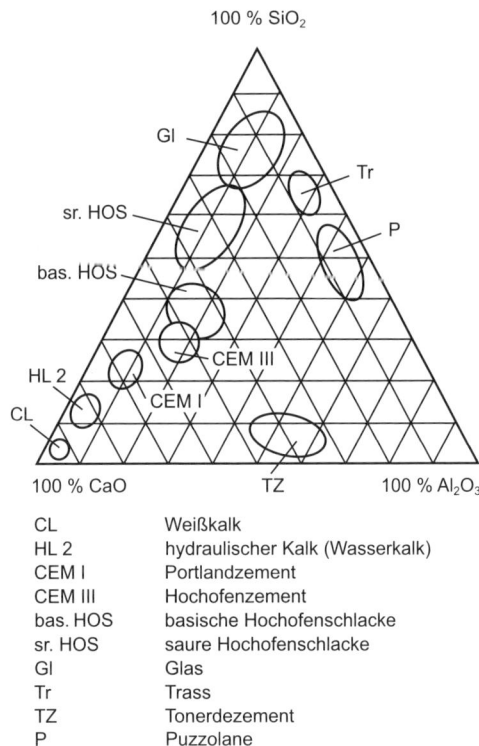

CL	Weißkalk
HL 2	hydraulischer Kalk (Wasserkalk)
CEM I	Portlandzement
CEM III	Hochofenzement
bas. HOS	basische Hochofenschlacke
sr. HOS	saure Hochofenschlacke
Gl	Glas
Tr	Trass
TZ	Tonerdezement
P	Puzzolane

Bild 10.4   Dreistoffdiagramm [11]

10.15.3   Schnellzement

Mischungen von TZ/PZ im Bereich 20 : 80 bis 80 : 20 erstarren bereits nach wenigen Minuten («Wittener Schnellzement»). Als Ursachen wer-den eine Beschleunigung des TZ durch das bei der Hydratation frei werdende Kalkhydrat und/oder eine Bindung des in PZ enthaltenen Gipses an CA-Phasen des TZ diskutiert. Die Endfestigkeit solcher Gemische liegt aber meist unter der des PZ. Technische Bedeutung als Stopfmörtel bei Wassereinbrüchen und Dübel-arbeiten.

Ein speziell hergestellter PZ zeichnet sich durch einen erhöhten Aluminat- und zusätzlichen Fluoridgehalt aus («Jet-Cement», «Regulated Set Cement»). Beim Brennen entsteht neben den be-kannten Klinkerphasen eine zusätzliche alumi-natische, fluorhaltige Phase (11 CaO · 7 Al$_2$O$_3$ · CaF$_2$), die bewirkt, dass der Zement sehr schnell erstarrt und erhärtet (Druckfestigkeit nach 2 Stunden: 4 N/mm^2) [41]. Verwendung zur schnellen Reparatur von Betonflächen, Straßen-decken.

10.15.4   Quellzement

Dies ist ein Zement, der bei der Hydratation nicht schwindet, sondern sein Volumen ver-größert. Ursache ist ein gesteigertes, aber ge-steuertes Ettringittreiben. Er muss lange feucht gehalten werden, damit das zur Ettringitbildung nötige Wasser vorhanden ist. Quellzement hat sich in Deutschland nicht durchsetzen können, da mit anderen Methoden (betontechnologische, konstruktive) die Zielsetzungen besser erreicht wurden. Verwendung in USA, Japan, Russland.

10.16 Dreistoffdiagramm

Sehr übersichtlich kann die Zusammensetzung der anorganischen Baubindemittel auf Kalk-, Silikat- und Aluminatbasis in einem Dreistoffsystem dargestellt werden (Bild 10.4).

Literatur zum Thema «Zement»:
[1; 2; 4; 5; 11; 13; 22; 23; 37; 41]

11 Gips und Anhydrit

11.1 Begriffe

Im Mineralphasensystem $CaSO_4$–H_2O bezeichnet man die kristallwasserhaltigen Modifikationen (Dihydrate und Halbhydrate) in der Baubranche mit dem Sammelbegriff **Gips,** die kristallwasserfreien mit dem Sammelbegriff **Anhydrit**.

11.2 Gipsrohstoffe

Die chemische Basis der Gipsrohstoffe ist das Calciumsulfat-Dihydrat $CaSO_4 \cdot 2\ H_2O$, kurz DH). Zur Herstellung von abbindefähigem Gips (Halbhydrat $CaSO_4 \cdot {}^1/_2\ H_2O$, kurz HH) verwendet man

❑ Naturgips,
❑ REA-Gips (Sekundärrohstoff),
❑ Chemiegips (Sekundärrohstoff).

REA-Gips hat als Rohstoff inzwischen eine herausragende Bedeutung erlangt.

Naturgips
Der in der Natur vorkommende Gipsstein ($CaSO_4 \cdot 2\ H_2O$) ist vor vielen Millionen Jahren bei der Verdunstung von Meerwasser entstanden. Die Naturgipse enthalten meist Verunreinigungen (Carbonate, andere Salze, Tonminerale), die durch den Entstehungsprozess bedingt sind. Bedeutende Abbaugebiete in Deutschland sind der Harz, Baden-Württemberg und Unterfranken.

REA-Gips
REA-Gips (**R**auchgas-**E**ntschwefelungs-**A**nlagen-Gips) fällt bei der Abgasreinigung in Kohlekraftwerken als Kraftwerksnebenprodukt in Form von Calciumsulfat-Dihydrat an. Im Kalkwaschverfahren wird das entstehende SO_2 mit Kalkstein, Wasser und Luft gebunden:

$$CaCO_3 + 2\ H_2O + SO_2 + {}^1/_2\ O_2 \rightarrow CaSO_4 \cdot 2\ H_2O + CO_2$$

Das Produkt der Entschwefelung liegt nach Oxidation mit Luftsauerstoff als Calciumsulfatdihydrat-Suspension vor. Mit Hilfe von Zentrifugen und Filtern werden die Gipskristalle als feuchtes, feinteiliges Produkt mit rund 10% freier Feuchte gewonnen. Die Farbe von REA-Gips liegt, analog zum Naturgips, im Bereich von Weiß bis Braun. Sie ist vor allem abhängig von der Art des Brennstoffes (Steinkohle, Braunkohle), der Reinheit bzw. Lagerstätte des eingesetzten Calciumcarbonats sowie den spezifischen Randbedingungen des Kraftwerkes.

REA-Gips kann ohne gesundheitliche Bedenken zur Herstellung von Baustoffen verwendet werden [76].

Chemiegips
Im Rahmen der Phosphorsäureherstellung, z.B. aus Fluorapatit, fällt Dihydrat an:

$$Ca_5(PO_4)_3F + 5\ H_2SO_4 + 10\ H_2O \rightarrow 3\ H_3PO_4 + HF + 5\ CaSO_4 \cdot 2\ H_2O$$

Aufgrund möglicher radioaktiver Emissionen (Ra-226, K 40) findet Chemiegips in der Bauindustrie nur noch wenig Anwendung.

11.3 Anhydritrohstoffe

Als Rohstoffe zur Gewinnung von Anhydrit (chemisch $CaSO_4$) verwendet man

❑ Naturanhydrit ($CaSO_4$),
❑ Chemieanhydrit ($CaSO_4$, Sekundärrohstoff),
❑ Naturgips ($CaSO_4 \cdot 2\ H_2O$),
❑ REA-Gips ($CaSO_4 \cdot 2\ H_2O$, Sekundärrohstoff).

Naturanhydrit ist metamorph unter Hitze und Druck aus Naturgips entstanden und liegt als gesteinsbildendes Mineral vor. Sog. **Chemieanhydrit** (auch synthetischer Anhydrit) fällt in einem chemischen Prozess (Flusssäuregewinnung aus Flussspat) direkt an:

$$CaF_2 + H_2SO_4 \rightarrow CaSO_4 + 2\,HF$$

Werden Dihydrate wie Naturgips und REA-Gips bei hoher Temperatur (>500 °C) entwässert, entsteht sog. **thermischer Anhydrit**.

Anhydrit ist kein abbindefähiger Baustoff. Für die Verwendung als Bindemittel muss er durch bestimmte Stoffe angeregt werden.

11.4   CaSO₄-Modifikationen

Im System $CaSO_4$–H_2O werden mineralogisch 5 Phasen unterschieden [45]:

❏ **$CaSO_4 \cdot 2\,H_2O$** – Calciumsulfatdihydrat (DH). Liegt vor als Gips, Gipsstein, Naturgips, REA-Gips, Chemiegips, abgebundener Gips;
❏ **$CaSO_4 \cdot \frac{1}{2}\,H_2O$** – Calciumsulfathalbhydrat (HH). Liegt vor als β-HH (Stuckgips) bzw. α-HH (Autoklavengips, Hartformengips);
❏ **Anhydrit III** (als β-A III und α-AIII). Wird auch bezeichnet als löslicher Anhydrit;
❏ **Anhydrit II** (in 3 Reaktionsstufen: schwerlöslicher AIIs, unlöslicher AIIu, Estrichgips). Liegt vor als Naturanhydrit, synthetischer Anhydrit, Chemieanhydrit, thermischer Anhydrit;
❏ **Anhydrit I** (Hochtemperaturanhydrit), technisch ohne Bedeutung, da nur stabil >1180 °C.

11.5   Erbrennen von Gips- und Anhydritbaustoffen

Temperaturbereich 65 bis 180 °C
Aus Dihydrat (DH) entsteht Halbhydrat (HH), verfahrensabhängig in zwei Modifikationen: β-HH und α-HH.

Grundsätzliche Reaktion

$$CaSO_4 \cdot 2\,H_2O \rightarrow CaSO_4 \cdot \frac{1}{2}\,H_2O + 1\frac{1}{2}\,H_2O$$

β-HH entsteht beim raschen Erhitzen, Wasser

entweicht plötzlich («Strudel im Kocher»). Das äußere Kristallgerüst bleibt bestehen; das ausgetriebene Wasser hinterlässt Hohlräume – daher stumpfes, kreidiges Aussehen (Stuckgips).

α-HH entsteht nicht durch Entwässerung des Gipses im Kocher, sondern im Autoklaven. Dadurch bleibt der frei werdende Wasserdampf im System. In der flüssigen Phase findet eine Umkristallisation des Kristallgerüstes zu kristallinem α-HH statt. Dieses ist nicht porös (höhere Dichte, höheres Schüttgewicht), deshalb auch seidig glänzend. Wegen fehlender Hohlräume ist der Wasserbedarf geringer. Daraus ergeben sich große Festigkeitsunterschiede: Die Druck- und Zugfestigkeit von DH aus α-HH ist ca. 3fach höher als von DH aus β-HH.

Temperaturbereich 180 bis 240 °C
Es wird weiteres Kristallwasser bis auf einen Gehalt auf 1% ausgetrieben. Es entsteht dabei **Anhydrit III** (A III, unerwünscht, wirkt beschleunigend).

Temperaturbereich 240 bis 600 °C

$$CaSO_4 \cdot 2\,H_2O \rightarrow CaSO_4 + 2\,H_2O$$

Kristallwasser wird vollständig ausgetrieben; es entstehen 2 Modifikationen **Anhydrit II**: bis 500 °C schwer löslicher A II-s, über 500 °C unlöslicher A II-u, der nicht mehr von selbst mit Wasser reagiert. Die Erhärtung wird durch **Feinstmahlen** und Zusatz von **Anregern** herbeigeführt.

Temperaturbereich über 600 °C
Im Temperaturbereich >600 °C beginnt die Zersetzung: $CaSO_4 \rightarrow CaO + SO_3$. Dieser sog. Estrichgips enthält dann CaO-Anteile als Anreger. Aus Energiegründen wird er aber nicht mehr produziert.

11.6   Technische Produkte

Technische Produkte sind z.B. **Stuckgips** (80% β-HH, 15% A III, Reste ungebrannten Dihydrates) und **Putzgips** (Mehrphasengips aus DH, HH, A III, A II). Schwankungen in den Anteilen bzw. Alterung kann bei Rohprodukten zu Unterschieden im Versteifungsbeginn führen, der durch Zugabe von Stellmittel (chemische Zusätze) korrigierbar ist.

11.7   Anwendungstechnische Eigenschaften von Gips und Anhydrit

11.7.1   Abbindereaktion

Beim Anmachen von Gips und angeregtem Anhydrit wird Wasser aufgenommen, so dass das Erhärtungsprodukt in jedem Fall kristallisiertes Dihydrat (DH) ist.

Abbinden
$$CaSO_4 \cdot {}^1\!/_2\, H_2O + 1{,}5\, H_2O \rightarrow CaSO_4 \cdot 2\, H_2O$$
Halbhydrat   Dihydrat
$$CaSO_4 + 2\, H_2O \rightarrow CaSO_4 \cdot 2\, H_2O$$
Anhydrit   Dihydrat

Bezüglich des Mechanismus der **Hydratation von HH** begründete LE CHATELIER um 1900 die **Kristallisationstheorie**, wonach sich aufgrund *unterschiedlicher Löslichkeiten* (β-HH ca. 9 g/l bei 20 °C, DH ca. 2 g/l bei 20 °C) [44] eine an DH übersättigte Lösung bildet, aus der letzteres auskristallisiert. Bei der «richtigen» Wassermenge kommt es anschließend zu einem **Verfilzen** der Dihydratkristalle. Die Umwandlung von HH in DH verläuft ohne Zwischenstufe, die von (im Stuckgips meist enthaltenen) AIII immer über die Zwischenstufe des HH.

Anhydrit (A II) geht direkt in DH über. Bei einer Temperatur von 42 °C allerdings wird die Löslichkeit von DH größer als von A II [44], d.h., ab dieser Temperatur ist die Umwandlung von A II zu DH gehemmt. Da in technischen Produkten (z.B. Anhydritestriche) vorhandene Salze die Temperatur noch erniedrigen können, sollte in der Praxis eine **Anwendung bei ≦ 30 °C erfolgen** (Bild 11.1).

Das Kristallwachstum des DH endet mit der Erhärtung. Überschüssiges Wasser muss durch Trocknen entfernt werden. Feuchte im erhärteten Gips- bzw. Anhydritbaustoff drückt die Festigkeit. Im Unterschied zu Zement, dessen Festigkeit sich durch den fortschreitenden Hydratationsprozess erhöht, findet im erhärteten Gips- bzw. Anhydritbaustoff keine Nacherhärtungsphase statt.

11.7.2   Beschleunigung und Verzögerung

Die Abbindereaktion der Halbhydrate kann und muss in technischen Produkten sowohl beschleunigt als auch verzögert werden. Beide Vorgänge können durch **chemische Zusätze** erreicht werden. **Beschleuniger** (z.B. gemahlenes Calciumsulfat-Dihydrat, Kaliumsulfat u.a.) erhöhen die Löslichkeit gebrannter Gipse und die Keimbildungsgeschwindigkeit des DH. **Verzögerer** (z.B. Fruchtsäuren, Eiweißstoffe, Phosphate, Borate u.a.) erniedrigen die Lösungsgeschwindigkeit des HH und wirken als Keimgift für DH-Kristalle. Bei der Abbindereaktion des reaktionsträgen Anhydrits spielt nur die Beschleunigung (Anregung) eine Rolle.

11.7.3   Verarbeitung

Zum ungestörten Ablauf der Erhärtung von Halbhydraten müssen alle Teilchen des fein gemahlenen, pulverförmigen Gipses beim Anmachen mit Wasser in Berührung kommen. Deshalb **muss Gips in Wasser eingestreut werden**, nicht umgekehrt – und zwar so viel, wie durchfeuchtet wird. *Vorsicht!* **Alte Gipsreste** wirken als Kristallisationskeime und damit **beschleunigend**. Nach dem Versteifen braucht man Gips nicht länger feucht zu halten, er kann und muss sofort getrocknet werden (keine Gelbildung wie bei Zementhydratation!). Anhydrite hingegen **brauchen mehrere Stunden** zum Aushärten und müssen solange feucht gehalten werden.

11.7.4   Feuerschutzwirkung

Im Brandfall wird aus erhärteten Gips- und Anhydritbaustoffen Kristallwasser frei (im DH 21%!); es bildet einen schützenden Wasserdampfschleier (Feuerschutzwirkung von Gipsplatten, Anwendung von Gips in Kabelbrandschutzmassen).

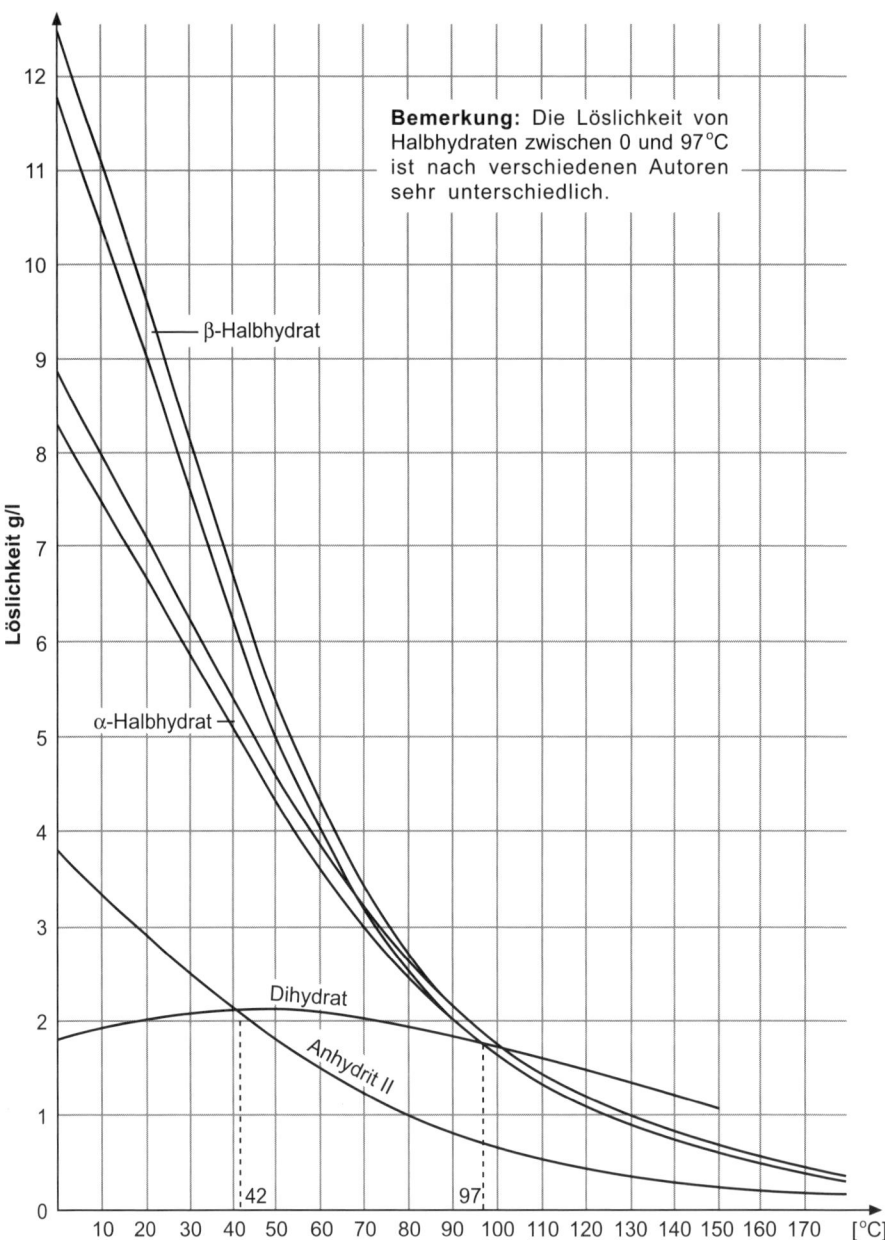

Bemerkung: Die Löslichkeit von Halbhydraten zwischen 0 und 97°C ist nach verschiedenen Autoren sehr unterschiedlich.

β-Halbhydrat

α-Halbhydrat

Dihydrat

Anhydrit II

Löslichkeit g/l

Bild 11.1　Löslichkeitskurven von Calciumsulfaten [44]

11.7.5 Abbindeexpansion

Die Abbindeexpansion bei Gipsbaustoffen in der Größenordnung um 1% ist konstruktiv zu berücksichtigen. Das Trocknungsschwinden ist sehr gering und wird überlagert durch Quellvorgänge.

11.7.6 Löslichkeit

Die Löslichkeit des DH mit ca. 2 g/l führt dazu, dass Schäden bei stärkerer Feuchtigkeitsaufnahme (Regen, aufsteigende Feuchte, Kondenswasser) entstehen können. Bereits 1% Feuchtigkeit in erhärteten Gips- und Anhydritbaustoffen setzt die Festigkeit um ca. 60% herab. Gips- und Anhydritbaustoffe sind als Außenputz nicht verwendbar, auch nicht für Räume mit hoher Dauerfeuchtigkeit (z.B. Großküchen, Schwimmbäder, nasse Keller). Im Wohn- oder Bürobereich hingegen haben sich Gips- und Anhydritbaustoffe bewährt. Kurzzeitig hohe Luftfeuchten im Raum mit anschließender Austrocknung (Küche, Bad im Wohnbereich) führen in der Regel nicht zu Schäden.

11.7.7 Ettringit-Treiben

Die Wasserlöslichkeit von Gips-/Anhydritbaustoffen verlangt Vorsicht bei Verarbeitung auf Beton bzw. zementären Untergründen. Bei der Verarbeitung oder bei Einwirkung von Feuchtigkeit kann gelöstes Dihydrat mit nicht hydratisiertem C_3A des Zementes reagieren.

$3 (CaSO_4 \cdot 2 H_2O)$ (aus Gips) + C_3A (aus Zement) + $26 H_2O$ (Feuchtigkeit) → $3 CaSO_4 \cdot C_3A \cdot 32 H_2O$ (Ettringit-Trisulfat)

11.7.8 Metallkorrosion

Gips- und Anhydritbaustoffe reagieren chemisch neutral oder schwach alkalisch, bedingt durch geringe Anteile von Kalkhydrat oder Zement. Für Eisen und Stahl ist kein ausreichender Korrosionsschutz gegeben. Stahlteile sind vor Rost zu schützen, z.B. durch Verwendung verzinkter Stahlteile oder verzinktem Drahtgewebe (**Rabitzgewebe**). Blei wird nicht angegriffen durch eine Schutzschicht von $PbSO_4$.

11.7.9 Festigkeit

Bei Gipsbaustoffen wachsen aus den HH-Teilchen bei der Reaktion mit Wasser rasch DH-Kristalle.

Bei **geringem Wassergehalt** (z.B. beim Anmachen von α-HH) sind die Bereiche der Kristalldurchdringung und Verfilzung groß, die Porosität klein.

Bei **hohem Wassergehalt** (z.B. beim Anmachen von β-HH) sind die Bereiche der Kristalldurchdringung und Verfilzung klein, die Porosität groß.

Dihydrate mit geringer Porosität erzielen höhere Festigkeiten wie Dihydrate mit höherer Porosität. Es gilt für somit für Gips (analog zum Zement): **Je niedriger der W/G-Wert** (also das Verhältnis aus Anmachwassermenge zu Gipsmenge), **desto höher die Festigkeit**.

Für die Festigkeit eines Gipsbaustoffes ist neben einem geringen W/G-Wert der Grad der Austrocknung entscheidend. Nur ausgetrocknete Gipsbaustoffe erreichen die gewünschte Festigkeit. So lassen sich prüftechnisch die 28-Tage-Werte schon nach 7 Tagen (Trocknen bei 40 °C zur Gewichtskonstanz) erreichen. In diesem Punkt unterscheiden sich die **nicht hydraulischen Calciumsulfatbaustoffe** grundlegend von **zementären, hydraulischen Baustoffen**, deren Festigkeit durch langsame Nachhydratation im feuchten Medium mit der Zeit zunimmt.

11.8 Gipsbaustoffe

11.8.1 Baugipse nach DIN 1168

Die DIN 1168 unterscheidet zwischen Gipsen ohne und mit Zusätzen.

Zusätze sind z.B. chemische Zusatzmittel (Verzögerer, Beschleuniger, Fließmittel, Haftmittel) und Zuschläge (z.b. Sand, Kalksteinmehl, Perlit).

Gipse ohne Zusätze

❏ Stuckgips,
❏ Putzgips.

Gipse mit Zusätzen

❏ Fertigputzgips (Handapplikation, Verarbeitungszeit ca. 45 min),
❏ Haftputzgips (mit haftungsverbessernden Zusätzen),
❏ Maschinenputzgips (wie Fertigputzgips, abgestimmt auf maschinelle Verarbeitung, lange Verarbeitungszeiten, Versteifungsbeginn nach ca. 100 min),
❏ Ansetzgips (kurze Verarbeitungszeiten, mit Haftungsverbesserer für den Karton),
❏ Fugengips und Spachtelgips mit erhöhtem Wasserrückhaltevermögen – zum Verfugen und Verspachteln von Gipsbauplatten).

Gipse auf Basis α-HH sind in der DIN 1168 nicht genormt. Sie finden Verwendung in Innenputzen, Spachtelmassen, Dentalgipsen, Hohlraumbodenplatten, Hartformengipsen, Fließestrich, Bergbaumörtel.

11.8.2   Prüfen von Baugipsen nach DIN 1168

❏ **Kornfeinheit**
❏ **Wassergipswert** w
Für **Gipse ohne** werkseitig zugegebene **Zusätze** (Stuck- und Putzgips) wird der Wassergipswert w aus der **Einstreumenge** ermittelt: Einstreumenge = Gipsmenge in g, die beim Einstreuen in 100 ml Wasser durchfeuchtet wird (in bestimmtem Becherglas mit Ablesemarken).
w (Wassergipswert) = 100 [g] Wasser/Einstreumenge [g] Gips.
Für **Gipse mit** werkseitig zugegebenen **Zusätzen** wird der Wassergipswert w über das

Ausbreitmaß (AM) ermittelt: Sollwert 165 ± 5 mm (15 Schläge).
w (Wassergipswert) = Die für das AM erforderliche Wassermenge [g]/zugehörige Gipsmenge [g].

❏ **Versteifungsbeginn (VB)**
Für **Gipse ohne** werkseitig zugegebene **Zusätze** wird der VB mit dem **Messerschnittversuch** ermittelt: Der VB ist der Zeitpunkt nach Beginn des Einstreuens (Wasserkontakt), an dem die Ränder eines durch den Gipsbrei geführten Messerschnittes nicht mehr zusammenfließen.
Für **Gipse mit** werkseitig zugegebenen **Zusätzen** erfolgt die Prüfung mit dem **Vicatgerät** mit Tauchkonus (nach DIN 1164): Der VB ist erreicht, wenn der Tauchkonus 18 ± 2 mm über der Glasplatte in der Probe stecken bleibt. Zeitangabe vom Anmachen (Wasserkontakt) bis VB in Minuten.

❏ **Biegezugfestigkeit, Druckfestigkeit, Härte**
Die Prüfung der Festigkeiten erfolgt an Prismen 4 × 4 × 16 (hergestellt mit dem ermittelten W/G-Wert). Diese werden bis zum Alter von 7 Tagen in Normalklima (20 °C, 65% relative Luftfeuchte) gelagert, anschließend im Trockenschrank bis zur Gewichtskonstanz getrocknet und danach auf Raumklima abgekühlt.
Die Härte wird ermittelt an 3 von der Biegezugprüfung übrig gebliebenen Prismenhälften durch Eindruck einer Stahlkugel.

❏ **Haftzugfestigkeit**
Die Prüfung ist zwar genormt, wird aber nicht verlangt, sondern nur empfohlen. Die Haftzugfestigkeit ist die Spannung, die erforderlich ist, um eine auf einer Unterlage aufgebrachte, erhärtete Gipsprobe senkrecht von dieser abzureißen.

11.8.3   Gips-Fertigteile

❏ **Gipskartonplatten** sind Platten aus modifiziertem Stuckgips, der mit einem fest haftendem Karton ummantelt ist.
❏ **Gipsfaserplatten** sind Platten aus Gips mit darin eingebetteten Zellulosefasern.
❏ **Gipswandbauplatten** sind leichte, glatte

Bauplatten (Nut und Feder) aus Stuckgips, mit oder ohne Zuschläge oder Füllstoffe.

❑ **Gipsdoppelbodenplatten** sind stabile Platten, die auf Stützen gelagert besonders im Bürobereich verlegt werden, damit darunter Kabelstränge (EDV) laufen können.

11.9   Anhydritbaustoffe

Terminologie
Bei Anhydritbaustoffen unterscheidet man **Naturanhydrit (NAT)** von **synthetischem Anhydrit (SYN)** (siehe Abschnitt 11.3). Dieser hat im Prinzip die gleichen Eigenschaften wie Naturanhydrit, ist aber reiner und von größerer Qualitätskonstanz. Dem synthetischen Anhydrit wird auch der **thermische Anhydrit** zugeordnet, der aus DH (z.B. REA-Gips) erbrannt wird.

Eigenschaften

> Chemisch reiner Anhydrit reagiert mit Wasser so langsam, dass er bautechnisch ohne Bedeutung ist. Durch Anreger (ähnlich Katalysatoren) kann Anhydrit zur Reaktion mit Wasser unter Bildung von DH gebracht werden.

Anreger sind: Kalkhydrat, Zement, K_2SO_4, Na_2SO_4. Zugabemenge bei basischen Anregern bis max. 7%, bei salzartigen bis max. 3%. Die Anreger werden werkseitig beigemischt oder getrennt in Beuteln geliefert.

Lieferformen
Anhydritbinder AB wird in 2 Festigkeitsklassen (Mindestdruckfestigkeiten nach 28 Tagen) geliefert: AB 5 und AB 20 (für Estriche).

Anwendung
Konventioneller Anhydritestrich und Anhydrit-Fließestrich
Calciumsulfatestriche haben eine hohe Raumbeständigkeit (0,05 bis 0,15 mm/m bei einer max. zulässigen Dehnungsdifferenz 0,2 mm/m, bezogen auf den Ausgangswert nach 48 h), hohe Festigkeiten und trocknen (im positiven Sinn) schnell aus. **Konventioneller Anhydritestrich** wird in erdfeuchter oder plastischer Konsistenz eingebracht. **Anhydrit-Fließestrich** wird in fließfähiger Konsistenz eingebracht und als Werktrockenmörtel im Silo oder als Werkfrischmörtel im Fahrmischer geliefert. Transport und Mischung des Bindemittels und des feuchten Sandes können auch in speziellen Mischfahrzeugen (Mixmobil) vor Ort erfolgen. Anhydrit-Fließestrich kann aufgrund seines günstigen Schwindverhaltens, besonders gegenüber Zementestrichen, weitgehend fugenfrei eingebracht und mit hoher Einbaugeschwindigkeit großflächig verlegt werden. Anhydrit-Fließestrich ist wegen der lunkerfreien Einbettung von Heizrohren besonders für Fußbodenheizung geeignet.

Innenputzmörtel
Anhydrit gibt Innenputzen eine relativ hohe Stoß- und Abriebfestigkeit. Des Weiteren verleiht Anhydrit dem Putz aufgrund seiner günstigen Porenstruktur eine schnelle Aufnahme- und Abgabefähigkeit für Luftfeuchte («Atmung») und wirkt daher feuchtigkeitsregulierend für das Raumklima.

Wandbauplatten
sind mit entsprechenden Baustoffen aus Gips vergleichbar.

Literatur zum Thema «Gips und Anhydrit»: [13; 14; 20; 44; 45; 46]

12 Magnesiabinder

12.1 Begriffe

Magnesiabinder ist gleichbedeutend mit dem vom Erfinder abgeleiteten Produktnamen «Sorel-Zement». Aufgrund der fehlenden hydraulischen Eigenschaften ist dieser Name aber irreführend. **Magnesiabinder ist ein nicht hydraulisches Bindemittel**, z.B. für Magnesiaestriche, bestehend aus kaustischer MgO und Magnesiumsalzen.

12.2 Herstellung

Als Grundstoff dient **«kaustische Magnesia»**, d.h. ätzendes, wie eine Base wirkendes MgO, hergestellt nach der Reaktion 800 °C: $MgCO_3 \rightarrow MgO + CO_2$. Nur das bei dieser Temperatur hergestellte MgO reagiert mit Wasser, nicht das bei höherer Temperatur sintergebrannte MgO. Kaustische Magnesia hat die Fähigkeit, mit Salzlösungen – wie z.B. $MgCl_2$, $MgSO_4$, $CaCl_2$ und $ZnCl_2$ – bildsame Massen zu ergeben, die steinartig erhärten. Am gebräuchlichsten sind $MgCl_2$- und $MgSO_4$-Lösungen. Solche Mg-Salzlösungen wirken als Anreger, die basisches MgO zur Reaktion mit Wasser bringen und selbst in der erhärteten Mischung verbleiben.

> ! Mg-Oxid + Mg-Salzlösung → Mg-Hydroxid · Mg-Salz · Kristallwasser

Die Literatur [8] gibt Hinweise auf ungefähre Zusammensetzungen

a) im Fall $MgO/MgCl_2$
$MgCl_2 \cdot 5\,Mg(OH)_2 \cdot 8\,H_2O$ und
$MgCl_2 \cdot 3\,Mg(OH)_2 \cdot 8\,H_2O$

b) im Fall $MgO/MgSO_4$
$MgSO_4 \cdot 5\,Mg(OH)_2 \cdot 3\,H_2O$ (<50 °C) und
$MgSO_4 \cdot 3\,Mg(OH)_2 \cdot 8\,H_2O$ (>50 °C)

Die Erhärtung der Masse wird dadurch ver-ursacht, dass das gebildete $Mg(OH)_2$ aus feinsten Mikrokristallen besteht, die sich gegenseitig durchdringen und verfilzen. Das Massenverhältnis einer Mischung atro soll $MgCl_2 : MgO$ = 1 : 2,5 bis 3,5 betragen. Das Mischungsverhältnis muss genau eingehalten werden. Ein Überschuss an $MgCl_2$ führt zu Hygroskopizität (Estrich wird feucht, quillt; Abhilfe: $MgSO_4$ statt $MgCl_2$, dann aber weniger hart!), ein Unterschuss an $MgCl_2$ zu mangelnder Festigkeit (Estrich sandet ab).

12.3 Eigenschaften

Vorteile dieses Bindemittels bestehen

❏ in der Fähigkeit, große Mengen Zuschlagstoffe, insbesondere Holzmehl, Sägemehl und Holzspäne, zu binden (sog. **Steinholz**);
❏ in der Ausbildung hoher Druckfestigkeiten (>50 N/mm^2);
❏ in der Erzeugung wärme- und schalldämmender Eigenschaften, wie es z.B. Steinholz wegen des großen Porenvolumens besitzt.

Nachteile von Materialien mit Magnesiabinder bestehen in der

❏ hohen elektrischen Leitfähigkeit (durch seinen Gehalt an $MgCl_2$ und Restfeuchte),
❏ Unbeständigkeit gegen Wasser (lösen, quellen, besonders bei Heißwasser),
❏ Metallkorrosion durch $MgCl_2$ und $Mg(OH)_2$ an metallischen Bauteilen.

So müssen im Magnesiabinder verlegte Rohre und Leitungen geerdet werden. Aus Korrosionsschutzgründen sind vor der Verarbeitung alle mit ihm in Berührung kommenden Metallteile (Chloridkorrosion an Stahl) abzuisolieren. Durch seinen Gehalt an $MgCl_2$ ist Magnesiamörtel nicht wasserbeständig (Löslichkeit $MgCl_2 \cdot 6\,H_2O$: 544 g/l Wasser bei 20 °C!). Mg-Binder quillt bei Feuchtigkeitseinwirkung bzw.

schwindet beim Trocknen (Risse). Folglich sind aus Magnesiabinder hergestellte Estriche nur für trockene Räume geeignet. Es empfiehlt sich, Estriche aus Magnesiabinder zu hydrophobieren (Bohnerwachs). Bei Aufbringen eines Magnesiaestrichs auf Beton ist dieser vorher mit einem Bitumensperranstrich versehen, sonst besteht die Gefahr des Magnesiatreibens und der Chloridkorrosion. Mg-Binder ist auf Spannbetonteilen nicht zulässig.

Aufgrund seines Gehaltes an $Mg(OH)_2$ greift Magnesiabinder auch amphotere Metalle wie Al, Zn und Pb an.

12.4   Anwendungsbeispiele

Magnesiabinder wird eingesetzt im Industriefußbodenbau als Magnesiaestrich (DIN 18 560), zur Herstellung von Holzwolle-Leichtbauplatten (DIN 1101, 1102, Heraklith-Leichtbauplatten, $MgSO_4$-Basis, stets verzinkte Nägel verwenden!), Kunststeinen.

Literatur zum Thema «Magnesiabinder»:
[8; 9; 12; 46]

13 Korrosion von Beton und Stahlbeton

13.1 Allgemeines

Die Korrosion von Beton und Stahlbeton lässt sich untergliedern in die physikalische Korrosion (Frost/Tausalz; Temperatur; Feuchte/Schwinden; Erosion), chemische Korrosion (lösender Angriff; treibender Angriff), elektrochemische Korrosion (Bewehrungskorrosion) und biologische Korrosion (biogene Schwefelsäurekorrosion, biogene Salpetersäurekorrosion). **Bei allen Schädigungsprozessen spielen Poren und Wasser wesentliche Rollen.** Die vom W/Z-Wert abhängige Porenstruktur ermöglicht mehr oder weniger den Transport von Wasser und Schadstoffen. Ohne Wasser, also z.B. in trockenen Innenräumen, gibt es praktisch keine Korrosion an Beton und Bewehrung.

13.2 Physikalische Korrosion

13.2.1 Korrosion durch Frost und Tausalz

Schäden durch Frost
Eis auf der Betonoberfläche oder in oberflächennahen Schichten kann entstehen durch gefrierendes Regen-, Schmelz- oder Kondenswasser. Wasser gefriert erst in den großen Poren, in den kleineren bleibt es zunächst noch flüssig. Eis dehnt sich aus (9 %) und erzeugt einen hohen **Kristallisationsdruck** (bis 250 N/mm²). Schiebt das Eis noch Wasser vor sich her, können sich **hohe hydraulische Drücke** aufbauen. Infolge der Frosteinwirkung können an der Betonoberfläche schalenförmige Abplatzungen, Rissbildungen und Gefügezerstörungen entstehen.

Schäden durch Tausalze
Frostschäden werden auch durch Tausalze hervorgerufen oder verstärkt und treten als flächenhafte Abtragungen auf. Tausalze bringen Schnee und Eis auf Beton durch die **Gefrierpunkt-**erniedrigung des Wassers zum Schmelzen. Als Schadensursache werden verschiedene Möglichkeiten diskutiert:

❏ Tausalze entziehen dem Beton die notwendige Schmelzwärme (**Schockabkühlung**) und verursachen Zugspannungen im Beton.
❏ Durch Diffusion von Tausalzen in den Beton entsteht ein Konzentrationsgefälle und damit **schichtenweises Gefrieren**, was zu Absprengungen führt.
❏ Durch Verdünnungsbestreben salzwasserhaltiger Kapillarporen kann es zum **Aufbau osmotischer Drücke** kommen.
❏ Auskristallisierte Phase und umgebende Restlösung haben ein größeres Volumen als die übersättigte Ausgangslösung (**hydrostatischer Kristallisationsdruck**);
❏ Bildung kristallwasserhaltiger Moleküle (**Hydratationsdruck**).

Arten von Tausalzen und -mitteln
Als Tausalze werden eingesetzt: NaCl (überwiegend), $CaCl_2$ und $MgCl_2$, als Taumittel auf Flugplätzen auch Harnstoff und alkoholische Gemische.

Erhöhter Frost- und Tausalzwiderstand
Der Frost-/Tausalzwiderstand von normalfestem Beton wird durch Zusatz von Luftporenbildnern deutlich erhöht.

13.2.2 Korrosion durch hohe Temperaturen/Brandverhalten

Beton mit mineralischen Zuschlägen ist ein nicht brennbarer Baustoff der Baustoffbrandklasse A1. Dennoch können bei hohen Temperaturen oder im Brandfall an Betonbauwerken große Schäden entstehen.

Wasserdampfbildung
Bei Temperaturen des Betons über 100 °C verdampft das im Betongefüge enthaltene Poren-

wasser. Bei dichten Betonen kann der Wasserdampf nicht entweichen, in der Folge können
massive Abplatzungen von Betonbauteilen entstehen. Günstig sind porige Zuschläge (Leicht-
zuschläge), die einen Teil des Wasserdampf-
druckes aufnehmen können. Mit eingebaute
Kunststofffasern (Polypropylen) schmelzen bei
Brandbelastung und schaffen so Kapillarräume
zur Dampfdruckentlastung [5].

Chemische Veränderungen
Beton kann bei entsprechender Auswahl der
Ausgangsstoffe und sorgfältiger Nachbehandlung erhöhte Temperaturen bis etwa 250 °C ohne
wesentliche Beeinträchtigung auch auf Dauer
ertragen. Besondere Bedeutung kommt dabei
der Auswahl der Zuschlagstoffe zu [5].
   Bei weiterer Erwärmung fällt die Festigkeit ab
[6] wegen

❏ allmählicher Entwässerung der Hydratpha-
   sen des Zementsteins unter starkem Schwinden ab ca. 400 °C,
❏ starker Volumenzunahme bei quarzitischen
   Zuschlägen (Quarzsprung bei 573 °C),
❏ Portlanditzersetzung
   ($Ca(OH)_2 \rightarrow CaO + H_2O$) ab ca. 500 °C,
❏ Calcinierung des Kalksteinzuschlags ab
   800 °C.

Versagen der Bewehrung
Ab ca. 200 °C nimmt die Tragfähigkeit von Betonstahl ab, bei 700 °C beträgt sie nur noch rund
20% der ursprünglichen Tragfähigkeit [6]. Im
Brandfall ist immer an die Gefahr der Bewe-
rungskorrosion durch Brandgase, wie z.B. HCl
aus PVC, zu denken.

Längenänderungen
Für Betone, bei denen nach einer Erwärmung
über 100 °C eine rasche Trocknung möglich ist,
sind wegen der niedrigen Temperaturdehnzahl
des Kalksteins ($\alpha_T = 5 \cdot 10^{-6}$ K^{-1}) calcitische Zuschläge geeignet. Wird die Austrocknung durch
sehr dicke Querschnitte oder Verkleidung von
Bauteilen behindert, sind quarzitische Betonzu-
schläge ($\alpha_T = 10 \cdot 10^{-6}$ K^{-1}) wegen hydrother-
maler Reaktionen zwischen Quarzit und Calciumhydroxid zu CSH-Phasen vorteilhaft [3]. Auch

Hochofenschlacke hat sich, z.B. beim Bau von In-
dustriechornsteinen, bewährt [5].
   Bei den hohen Temperaturen eines Brand-
falles dehnen sich Bauteile viel stärker aus als bei
eingeplanten, normalen Gebrauchstemperaturen. Werden die entstehenden Längenänderungen verhindert, entstehen sehr hohe Zwangs-
beanspruchungen, die bis zum Kollaps von Bauteilen führen können. Das im Brandfall eingesetzte Löschwasser kann außerdem einen
Temperaturschock mit entsprechenden Spannungen im Beton und Abplatzungen hervorrufen.

Normen
Das Normenwerk enthält nur wenige Angaben
über den Einfluss der Temperatur auf die
mechanischen Eigenschaften von Beton. Nach
DIN 1045-1 sind bei länger einwirkenden erhöhten Temperaturen über 80 °C die Rechenwerte für Druckfestigkeiten und E-Moduli aus
Versuchen des verwendeten Betons abzuleiten.
Bei nur kurzzeitiger Einwirkung (bis etwa 24
Stunden) im Temperaturbereich 80 bis 250 °C
sind die Rechenwerte der Druckfestigkeit um
den Faktor 0,7, die Rechenwerte des E-Moduls
um den Faktor 0,6 zu reduzieren. Nach dem
CEB-FIP-Modul-Code MC 90 wird bei $T = 80$ °C
von einem Abfall der mittleren Betondruck-
festigkeit auf 82% und der Biegezugfestigkeit auf
70% der jeweiligen Festigkeiten bei 20 °C ausgegangen [3].

13.2.3   Feuchte/Schwinden

Kapillarschwinden (Bild 13.1)
Besonders in jungem Beton erzeugt das Feuch-
tigkeitsgefälle große Betonfeuchte / geringe Umgebungsfeuchte einen kapillaren Wassertrans-

> Wird Beton nicht durch ausreichende **Nach-
> behandlungsmaßnahmen** gegen Aus-
> trocknung geschützt, so erleidet er eine Vo-
> lumenminderung, die als plastisches
> Schwinden, Früh- oder auch Kapillar-
> schwinden bezeichnet wird und zu Rissen
> in jungen Beton führen kann.

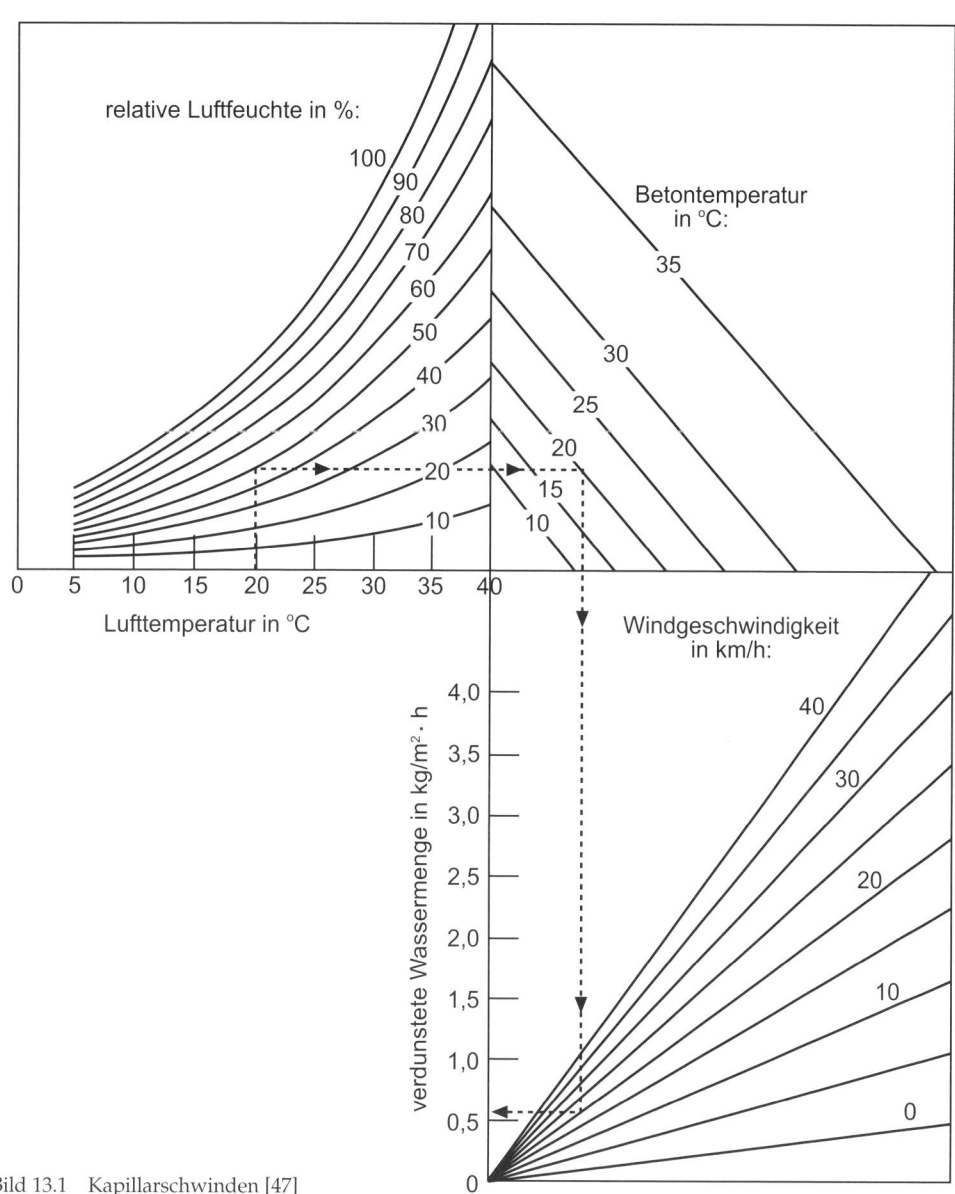

Bild 13.1   Kapillarschwinden [47]

port an die Oberfläche. In Abhängigkeit der relativen Luftfeuchte, der Lufttemperatur, der Betontemperatur und der Windgeschwindigkeit kann die verdunstete Wassermenge an der Betonoberfläche beträchtlich sein (Sonne und Wind!).

Trocknungsschwinden
Hier handelt es sich um Schwindverkürzungen, die durch eine Austrocknung des nicht mehr jungen Betons, also lange nach erfolgter Nachbehandlung, ausgelöst werden. Das Trocknungsschwinden stellt sich ein, wenn Beton in

trockener Umgebung Feuchte abgibt und dadurch sein Volumen reduziert. In Wasser oder in feuchter Luft nimmt der Beton dagegen Wasser auf, verbunden mit einer Volumenzunahme, dem sog. Quellen. Schwinden und Quellen sind aber nur teilweise reversibel. Quellverformungen sind deutlich kleiner als vorangegangene Schwindverformungen. Die Schwindverformungen von Beton nach langer Austrocknungsdauer liegen etwa im Bereich von 0,1 bis 1 mm/m. Besonders rissgefährdet sind oberflächennahe oder schlanke Bauteile. Das Trocknungsschwinden nimmt mit steigendem W/Z-Wert, d.h. Kapillarporosität und sinkender Umgebungsfeuchte, zu.

Chemisches Schwinden
Das chemische Schwinden, auch Schrumpfen genannt, tritt unmittelbar nach Hydratation ein. Infolge des Einbaus des Hydratationswassers in das Kristallgitter haben die Hydratationsprodukte im Zementstein ein geringeres Volumen als die Ausgangsprodukte Zement und Anmachwasser. Maßgeblich wird das chemische Schwinden durch den W/Z-Wert bestimmt (gering bei Werten <0,5). Das chemische Schwinden ist ein im Inneren des Zementsteins sich abspielender Vorgang, wobei durch den Verlust des eingebauten Hydratwassers Poren entstehen. Durch chemisch wirkende Quellmittel kann man den Volumenverlust ausgleichen [30].

13.2.4   Erosion/Kavitation

Ein hoher Verschleißwiderstand wird gefordert, wenn Betonflächen durch schleifenden oder rollenden Verkehr, durch rutschendes oder aufprallendes Schüttgut (Silos), durch ruckartiges Bewegen schwerer Gegenstände (Erosion) oder durch stark strömendes Wasser beansprucht werden (Kavitation). Letzteres erzeugt in Abhängigkeit der Geometrie der Begrenzungsfläche einen Unterdruck in den oberflächennahen Poren (Wasserstrahlpumpeneffekt), der zur Zerstörung von Porenwänden ausreichen kann. Der Verschleißwiderstand von Beton nimmt mit abnehmendem W/Z-

Wert und zunehmender Dauer der Nachbehandlung zu. Je nach Art der Beanspruchung kann auch die Art des verwendeten Zuschlags von großem Einfluss sein.

13.3   Chemische Korrosion

Die chemische Korrosion lässt sich untergliedern in den lösenden, treibenden und kombinierten Angriff. In der Regel bildet der Zementstein das Angriffsziel (Ausnahme Alkali-Kieselsäure-Reaktion).

13.3.1   Lösender Angriff

Beim lösenden Angriff handelt es sich um einen chemischen Lösungsvorgang durch Säuren, Laugen, Salze, Fette, Öle und weiches Wasser. Es werden dabei schwerer lösliche Verbindungen in leichter lösliche umgewandelt. Betonangreifende Stoffe können auch schon in geringer Konzentration schädlich wirken, wenn sie z.B. in Fließwasser ständig nachgeliefert werden.

Starke Säuren
Starke Mineralsäuren – wie z.B. HCl, H_2SO_4, HNO_3 – reagieren mit dem $Ca(OH)_2$ des Zementsteins zu bauschädlichen Salzen. Im Säureüberschuss löst sich Zementstein unter Bildung von Ca-, Al- und Eisensalzen sowie Kieselgel auf. Vorkommen: In ungeklärten Abwässern, Chemieindustrie, Fassadenreinigung (HCl).

Beispiel: Zementsteinauflösung durch HCl
$Ca(OH)_2 + 2 HCl \rightarrow CaCl_2 + 2 H_2O$
sowie
$3 CaO \cdot 2 SiO_2 \cdot 3 H_2O + 6 HCl$
    CSH-Phase
$\rightarrow 3 CaCl_2 + 2 SiO_2 + 6 H_2O$
(leicht lösl.) (Kieselgel)

Die in **saurem Regen** in großer Verdünnung vorliegende schweflige Säure bzw. Schwefelsäure wird von der großen Alkalitätsreserve des Betons neutralisiert. Da diese in Natursteinen, z.B. Kalkstein, nicht vorhanden ist, reagieren diese sehr empfindlich.

Beispiel: Angriff auf Kalkstein durch sauren Regen

SO_2 + H_2O → H_2SO_3

aus fossilen Brennstoffen,   Regen   schweflige
Säure
(lösend)

H_2SO_3 + $^1/_2 O_2$ → H_2SO_4

Luftsauerstoff   Schwefelsäure
(lösend)

$H_2SO_4 + CaCO_3 + H_2O$ → $CaSO_4 \cdot 2 H_2O + CO_2$

Kalkstein   Gips (bauschädl. Salz)

Schwache Säuren

Wesentlich öfter ist Beton schwachen Säuren ausgesetzt. Sie wirken betonangreifend, wenn sie als im Wasser gelöste Schadstoffe ständig nachgeliefert werden und immer wieder neu auf den Beton einwirken können.

Schwefelwasserstoff entsteht als Zersetzungsprodukt organischer Stoffe in der Kanalisation, das zu Schwefelsäure oxidiert wird.

Schwach organ. Säuren wie Huminsäuren (Erdboden, Moorwasser), Fruchtsäuren (Kellereien, Fruchtsaftbetriebe) und Milchsäure (Molkereien) schädigen den Beton durch Reaktion der Säure R-COOH (R = org. Rest) mit dem Kalkhydrat (Ca(OH)$_2$ des Zementsteins:

$$2 R\text{-}COOH + Ca(OH)_2 → (RCOO)_2Ca + H_2O$$

Kalklösende Kohlensäure greift Kalk und CSH-Phasen des Betons an, auch carbonathaltigen Zuschlag:

$$CaCO_3 + H_2O + CO_2 → Ca(HCO_3)_2 \text{ (existiert nur in Lösung)}$$

Kalklösende Kohlensäure im Grundwasser, insbesondere im stark fließenden Grundwasser, kann für Gründungsbauteile wie Bohrpfähle oder Fundamente zu einem Problem werden, da der Beton über lange Zeit einem lösenden Abtrag ausgesetzt ist.

Beurteilung: Kalkaggressiver CO_2-Gehalt: 15...40 mg/l schwach betonangreifend; 40...100 mg/l stark betonangreifend; >100 mg/l sehr stark betonangreifend [15].

Laugen

Laugen wirken auf Beton nur in sehr hoher Konzentration lösend, wie z.B. >10%ige NaOH.

Angriff durch austauschfähige Salze

Ammonium- und Magnesiumchlorid (z.B. $MgCl_2 \cdot 6 H_2O$ als Tausalz) wirken lösend, weil das Chlorid mit dem Ca(OH)$_2$ des Zementsteins leicht lösliche Verbindungen (CaCl$_2$) eingeht.

Beispiel: Angriff von Ammon- oder Magnesiumchlorid auf Zementstein

$$Ca(OH)_2 + NH_4Cl → CaCl_2 + 2 NH_3 + 2 H_2O$$
$$Ca(OH)_2 + MgCl_2 → Mg(OH)_2 + CaCl_2$$

Angriff durch weiches Wasser

Weiches Wasser (z.B. Regenwasser, Gebirgswasser) löst Ca(OH)$_2$, NaOH und KOH sowie deren Salze aus dem Beton, da es nur wenig gelöste Salze enthält. Der Porenraum des Betons wird erhöht, die Alkalität sinkt. Die Auslaugung ist besonders intensiv, wenn weiches Wasser (<4 °dH; 1 °dH...10 mg CaO/l) kontinuierlich zugeführt wird. Dichte Betone sind relativ beständig gegen weiches Wasser.

Angriff durch Fette und Öle

Nur durch pflanzliche und tierische Fette und Öle erfolgt ein Angriff. Diese sind Ester aus Fettsäuren und Glycerin. Durch **Verseifung**, verursacht durch das Ca(OH)$_2$ des Zementsteins, werden die Ester gespalten:

Fettsäureglycerid (Ester) + Ca(OH)$_2$ → Ca-Salz der Fettsäure («Kalkseife») + Glycerin

In diesem Zusammenhang ist auf «Zementechtheit» von Anstrichen auf Beton zu achten. Mineralöle sind nicht verseifbar und daher auch nicht betonangreifend. Sie vermindern aber die Festigkeit und den Haftverbund mit der Stahlbewehrung (Druckfestigkeitsminderung ca. 25%).

13.3.2   Treibender Angriff

Bei dem treibenden Angriff handelt es sich um unter Volumenvergrößerung ablaufende chemische Reaktionen von Betoninhaltsstoffen mit wässrigen Lösungen betonschädlicher Stoffe. Die Reaktionspartner können aus dem Zementstein (Alkalien, CaO/MgO, C$_3$A), aus dem Zuschlag (amorphe Kieselsäure) und/oder aus betonangreifendem Wasser (Sulfat-Ionen, Mg-Ionen) stammen.

Kalktreiben
Portlandzement enthält CaO, sog. Freikalk. Es handelt sich um hochgebranntes, reaktionsträges CaO, das beim Anmachen des Betons nicht sofort, sondern erst später im Festbeton reagiert.

$$CaO + H_2O \rightarrow Ca(OH)_2$$

1 Vol.-Teil	1,7 Vol.-Teile
Dichte: 3,35 g/ml	2,24 g/ml

Der Zementhersteller muss den Freikalkgehalt streng überwachen (röntgenographisch); die DIN 1164 erlaubt max. 2 M.-% CaO im Zement [12; 8]. Als Test für die Raumbeständigkeit dient der Ringversuch nach LE CHATELIER (DIN EN 196 T3).

Magnesiatreiben
Überschüssiges MgO tritt als freies, treibfähiges MgO (Periklas) auf. Die DIN 1164 erlaubt max. 5 M.-% MgO im Zement [12; 8].

$$MgO + H_2O \rightarrow Mg(OH)_2$$

1 Vol.-Teil	2,2 Vol.-Teile
Dichte: 3,58 g/ml	2,36 g/ml

Magnesiumsalze
Mg^{++}-Ionen, die Beton z. B. durch magnesiumsalzhaltige Tausalze wie $MgSO_4$, $MgCl_2$ zugeführt werden, führen zur Bildung von $Mg(OH)_2$, das treibend wirkt. Die treibende Wirkung von $MgSO_4$-Lösungen ist besonders stark, da neben Magnesiumhydroxid noch Gips gebildet wird. $MgSO_4 + Ca(OH)_2 + 2\,H_2O \rightarrow CaSO_4 \cdot 2\,H_2O + Mg(OH)_2$

Sulfattreiben (Gipstreiben, Ettringit-Treiben)
Sulfathaltige Grund-, Berg-, Sicker- und Abwässer sind ab einer bestimmten Sulfatkonzentration (>600 mg/l (Wasser) und >3000 mg/kg (Boden) als betonangreifend einzustufen. In Kontakt mit Zementstein verursachen sie durch Reaktion mit $Ca(OH)_2$ Gipstreiben, mit C_3A bzw. C_3A-Hydraten Ettringit-Treiben. Zum Betonschutz sind Zemente mit hohem Sul-

fatwiderstand zu verwenden. Weitere Sulfatquellen sind sulfathaltige (Gips-, Anhydritstein) und sulfidhaltige (Pyrit FeS_2, oxidiert zu Sulfat) Zuschläge.

Gipstreiben
$Ca(OH)_2 + Na_2SO_4 + 2\,H_2O \rightarrow CaSO_4 \cdot 2\,H_2O +$ $2\,NaOH$

Ettringit-Treiben
$C_3A + 3\,(CaSO_4 \cdot 2\,H_2O) + 26\,H_2O \rightarrow$
1 Vol.-Teil
$C_3A \cdot 3\,CaSO_4 \cdot 32\,H_2O$
8 Vol.-Teile

Neben dem Sulfattreiben kann es beim Einwirken sulfathaltiger Wässer auf Beton auch zur **Thaumasitbildung** ($CaO \cdot SiO_2 \cdot CaSO_4 \cdot CaCO_3$ $\cdot 14{,}5\,H_2O$) kommen. Hierbei handelt es sich aber nicht um eine Treibreaktion. Der Zementstein wird zu einer breiigen Masse aufgelöst.

Alkalitreiben
Stark durchfeuchtete Betone, hergestellt aus Zuschlägen mit Anteilen **amorpher Kieselsäure** und **alkalireichen Zementen** (auch Zusatzmittel), können Treiberscheinungen aufweisen, denen die sog. **Alkali-Kieselsäure-Reaktion (AKR)** zugrunde liegt. Es bilden sich Alkali-Silikat-Gele, die unter Wasseraufnahme quellen und festigkeitsmindernd wirken. Sie sind als ringförmige weiße Ausblühungen, weiße Geltropfen und netzartige Risse erkennbar. Als **alkaliempfindliche Zuschläge** gelten Opal, Flint, Chalcedon (Schleswig-Holstein, nördliches Niedersachsen), und Grauwacke (nördliche Hälfte neue Bundesländer). Zum Betonschutz darf das zulässige Na_2O-Äquivalent (Na_2O-Äquivalent in M.-% = $[Na_2O]$ + 0,658 $[K_2O]$) nicht überschritten werden, z.B. durch Verwendung von Niedrig-Alkalizementen bzw. Zusatzmittel mit Alkalizulassung.

SiO_2	+	$2\,NaOH$
amorph		Porenlösung
aus Zuschlag		aus Zementstein
$n\,H_2O$	$\rightarrow$	$Na_2SiO_3 \cdot (n + 1)\,H_2O$
		weißes Gel, quellfähig

Ein Schadensfall wurde erstmals 1965 bekannt (Lachswehrbrücke in Schleswig-Holstein). Weitere Schadensfälle traten u. a. an Plattenbauten in der ehemaligen DDR auf.

13.3.3 Kombinierter Angriff durch Zuschlag

Kombinierter Angriff durch Zuschlag
Zuschlag für Beton kann neben amorpher Kieselsäure weitere betonangreifende Stoffe enthalten, die lösend, quellend oder treibend wirken. Dazu gehören:

❏ **abschlämmbare Bestandteile** (Staub, Lehm, Ton)
Sie stören den Verbund Zuschlag–Zementstein. Ton-/Lehmpartikel in Zuschlägen binden Wasser, das die Frostbeständigkeit des Betons mindert und höhere Schwindwerte erzeugt;

❏ **humusartige Verunreinigungen**
Sie wirken verzögernd und stören die Erhärtung des Zements. Prüfung durch NaOH (tiefgelbe bis rotbraune Verfärbung bei Anwesenheit von Huminstoffen) und der Würfelfestigkeit;

❏ **quellbare Bestandteile**
wie Stückchen aus Holz oder Braunkohle. Sie stören die Abbindereaktion des Zements, wirken quellend und schwimmen z.B. in Fließbeton oder -estrichen auf;

❏ **bauschädliche Salze**
wie Chloride (Chloridkorrosion), Sulfate (treibende Wirkung), Sulfide (als FeS_2 lösend und treibend durch Bildung von Schwefelsäure und Sulfaten), Phosphate (wirken erhärtungsverzögernd);

❏ **Schlacken**
z.B. aus der Metallurgie, die wegen ihres Gehaltes an Sulfaten und Branntkalk treibend wirken können. Hochofenschlacke ist auf sog. Kalk- und Eisenzerfall zu prüfen.

Kombinierter Angriff durch Meerwasser
$MgCl_2$ wirkt als austauschfähiges Salz lösend, da es schwer lösliches $Ca(OH)_2$ in leicht lösliches $CaCl_2$ umwandelt. Außerdem wirken die Salze $MgCl_2$ und vor allem $MgSO_4$ treibend, da sie mit $Ca(OH)_2$ unter Bildung von $Mg(OH)_2$ bzw. $CaSO_4$ reagieren.

Meerwasser wäre demnach aufgrund seiner Zusammensetzung (z.B. Nordsee, in mg/l: Na^+ 11050; K^+ 400; Ca^{2+} 430; Mg^{2+} 1330; Cl^- 19890; SO_4^{2-} 2780) als stark betonangreifend einzustufen [35]. **Dichter Beton** ist aber gegen **Meerwasser unterhalb der Wasserwechselzone beständig.**

Versuche mit Betonprobekörpern in Meerwasser haben gezeigt, dass Meerwasser dichten Beton bedeutend weniger angreift als eine $MgSO_4$-Lösung gleicher Konzentration [6]. Als Ursache kann gelten, dass der hohe Gehalt an Chlorid im Meerwasser sulfatempfindliches C_3A in Zementstein zu **Friedel'schem Salz** bindet und daher dem Sulfatangriff entzieht. Außerdem kann sich das gebildete **$Mg(OH)_2$ porenverstopfend** und daher abdichtend gegen weiteren Angriff auswirken. Ähnlich dürfte die **Bildung von $CaCO_3$** auf der Betonoberfläche wirken, die aus der Reaktion der im Meerwasser vorhandenen Hydrogencarbonationen (145 mg/l) mit dem Calciumhydroxid des Zementsteins entsteht [35].

13.4 Elektrochemische Korrosion (Korrosion der Bewehrung)

Betonstahl bildet in der alkalischen Umgebung des Betons eine Schutzschicht aus, die vor Rost schützt. Wird diese durchbrochen, z.B. durch Carbonatisierungsangriff oder Chloridangriff, rostet der Stahl. Risse in der Betondeckung beschleunigen die Angriffe.

13.4.1 Passivierung/Depassivierung

Unlegierte Stähle bilden in stark alkalischen Medien, wie im Porenwasser des Betons (pH 12,5...13,5), eine oxidische Schutzschicht aus Eisenoxiden von etwa 50 nm. Theoretische Basis ist das Diagramm nach POURBAIX, das die elektrochemischen Verhältnisse von Stahl in Beton im Sinne einer praktischen Spannungsreihe berücksichtigt. Es zeigt, gebietsmäßig aufgeteilt, dessen Abhängigkeiten von der Elektrodenspannung (Potential) und dem pH-Wert (Bild 13.2).

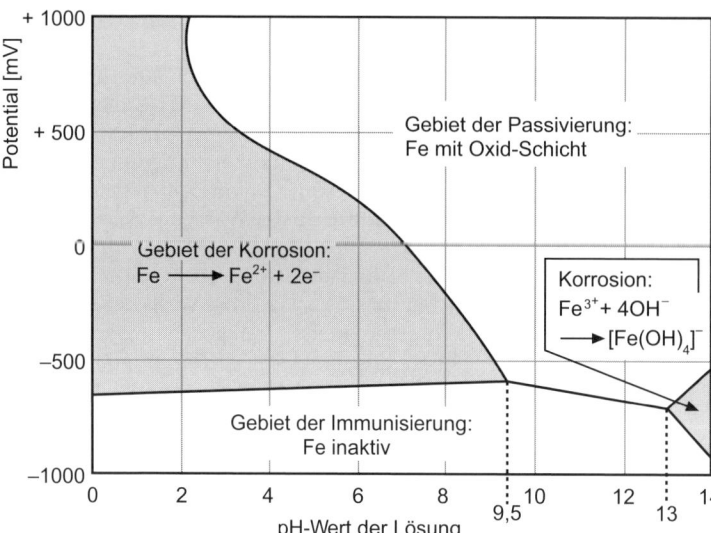

Bild 13.2
Pourbaix-Diagramm [8]

□ **Gebiet der Immunisierung**
Durch katodischen Schutz einer äußerlich angelegten negativen Fremdspannung ist der Stahl immun. Die Oxidation gemäß Fe → Fe²⁺ + 2e⁻ wird unterdrückt.

□ **Gebiet der Korrosion**
Innerhalb der schraffierten Fläche wird der Stahl korrodiert.

□ **Gebiet der Passivierung**
Ab pH-Wert 9,5 wird ein Gebiet erreicht, in dem der Stahl unabhängig von seinem Potential geschützt ist. Im pH-Bereich 9,5 bis 13 tritt keine Korrosion auf, da sich die Gebiete der Passivierung und Immunisierung berühren.

> Der Grenzwert von pH 9,5 gilt nur unter den Idealbedingungen des Pourbaix-Diagramms. In der Praxis ist von höheren Werten auszugehen. Danach wird die Passivschicht schon bei pH-Werten <11 langsam angegriffen. Stabilität der Passivschicht herrscht im Bereich von pH 11,5 bis 13. Im Beton kann durch drei Vorgänge die Passivschicht aufgehoben werden («Depassivierung»): Carbonatisierung, Chlorideinwirkung und Rissbildung.

13.4.2 Korrosionsreaktionen

Ist die Passivierung durchbrochen (pH <9,5 oder Chlorid), können sich Potentialunterschiede ausbilden (unterschiedliche Deckschichten, unterschiedliche Belüftung), die zur Korrosion vom Sauerstofftyp führen (siehe Abschnitt 4.4.2). Bei hinreichender Feuchte bilden sich anodisch und katodisch wirkende Metalloberflächenbereiche. Liegen Anode und Katode eng beieinander, entstehen **Mikrokorrosionselemente**, die zu einem ebenmäßigen Abrosten führen. Liegen Anode und Katode örtlich getrennt, entstehen **Makrokorrosionselemente**, die zu einem ungleichmäßigen Abtrag (z.B. Lochfraß bei chloridinduzierter Korrosion mit kleiner Anoden- und großer Katodenfläche) führen. Die Korrosionsprodukte (Rost) haben ein größeres Volumen (2,5fach) als der unkorrodierte Stahl und können die Betonüberdeckung absprengen.

□ Anodenreaktion (Eisenauflösung, Oxidation)
Fe → Fe²⁺ + 2e⁻

□ Katodenreaktion (Sauerstoffreduktion)
$\frac{1}{2}$ O₂ + H₂O + 2e⁻ → 2 OH⁻

□ Reaktion der Fe²⁺-Ionen (Bildung der Korrosionsprodukte)

$$Fe^{2+} + 2\,OH^- \rightarrow Fe(OH)_2$$
$$2\,Fe(OH)_2 + {}^1\!/_2\,O_2 \rightarrow 2\,FeO(OH) + H_2O$$
$$\text{Rost}$$

13.4.3 Korrosionsbedingungen

Aufgrund der Korrosionsreaktionen lässt sich ableiten, dass eine Korrosion von Stahl in Beton nur dann auftreten kann, wenn gleichzeitig 3 Bedingungen erfüllt sind:
❏ Die **Passivschicht** ist **zerstört** durch Carbonatisierung (d.h. pH-Wert <9,5) oder Chloride,
❏ Vorhandensein von **Wasser** (zur Lösung von Elektrolyten; außerdem wird der elektrische Widerstand des Betons deutlich vermindert),
❏ Vorhandensein von **Sauerstoff** (Sauerstoff kann bis zum Bewehrungsstahl vordringen).

Wenn eine Bedingung fehlt, kommt es nicht zum Rosten. So unterbleibt die Korrosion bei trockenem Beton (z.B. Innenräume, hoher elektrischer Widerstand), auch wenn die Passivschicht zerstört ist. In nassem, wassergesättigtem Beton ist die Korrosion wegen unzureichender Sauerstoffzufuhr behindert. Wechseldurchfeuchtung hingegen bedeutet hohe Korrosionsgefahr.

13.4.4 Carbonatisierung

Chemische Reaktion
Der CO_2-Gehalt der Luft schwankt um 0,03 Vol.-% bei Landluft, 0,05 Vol.-% bei Stadtluft und 0,08 Vol.-% bei Industrieluft. Aus der jeweiligen Umgebungsluft diffundiert CO_2 mit der Zeit millimeterweise in die Betonoberfläche ein und wandelt Kalkhydrat $Ca(OH)_2$ im Porenwasser des Zementsteins in neutral reagierendes Calciumcarbonat $CaCO_3$ um. Erreicht die Carbonatisierungsfront den Stahl, ist aufgrund des abgefallenen pH-Wertes die Passivierung aufgehoben. Für den unbewehrten Beton hat die Carbonatisierung keine Festigkeitseinbußen zur Folge.

$$Ca(OH)_2 + CO_2 + H_2O \rightarrow CaCO_3 + 2\,H_2O$$
aus Zement   aus Luft

Einflussfaktoren
Die Carbonatisierung ist im Wesentlichen abhängig von

❏ der Konzentration an $Ca(OH)_2$, d. h. von Zementart und Menge im Beton,
❏ der Konzentration an CO_2 in der Luft,
❏ der rel. Luftfeuchte (ideal bei 50 bis 70 %, praktisch bei null < 30 % und wassersattem Beton),
❏ der Umgebungstemperatur,
❏ der Porenstruktur des Zementsteins bzw. des W/Z-Wertes,
❏ der Nachbehandlung des Betons, besonders in Randzonen.

Wurzel-t-Gesetz
Die Geschwindigkeit, mit der die Carbonatisierungstiefe voranschreitet, kann durch das sog. «Wurzel-t-Gesetz» beschrieben werden:

$$s = a\sqrt{t}$$

s Carbonatisierungstiefe (mm) bzw. Betonüberdeckung
a Faktor, der Randbedingungen erfasst $(mm/\sqrt{t})$
t Zeit (Jahre)

Allerdings erlaubt das Wurzel-t-Gesetz unter natürlichen Bewitterungsbedingungen keine zuverlässige Abschätzung. Zu beachten ist, dass bei Außenbauteilen wegen der wechselnden

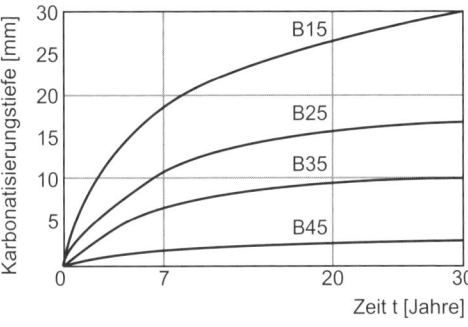

Bild 13.3   Carbonatisierungstiefe in Abhängigkeit der Zeit und Betongüte [5]

Durchfeuchtung die Carbonatisierung langsamer verläuft, als es dem Wurzel-t-Gesetz entspricht. Bei Luftfeuchten unter 30% und unter Wasser (z.B. Regen) findet praktisch keine Carbonatisierung statt. Am schnellsten verläuft die Carbonatisierung «im Freien unter Dach» (Bild 13.3).

Experimentell lässt sich die Carbonatisierungstiefe einfach durch den Phenolphthalein-Sprühtest bestimmen, der die nicht carbonatisierten Bereiche rot erscheinen lässt (siehe Abschnitt 1.9).

13.4.5   Chloridangriff

Herkunft von Chloriden
Angreifende Chloride können aus Tausalzlösungen, Meerwasser, Industrieabwässern, PVC-Brandgasen, Baustoffen, Zusatzmitteln, Schwimmbadwässern usw. stammen. Der Chloridtransport im Beton erfolgt über das Porenwasser.

Korrosion durch Chlorid-Ionen
Aufgrund ihres kleinen Ionenradius sind Chlorid-Ionen in der Lage, in den Beton einzudiffundieren. Chlorid-Ionen sind in der Lage, **auch im nicht carbonatisierten Bereich die Passivschicht** des Stahls **zu zerstören**. Das Schadensbild der chloridinduzierten Korrosion äußert sich in einer örtlich stark konzentrierten Eisenauflösung an der Anode (Lochfraßkorrosion, Muldenfraßkorrosion). Die Eisenauflösung verläuft anders als bei der carbonatisierungsinduzierten Korrosion ohne Volumenzunahme der Korrosionsprodukte ab. Die Betondeckung wird nicht abgesprengt. Das bedeutet, dass die chloridinduzierte Korrosion wesentlich schwerer zu entdecken ist. Durch die tiefgehenden Korrosionsnarben ist der Tragfähigkeitsverlust der Bewehrung größer als bei der carbonatisierungsinduzierten Korrosion.

Hypothetischer **Reaktionsablauf der chloridioneninduzierten Korrosion** bei einem lokalen pH-Bereich 4,5...7:

❏ Anodenreaktion (Eisenauflösung im pH-Bereich 4,5...7):
$$Fe \rightarrow Fe^{2+} + 2e^-$$

❏ Katodenreaktion (7 > pH > 4,5 ; beim diesem pH-Bereich findet noch keine Reduktion des Sauerstoffs zu Hydroxylionen statt):
$$2\,H^+ + {}^1/_2\,O_2 + 2e^- \rightarrow H_2O$$
❏ Reaktion der Fe²⁺-Ionen
$$Fe^{2+} + 2\,H_2O + 2\,Cl^- \rightarrow Fe(OH)_2 + 2\,HCl \rightarrow FeCl_2 + H_2O$$

Im Sauren bilden sich keine Korrosionsprodukte aus (FeCl₂ bleibt in Lösung).

Bindung von Chlorid im Beton
Der Zementstein ist in Abhängigkeit der Zementart und des Zementgehaltes in der Lage, eine bestimmte Menge an Chloridionen über die Calciumaluminathydratphase im sog. **Friedel'schen Salz** zu binden.

$$C_3A \cdot CaCl_2 \cdot 10\,H_2O$$

Maßgebend für die Chloridkorrosion ist nicht der Gesamtchlorgehalt, sondern nur der Anteil an freien, ungebundenen Chlorid-Ionen im Porenwasser. Analytisch ist es aber schwierig, die freien Chlorid-Ionen zu bestimmen. In der Regel wird der Gesamtchlorgehalt des Zementsteins erfasst und dieser angegeben.

Zulässige Chloridgehalte
In Stahlbeton aus Portlandzement sind etwa 0,4 M.-% an Chlorid, bezogen auf das Zementgewicht, gebunden. Daraus wurde für Stahlbeton (Stb) ein zulässiger Schwellenwert an Chlorid von 0,4 M.-%, bezogen auf Zement, abgeleitet, für Spannbeton (Spb) 0,2 M.-% [4].

Nach DIN 1045-2 wird die Forderung nach unkritischen Chloridgehalten als erfüllt angesehen, wenn der **Chloridgehalt jedes Ausgangsstoffes** (Zement, Zusatzmittel, Zuschlag, Anmachwasser) den nach den Regelwerken zulässigen Wert einhält. Derzeitig gilt (in M.-% vom Zementgewicht) für
❏ Zement: Stb und Spb 0,1%;
❏ Zusatzmittel: Stb 0,2%, Spb 0,1%;
❏ Zuschlag: Stb ≦0,04%, Spb ≦0,02%*);
❏ Anmachwasser: Stb ≦2000 mg/l, Spb ≦600 mg/l.
*) mit sofortigem Verbund

Eindringtiefe von Chlorid-Ionen

Chlorid dringt durch die Kapillarporen des Zementsteins sowie Mikrorisse in den Beton ein. Der Transport erfolgt durch Ionendiffusion (siehe Abschnitt 13.6.3) im Porenwasser als auch durch kapillares Saugen von Salzlösungen.

Die Eindringtiefe von freien Chlorid-Ionen ist abhängig vom **Diffusionskoeffizienten** des Zementsteins für Chlorid-Ionen. Der Diffusionskoeffizient ist eine Materialkonstante und hängt ab von der Kapillarporosität des Zementsteins und der Bindekapazität für Chlorid-Ionen (Zementart/-menge). Mit sinkendem W/Z-Wert und intensiver Nachbehandlung nimmt der Diffusionskoeffizient ab. Eine Erhöhung des Hüttensandgehaltes von 15 auf 60% hat eine Reduktion des Diffusionskoeffizienten von einer Zehnerpotenz zur Folge. Ähnlich günstig wirkt sich der Zusatz von Flugasche oder silikatischer Feinstäube aus.

Wirkungsvoller ist der Transport durch **kapillares Saugen** von Chloridlösungen. Verstärkt wird das Saugen durch wiederholtes Abtrocknen [3].

13.4.6   Risse im Beton

Risse, die von der Betonoberfläche durchgehend bis zur Bewehrung verlaufen, beschleunigen sowohl die carbonatisierungsinduzierte als auch die chloridinduzierte Korrosion. Für die carbonatisierungsinduzierte Korrosion haben Rissbreiten bis rund 0,4 mm noch keinen nachweisbaren Einfluss auf die Korrosionsintensität. Für die chloridinduzierte Korrosion können diese Rissbreiten schon gefährlich werden, z.B. bei stark chloridbeaufschlagten horizontalen Bauteilen (Parkdecks). In Rissbereichen muss das Eindringen von Chloriden während der Nutzungsdauer, z.B. durch Beschichtung, verhindert werden (Heft 400 DAfStb). Eine Sanierung kann nicht durch Rissinjektion erfolgen, da die Chloridverseuchung vorhanden bleibt und auch bei einer Abdichtung weiterlaufen kann. Vielmehr muss der gesamte chloridbelastete Beton im Rissbereich entfernt und reprofiliert werden.

13.4.7   Korrosion bei Spannstählen

Neben den bei Betonstählen dargestellten Korrosionsarten kommen bei Spannstählen die Korrosionserscheinungen Spannungsrisskorrosion und Wasserstoffversprödung hinzu. In beiden Fällen liegen Sprödbrucherscheinungen ohne Vorankündigung und ohne wesentlichen Korrosionsabtrag vor.

Spannungsrisskorrosion

Unter Spannungsrisskorrosion versteht man das Aufreißen des Metallgefüges bei gleichzeitiger Einwirkung von Korrosionsmittel und statischer Zugspannung. Es bilden sich unter den hohen, dauernd vorhandenen Stahlspannungen an den Korngrenzen sehr kleine Risse, die sich bis ins Stahlinnere ausbreiten können. Verursacht werden diese durch Potentialbildung unter Zugspannung, die die Ausbildung anodischer Bezirke fördert. Man unterscheidet:

❏ **interkristalline Spannungsrisskorrosion**
Sie entsteht durch äußere Einflüsse wie Spuren von Säuren, Basen oder Salzen (besonders Na^+, NH_4^+, NO_3^--Ionen). Es bilden sich kleine anodische Zonen, die sehr in die Tiefe gehen können (kleine Anode, große Katode);

❏ **transkristalline Spannungsrisskorrosion**
Sie entsteht z.B. durch Fehlstellen im Metallgitter der Stahllegierung. Risse bilden sich senkrecht zur Zugrichtung. Auslöser: Carbonatisierung, Chlorid, Nitrat.

Wasserstoffversprödung

Unter ungünstigen Bedingungen kann die Spannungsrisskorrosion nach dem **Wasserstoffkorrosionstyp** erfolgen. In aktiven Korrosionsnarben kann der pH-Wert so weit abgesenkt sein, dass Wasserstoffentwicklung erfolgt. Durch bestimmte Randbedingungen kann der Wasserstoff im Augenblick des Entstehens («**in statu nascendi**»), atomar und damit viel reaktionsfähiger als der molekulare Wasserstoff vorliegen. Atomarer Wasserstoff dringt in das Stahlgefüge ein, versprödet dieses und rekombiniert an den Korngrenzen zu molekularem Wasserstoff unter Aufbau großer Drücke, die den Stahl zum Reißen bringen.

❏ Anodenreaktion: $Fe \rightarrow Fe^{2+} + 2e^-$
❏ Katodenreaktion: $2\,H^+ + 2e^- \rightarrow 2\,H_{atomar} \rightarrow H_2$

Bestimmte Stoffe **stabilisieren** den atomaren Zwischenzustand (H_2S, SCN^-, Hg^{2+}, As^{3+}) und sind daher korrosionsfördernd – z.B. das in Tonerdezement enthaltene CaS, das sich hydrolytisch zu H_2S zersetzt:

$$CaS + 2\,H_2O \rightarrow Ca(OH)_2 + 2\,H_2S$$

Normale Bau- und Betonstähle sind unempfindlich gegen Wasserstoffversprödung. Der bei Einsatz von Einpresshilfen entstehende molekulare Wasserstoff verursacht keine Wasserstoffversprödung der Spannstähle (siehe Abschnitt 15.6).

13.5   Biologische Korrosion

Beton kann durch biologischen Angriff korrodieren. Bestimmte Bakterien sind in der Lage, auf feuchten Betonoberflächen Mineralsäuren zu erzeugen, die den Beton chemisch angreifen. Es handelt sich um Schwefelsäure bildende Thiobazillen und Salpetersäure bildende Nitrifikanten. Stark betroffen von diesem Angriff

sind vor allem Abwasserkanäle und Kühltürme.

13.5.1   Abwasserkanäle

Im Abwasser bzw. dessen Ablagerungen enthaltene Schwefelverbindungen (z.B. Sulfate) werden durch reduktive Stoffwechselprozesse von Mikroorganismen zu Schwefelwasserstoff reduziert (reduktive Zone). Dieses wird durch Sauerstoff und **Thiobazillen** zu H_2SO_4 oxidiert (oxidative Zone). Reaktionen:

❏ Sulfate → Reduktion durch Mikroorganismen → Sulfide bzw. Schwefelwasserstoff
❏ $H_2S + \frac{1}{2}\,O_2 \rightarrow H_2O + S$
   Schwefelwasserstoff entweicht in den Raum als Gas und scheidet auf Betonwänden unter Oxidation von Luftsauerstoff Schwefel ab.
❏ $S + H_2O + 1,5\,O_2 \rightarrow$ Thiobazillen $\rightarrow H_2SO_4$
   Schwefel wird mit Hilfe der Thiobazillen unter aeroben Bedingungen zu Schwefelsäure oxidiert.

Thiobazillen sind in der Lage, Schwefelsäure in einer Konzentration von bis zu 7% herzustellen. Die gebildete Schwefelsäure greift die Beton-

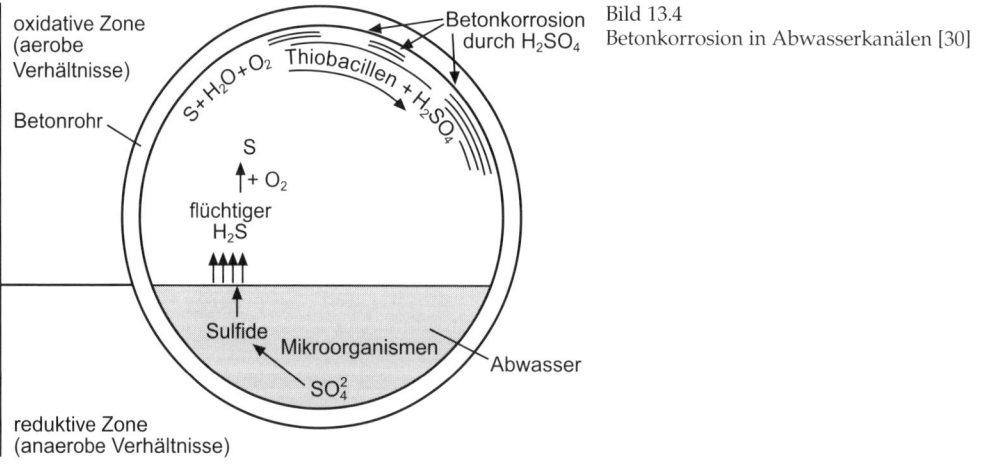

oxidative Zone
(aerobe
Verhältnisse)

Betonrohr

reduktive Zone
(anaerobe Verhältnisse)

Bild 13.4
Betonkorrosion in Abwasserkanälen [30]

oberfläche des Abwasserkanals unter Sulfat-treiben an (Bild 13.4).

13.5.2   Kühltürme

Auf Kühlturm-Innenwänden herrschen konstante Temperaturen von 30 °C bei 95 bis 100% Luftfeuchte. Kühltürme sind daher besonders anfällig für mikrobiologische Angriffe. Anders als in Abwasserkanälen treten an den Beton-innenflächen der Kühltürme neben einer geringen Anzahl Thiobazillen die Salpetersäure bildenden **Nitrifikanten** in sehr hoher Anzahl auf, die hier offenbar besonders gute Lebensbedingungen finden. Nitrifikanten unterscheidet man in Ammoniakoxidanten, die Ammonium zu Nitrit oxidieren, und Nitritoxidanten, die Nitrit zu Salpetersäure umwandeln. Mit dieser erfolgt eine Ansäuerung der Betonoberfläche (pH 5...6), wobei lösliches $Ca(NO_3)_2$ als bauschädliches Salz entsteht (Mauersalpeter) [12, 30].

13.6   Mechanismus und Beurteilung des Eindringens von Schadstoffen in den Beton

13.6.1   Transportvorgänge

Praktisch alle wesentlichen Zerstörungsvorgänge in Beton haben mit Transportvorgängen zu tun. Transportwege für eindringende Stoffe sind Kapillarporen sowie Poren in der Kontaktzone Zementstein–Zuschlag und Mikrorisse. Nach POWERS nimmt die Eindringgeschwindigkeit mit steigender Kapillarporosität (zunehmender W/Z-Wert, abnehmender Hydratationsgrad) und Mikrorissen überproportional zu (Bild 13.5). Besonders gefährdet ist Beton, wenn z.B. bei einem hohen W/Z-Wert eine **Kontinuität des Porensystems** erreicht wird. Zum Transport von Wasser, Ionen und Gasen im Beton sind treibende Kräfte erforderlich. Es wird je nach Art der treibenden Kraft zwischen kapillarem Saugen, Diffusion und Permeation unterschieden.

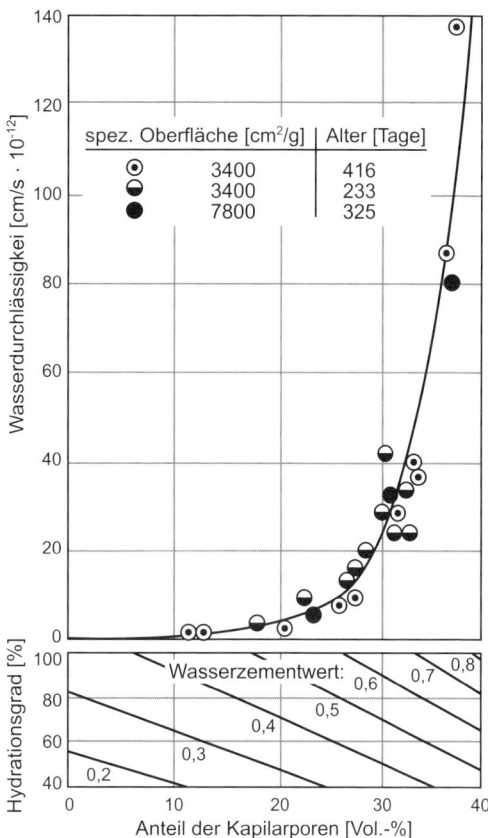

Bild 13.5   Wasserdurchlässigkeit von Zementstein in Abhängigkeit des Kapillaranteils nach T. O. Powers [30]

13.6.2   Kapillares Saugen

Aufgrund von Adhäsionskräften zwischen der Röhrenoberfläche einer engen Röhre (Kapillare) und Molekülen einer Flüssigkeit kann letztere gegen die Schwerkraft aufsteigen. Auf diese Weise kann Wasser in poröse Systeme gesaugt werden, **also Stofftransport infolge Kapillarität**. Die **Steighöhe** ergibt sich aus dem Gleichgewicht der Adhäsionskraft und dem Gewicht der Flüssigkeitssäule in der Kapillare. Bei porösen Betonen sind Steighöhen von mehreren Dezimetern möglich.

Beispiele: Aufnahme von Wasser bei Fundamenten oder Wänden im Grundwasser, bei Schlagregenbeanspruchung, bei Tausalzlösungen in Wandnähe.

13.6.3   Diffusion

Unter Diffusion wird der Transport von freien Atomen, Molekülen oder Ionen als Folge und in Richtung eines Konzentrationsgefälles verstanden mit dem Ziel, dieses auszugleichen. Der Widerstand eines Werkstoffes gegen Diffusionstransport wird durch den Diffusionskoeffizienten D (m^2/s) nach dem 1. Fick'schen Gesetz charakterisiert. Der Diffusionskoeffizient gibt die Stoffmenge an, die in der Zeiteinheit beim Konzentrationsgefälle 1 durch den Einheitsquerschnitt diffundiert.

Kurz gesagt, bedeutet Diffusion **Stofftransport infolge von Konzentrationsunterschieden**.

Beispiele: Austrocknen von Baustoffen durch Abgabe von Wasserdampf an die trockenere Luft, Eindringen von Luft-CO_2 oder Radon in den CO_2/Radon-ärmeren Beton, Eindringen von chloridhaltigen Lösungen in das chloridarme Betonporenwasser.

13.6.4   Permeation

Bei der Permeation erfolgt der **Stofftransport infolge äußerer Drücke**. *Beispiel:* Durchströmung des Porensystems von Flüssigkeiten oder Gasen als Folge eines äußeren Druckes (z.B. drückendes Wasser).

13.6.5   Osmose

Hygroskopische Salze bzw. deren konzentrierte Lösungen nehmen aus der Umgebung Wasser auf. Befindet sich die Salzlösung in einer Pore mit einer nur in einer Richtung für Wassermoleküle durchgängigen Porenwand, baut sich ein **Druck auf die Porenwandung** auf (osmoti-

scher Druck, siehe Abschnitt 14.3), der diese u.U. zerstören kann.

Beispiel: Tausalzschäden an Beton.

13.6.6   Einteilung der Korrosionsphasen

Die Bewehrungskorrosion läuft in 2 Phasen ab, der **Einleitungsphase** und der Korrosionsphase. Die Einleitungsphase beschreibt die Carbonatisierung oder das Vordringen von Chloriden von der Bauteiloberfläche bis zur Oberfläche der Bewehrung. De facto tritt in dieser Phase noch keine Schädigung des Betons ein. Die **Schädigungsphase** beginnt mit der Zerstörung der Passivschicht, gefolgt von der Korrosion des Stahls, Abplatzungen bis zum Bauteilversagen. Wichtig für die Beurteilung eines korrosionsgefährdeten Betons ist, dass die Schädigung erst nach der Depassivierung beginnt, also nicht in der Einleitungsphase [6].

13.7   Maßnahmen zum Korrosionsschutz

Neben der Bemessung für äußere Lasten ist zusätzlich die Dauerhaftigkeit von Betonbauwerken sicherzustellen (beabsichtigte Nutzungsdauer mindestens 50 Jahre). Hierzu muss den zu erwartenden Umwelteinwirkungen auf Beton Rechnung getragen werden. In der DIN 1045-2 (2001) sind die Anforderungen an den Beton in Abhängigkeit von den möglichen Einwirkungen durch sog. **Expositionsklassen** festgelegt. Die Expositionsklasse wird durch den Buchstaben X, einen folgenden für die Art der Schadenseinwirkung und eine Zahl für den Schädigungsgrad benannt.

Für das Schadensrisiko Null wird die Expositionsklasse X0 festgelegt. Die weiteren Expositionsklassen unterscheiden zwischen Einwirkungen auf die Bewehrung (XC, XD, XS) und auf den Beton (XS, XF, XA, XM). Die insgesamt 7 Expositionsklassen erfahren noch eine Unterteilung nach Schädigungsgrad, so dass insgesamt 21 Expositionsklassen resultieren:

❑ Expositionsklasse X0 (Angriff Null) steht für Beton ohne Bewehrung und ohne Korrosionsrisiko (z.B. in Innenräumen).

Einwirkungen auf die **Bewehrung** werden erfasst durch

❑ Expositionsklasse XC (**C**arbonation, d.h. Beanspruchungen durch Karbonatisierung) mit den Schädigungsgraden XC1, XC2, XC3, XC4,
❑ Expositionsklasse XD (**D**eicing salts, d.h. Chlorideinwirkung aus Streusalzen) mit den Schädigungsgraden XD1, XD2, XD3,
❑ Expositionsklasse XS (**S**eawater, d.h. Chlorideinwirkung aus Meerwasser mit den Schädigungsgraden XS1, XS2, XS3).

Einwirkungen auf den **Beton** werden erfasst durch

❑ Expositionsklasse XF (**F**reezing, d.h. Beanspruchung durch Frost mit und ohne Taumitteleinwirkung) mit den Schädigungsgraden XF1, XF2, XF3, XF4,
❑ Expositionsklasse XA (Chemical **A**cid, d.h. Beanspruchung durch chemischen Angriff) mit den Schädigungsgraden XA1, XA2, XA3,
❑ Expositionsklasse XM (**M**echanical Abrasion, d.h. Beanspruchung durch Verschleiß) mit den Schädigungsgraden XM1, XM2, XM3.

In Abhängigkeit der Expositionsklasse werden Anforderungen an den einzusetzenden Beton (Bilder 13.6a und b) festgelegt hinsichtlich

❑ höchstzulässigem W / Z-Wert,
❑ Mindestdruckfestigkeit,
❑ Mindestzementgehalt (mit und ohne Zusatzstoffe, wie z.B. Flugasche),
❑ Mindestluftgehalt,
❑ Ausschluss bestimmter Zemente.

Literatur zum Thema «Beton und Stahlbeton»:
  [3; 4; 5; 6; 8; 9; 12; 13; 30; 47; 48]

Bild 13.6a
Expositionsklasse an einem
Wohnhaus [48]

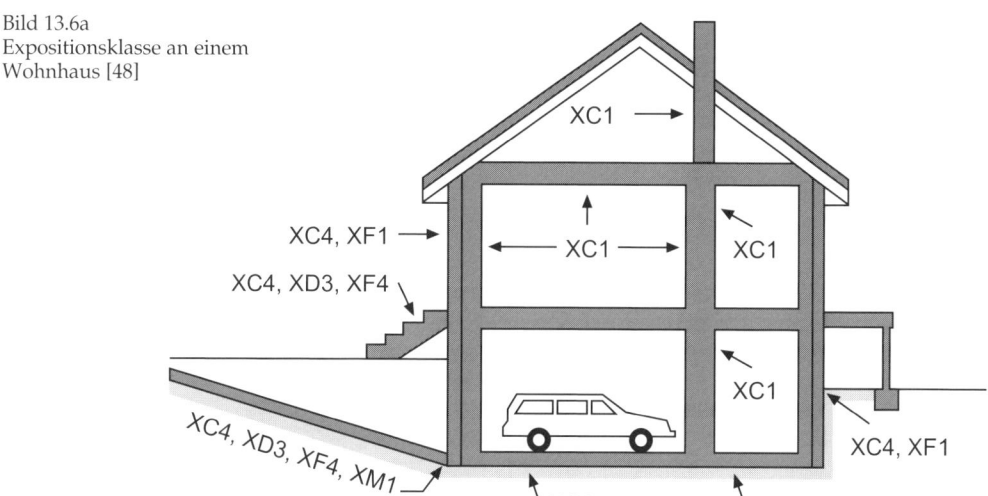

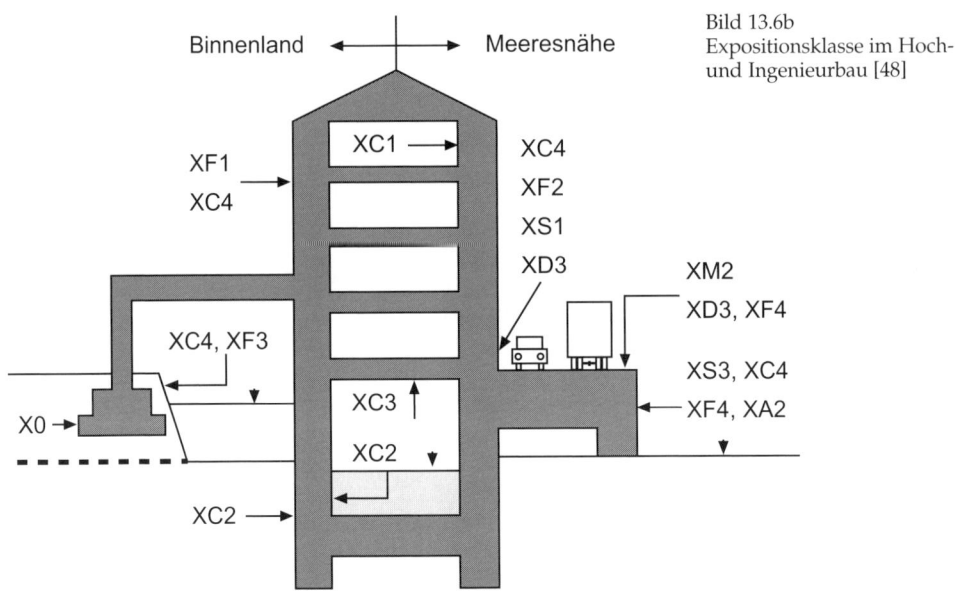

Bild 13.6b
Expositionsklasse im Hoch-
und Ingenieurbau [48]

14 Bauschädliche Salze

14.1 Allgemeines

Bauschädliche Salze sind weit verbreitet und stellen – immer in Verbund mit Feuchtigkeit – eine häufige Schadensursache an mineralischen Baustoffen dar. Sie bestehen aus wasserlöslichen Verbindungen, die bei Durchfeuchtung in Lösung gehen, aus- und umkristallisieren und als weiße Ausblühungen sichtbar werden. Sie werden entweder durch aufsteigende Feuchtigkeit dem Baustoff zugeführt oder sie stammen aus dem Baustoff oder werden im Baustoff gebildet. Bauschädliche Salze kommen sowohl an/in Natursteinen als auch in künstlichen mineralischen Baustoffen vor.

14.2 Mineralische Baustoffe

Natursteine
Natursteine finden Anwendung in Hausfassaden, im Gleis-, Wege- und Straßenbau, im Innenausbau und als Zuschlag für Beton. Man unterscheidet im Wesentlichen calcitische, z.B. Kalkstein (Travertin, Kalktuff, Marmor), und quarzitische Natursteine, z.B. Sandsteine. Sandsteine bestehen aus verkitteten Quarzkörnchen mit tonigem, kalkigem oder kieseligem Bindemittel. Letzteres führt zu sehr stabilen Sandsteinen, z.B. Grauwacke. Als weitere bautechnisch wichtige Natursteine seien Granit, Basaltlava, Porphyr und Dachschiefer genannt. Als Zuschlag werden Kies, Sand und gebrochene Festgesteine (z. B. Basalt, Kalkstein) verwendet.

Künstliche mineralische Baustoffe
Hierzu zählen z.B. Mörtel, Beton, Betonwaren (Betonpflastersteine), Ziegel, Keramik, Kalksandsteine, Porenbeton.

Allgemeine Korrosion an mineralischen Baustoffen
Korrosionsursachen an Baustoffen sind oft nicht eindeutig zuzuordnen. So muss man neben der Korrosion durch bauschädliche Salze immer an-

dere Korrosionsarten miteinbeziehen. Solche wären Frostschäden (z.B. Absanden und Absprengungen durch Gefrier-/Taubelastung, sieht Salzschäden ähnlich), chemisch bedingte Lösungs- und Treiberscheinungen, Porenverstopfung (Staub, Ruß) mit Einschluss von Feuchtigkeit und biologische Zerstörung durch Pilze, Algen, Flechten und andere Mikroorganismen. Letztere (Nitrifikanten, Thiobazillen) können wiederum bauschädliche Salze erzeugen.

14.3 Salzschäden

Erscheinungsbild
Die Versalzung eines Mauerwerks geht eng mit Durchfeuchtung einher, entweder durch hygroskopische Salzfeuchte, aufsteigende Mauerfeuchtigkeit oder Schlagregen. Durch kapillare Wanderung kommt es zu einer Anreicherung von Salzen im Außenputz. Sichtbar steigt die Feuchtefront höher. Salze kristallisieren aus und erzeugen Ausblühungen und Absprengungen.

Wichtige bauschädliche Salze
Als wichtige bauschädliche Salze gelten Sulfate, Chloride, Nitrate, Carbonate von Ca, Na, Mg (Tabelle 14.1). Sie gelten deshalb als bauschädlich, weil

❏ sie das Mauerwerk hygroskopisch durchfeuchten,
❏ sie sprengend wirken durch Aus- und Umkristallisation, Aufbau osmotischer Drücke und chemische Reaktion zu voluminösen Verbindungen,
❏ sie in der Lage sind, als Lösung zu wandern und kapillar aufzusteigen, z.B. als aufsteigende Mauerfeuchtigkeit.

Entstehung bauschädlicher Salze
a) durch **Schadstoffe aus der Atmosphäre**, z.B. SO_2. Diese bilden Schwefelsäure:

$$SO_2 + {}^1/_2 O_2 + H_2O \rightarrow H_2SO_4$$

Tabelle 14.1   Bauschädliche Salze

Zusammensetzung	Name	Vorkommen
$MgSO_4 \cdot 7\,H_2O$	Magnesiumsulfat (Bittersalz)	Naturstein
$CaSO_4 \cdot 2\,H_2O$	Calciumsulfat (Gips)	Beton, Putz, Ziegel- und Natursteinmauerwerk
$NaSO_4 \cdot 10\,H_2O$	Natriumsulfat (Glaubersalz)	Ziegel- und Natursteinmauerwerk
$3\,CaO \cdot Al_2O_3 \cdot 3\,CaSO_4 \cdot 32\,H_2O$	Ettringit (Trisulfat)	Beton
$Mg(NO_3)_2 \cdot 6\,H_2O$ $Ca(NO_3)_2 \cdot 4\,H_2O$ $5\,Ca(NO_3)_2 \cdot 4\,NH_4NO_3 \cdot 10\,H_2O$	Magnesiumnitrat Calciumnitrat (Mauersalpeter) Ammonium-Kalksalpeter	Toilettenanlagen und Stallungen Viehstallungen Viehstallungen
$CaCl_2 \cdot 6\,H_2O$ $NaCl$	Calciumchlorid Natriumchlorid (Kochsalz)	Tausalze
$Na_2CO_3 \cdot 10\,H_2O$ K_2CO_3	Natriumcarbonat (Soda) Kaliumkarbonat (Pottasche)	Natursteinflächen, die mit Wasserglas behandelt wurden

Calcium-Ionen des Baustoffs bilden mit Sulfat-Ionen bei Feuchtezufuhr an der Oberfläche Gips:

$$Ca^{2+} + SO_4^{2-} + 2\,H_2O \rightarrow CaSO_4 \cdot 2\,H_2O$$

b) durch **produktionsbedingte Salzgehalte in Baustoffen**, z.B. Na_2SO_4 in Ziegeln.

Calcium-Ionen des Baustoffs bilden mit Sulfat-Ionen bei Feuchtezufuhr im Ziegel Gips:

$$Ca^{2+} + SO_4^{2-} + 2\,H_2O \rightarrow CaSO_4 \cdot 2\,H_2O$$

c) durch **Salzzuführung**, z.B. Chlorid durch Tausalz oder aus Zusatzmittel im Fugenmörtel, Nitrat durch Grund-/Abwasser.

Calcium-Ionen des Baustoffs bilden mit Chloriden/Nitraten Calciumchlorid/-nitrat

$$Ca^{2+} + 2\,Cl^- + 6\,H_2O \rightarrow CaCl_2 \cdot 6\,H_2O$$
$$Ca^{2+} + NO_3^- + 4\,H_2O \rightarrow CaNO_3 \cdot 4\,H_2O$$

d) durch **Bakterien**
Nitrifikanten bilden Salpetersäure bzw. Nitrate, Thiobazillen bilden Schwefelsäure bzw. Sulfate.

e) durch **Auslaugung** mineralischer Bindemittel und Zusatzmittel durch kalkaggressives Wasser zu Ausblühungen, z.B. bei kalk- und zementgebundenen Baustoffen.

Calciumcarbonat des Baustoffs löst sich in kohlensäurehaltigem, aggressiven Wasser:

$$CaCO_3 + CO_2 + H_2O \rightarrow Ca(HCO_3)_2 \rightarrow CaCO_3 + H_2O + CO_2$$

f) durch Reaktion des Gesteins, z.B. bei pyrithaltigen Natursteinen.

Pyrit reagiert mit Wasser und Sauerstoff zu Schwefelsäure und Eisen(III)sulfat, das in Wasser unter starker Hydrolyse in Rost (Braunfärbung) und Schwefelsäure zerfällt [9; 35].

$$2\,FeS_2 + H_2O + 7\tfrac{1}{2}\,O_2 \rightarrow H_2SO_4 + Fe_2(SO_4)_3$$
$$Fe_2(SO_4)_3 + 4\,H_2O \rightarrow 2\,FeO(OH) + 3\,H_2SO_4$$

Hygroskopizität
Salze, die in Wasser sehr leicht löslich sind (z.B. $CaCl_2$, $MgCl_2$, $NaOH$, KOH u.a.), ziehen die Feuchtigkeit der Luft an. Das Salz zerfließt zu einer konzentrierten Lösung. Man bezeichnet solche Salze als **hygroskopisch**. Gesättigte Lösungen dieser Salze zeigen einen durch die große Salzkonzentration der Lösung bedingten geringen Wasserdampfdruck über der gesättigten Lösung. Ist dieser Wasserdampfdruck bei Raumtemperatur geringer als der Partialdruck des Wasserdampfes in der Luft, so kondensiert sich Luftfeuchte unter Verdünnung der gesättigten Lösung.

Kristallwasserhaltige Salze besitzen einen temperaturabhängigen charakteristischen Wasserdampfdruck. Dieser kann größer oder kleiner sein als der Wasserdampfpartialdruck der Luft.

Lagert man in Luft (25 °C/50% rel. Feuchte) $CaCl_2 \cdot 6\,H_2O$, zieht dieses aus der Luft Wasser an, da dessen Wasserdampfpartialdruck nur eine relative Feuchte von 30% erzeugt. Nimmt man $Na_2SO_4 \cdot 10\,H_2O$, so pulverisiert dieses unter Wasserabgabe, da dessen Wasserdampfpartialdruck eine rel. Feuchte von 84% erzeugt.

Sprengwirkung

Sie kann durch Aufbau des aus der Biologie entlehnten Begriffes eines **osmotischen Drucks** entstehen. Danach strebt eine in einer Zelle befindliche konzentrierte Salzlösung nach Verdünnung mit dem Umgebungswasser (Lösemittel). Voraussetzung dafür ist eine die Zelle umgebende semipermeable (halbdurchlässige) Membran, die nur Wasser in die Zelle hinein-, aber nicht herauslässt. Auf diese Weise erhöht sich der Zellendruck. Übertragen auf Baustoffe, können Porenwände unter bestimmten Bedingungen auch als semipermeabel gelten und so zu einem Porendruck führen.

Sprengwirkung entsteht auch durch **Auskristallisation**. Steigt mit abnehmender Luft- bzw. Stofffeuchte die Konzentration der im Stoff vorhandenen Salzlösung, tritt an einzelnen Stellen Auskristallisation auf. Dadurch entstehen örtliche **Kristallisationsdrücke** – vergleichbar mit den durch gefrierendes Wasser entstehenden Drücken. Salzschäden und Frostschäden haben daher das gleiche Erscheinungsbild: Absprengen von Oberflächen bzw. Zerstörung der festen Gesteinsstruktur in mehlige Substanzen.

Durch **Umkristallisation**, d.h. wiederholtes Lösen und Auskristallisieren, können Salze, die temperatur- bzw. feuchteabhängig verschiedene **Hydratstufen** ausbilden, z.B. Natriumsulfat, volumenmäßig bedingt verschiedene **Hydratationsdrücke** ausbilden:

$$Na_2SO_4 + 10\,H_2O \underset{> 32{,}4\,°C}{\overset{< 32{,}4\,°C}{\rightleftarrows}} Na_2SO_4 \cdot 10\,H_2O$$

Thenardit   Glaubersalz
1 Vol.-Anteil   4 Vol.-Anteile

Die Umwandlungstemperatur sinkt auf 27 °C bei Anwesenheit von Magnesiumsulfat, bei Gegenwart von Chloriden auf 15 °C. Unter diesen Bedingungen findet mehr oder weniger jahreszeitlich bedingt ein ständiger Kristallisationswechsel mit entsprechenden Kristallisationsdrücken statt, die zur Zerstörung des Baustoffs führen.

Weitere Beispiele:

$$Na_2CO_3 \cdot 10\,H_2O \overset{32{,}5\,°C}{\rightleftarrows} Na_2CO_3 \cdot 7\,H_2O$$
Kristallsoda
$$\overset{35{,}4\,°C}{\rightleftarrows} Na_2CO_3 \cdot H_2O$$

$$Ca(NO_3)_2 \cdot 4\,H_2O \overset{40\,°C}{\rightleftarrows} Ca(NO_3)_2 \cdot 3\,H_2O \overset{100\,°C}{\rightleftarrows} Ca(NO_3)_2$$
Mauersalpeter

Sprengwirkung entsteht außerdem durch **Reaktion von Baustoffkomponenten mit bauschädlichen Stoffen** zu voluminöseren Kristallen, z.B.

$CaCO_3 + H_2SO_4 + 2\,H_2O \rightarrow$
Kalk
$CaSO_4 \cdot 2\,H_2O + CO_2 + H_2O$
Gips   Vol.-Zunahme ca. 100%
$MgCO_3 + H_2SO_4 + 7\,H_2O \rightarrow$
Magnesit
$MgSO_4 \cdot 7\,H_2O + CO_2 + H_2O$
Bittersalz   Vol.-Zunahme ca. 430%

Praxisbeispiel: Einwirkung von luftverunreinigenden Stoffen auf die Bausubstanz an der Alten Pinakothek: Die Analyse der Oberflächenkruste zeigte 15 bis 35% Sulfat (25 bis 50 M.-% Gips). Der ursprüngliche Stein bzw. Mörtel war gipsfrei [55].

Kapillarer Stofftransport

Abgesehen von dichten, wenig porösen Natursteinen besitzen die meisten künstlichen Baustoffe Poren und Kapillaren, die das kapillare Steigvermögen des Wassers verursachen. Physikalisch wird die kapillare **Steighöhe** h beschrieben durch das Gesetz:

$h = 2\,\sigma/\rho \cdot g \cdot r$

σ Oberflächenspannung dyn/cm
    (dyn = 1 g cm/s^2)
ρ Dichte der Flüssigkeit in g/cm^3
g Fallbeschleunigung 9,81 m/s^2
r Kapillarradius in cm

Die nach dieser Formel erreichbaren idealisierten Steighöhen des Wassers werden allerdings in der Praxis (Mauerwerk) nicht erreicht und können daher nur als Anhalt dienen.

14.4   Aufsteigende Mauerfeuchtigkeit

Schadensbild

Die Schadensbilder gleichen sich: Ältere Sakral- und Profanbauten wie Kirchen, Klöster, Schlösser und Burgen, Bauernhäuser und Wohnhäuser sehen im Fundamentbereich feucht oder fleckig aus. Auf Naturstein, Mauerwerk oder Putz sieht man Salzausblühungen (Tabelle 14.2) oder stellt Putzablösungen fest. Messungen an entnommenen Putzprobe ergeben Feuchtegehalte von 4 bis 7% (normal 1%). Wenn man die Bauwerke erhalten will, stehen Sanierungsmaßnahmen an.

Ursachen

Die Ursache ist in den meisten Fällen bekannt. Es handelt sich um kapillar aufsteigende Feuchte. Aus dem Baustoff selbst, aus der Umgebung (tausalzhaltiges Spritzwasser im Sockelbereich) und aus dem Erdreich (Regen- und Grundwasser) dringen gelöste Salze über Jahre in das Mauerwerk ein. Das Wasser verdunstet, Salz bleibt im Mauerwerk zurück. Da es sich meist um hygroskopische Salze handelt, wird der

Durchfeuchtungsgrad noch gesteigert. In der Regel hat man es mit aufsteigender Feuchte *und* Versalzung zu tun.

Bauzustandsanalyse

Sie ist für die sinnvolle Planung unbedingt notwendig. Es wird der Durchfeuchtungsgrad bestimmt, eine Salzanalyse durchgeführt und die Festigkeit geprüft, verbunden mit objektspezifischen Aspekten (Statik, Nutzung). Die Auswertung der Analyse kann zu einer Instandsetzungsplanung führen, aber auch zu Ergebnissen wie Abriss und Rekonstruktion.

Sanierungsmaßnahmen gegen aufsteigende Feuchte

Chemische Injektionsverfahren

Weit verbreitet sind **Injektionsverfahren**, bei denen eine **chemische Horizontalsperre** errichtet wird. Das Injektagemittel wird durch nebeneinander angeordnete Bohrlöcher in der gewünschten Sperrebene in das Mauerwerk unter Druck oder drucklos eingebracht. Der kapillare Wasseranstieg wird bei diesem Verfahren dadurch gestoppt, dass Kapillaren des Baumaterials durch Abspaltung von Kieselgel abgedichtet («**verkieselt**») und durch Polymethylkieselsäure wasserabweisend gemacht («**hydrophobiert**») werden. **Kombinationsprodukte** aus Alkalisilikaten und Alkalimethylsilikonaten werden seit vielen Jahren mit Erfolg eingesetzt.

Tabelle 14.2   Ausblühungen

Vorkommen	Aussehen	Entstehung	Zusammensetzung
Putz, Beton	Weiße Krusten Weiße Bärte Kalksinter-auswitterungen	Auslaugung u. Carbonat. an der Oberfläche	$Ca(OH)_2$ (aus Zement + H_2O + $CO_2 \rightarrow Ca(HCO_3)_2$ $Ca(HCO_3)_2 \rightarrow$ Transport zur Oberfläche $CaCO_3 + CO_2 + H_2O$ **Calciumcarbonat**
Ziegel	Weißer Belag		Na_2O (aus Ton) + SO_2 (Aus Brennprozessen) + $^1/_2 O_2$ + 10 $H_2O \rightarrow$ $Na_2SO_4 \cdot 10\ H_2O$ **Glaubersalz**
Ziegel Naturstein Beton	Weißer Belag Schichten, Streifen Abblättern Treibrisse		CaO (aus Bindemittel) + SO_3 (Luft, Boden, Ziegel) + $H_2O \rightarrow$ $CaSO_4 \cdot 2\ H_2O$ **Gips-Dihydrat** analog $MgSO_4 \cdot 7\ H_2O$ **Bittersalz**
Stallwände Toiletten	Weißer Belag Abplatzungen		CaO (aus Bindemittel) + 2 HNO_3 + 3 $H_2O \rightarrow Ca(NO_3)_2 \cdot 4\ H_2O$ **Mauersalpeter**

Das **Alkalisilikat** spaltet durch Aufnahme von CO_2 **Kieselgel** ab:

$$Me_2SiO_3 + CO_2 \rightarrow SiO_2 + Me_2CO_3 \ (Me = Na, K)$$

Das **Alkalimethylsilikonat** reagiert durch den erreichten Trocknungseffekt ebenfalls mit CO_2 unter Bildung von Methylsilanolen, die unter Wasserabspaltung zu **Polymethylkieselsäure** vernetzen:

$$CH_3Si(OH)_2OK + CO_2 + H_2O \rightarrow CH_3\text{-}Si(OH)_3 + K_2CO_3$$
$$CH_3Si(OH)_3 \rightarrow \text{Polymerisation unter Wasserabspaltung}$$

Diese Wirkungsweise stellt eine ideale Kombination der Kapillarabdichtung und Hydrophobierung dar. Die Produkte besitzen nur den Nachteil der Salzbildung. Durch Rezepturoptimierung (z.B. Rohstoffe wie Kaliumpropylsilikonat) sollte die Salzbildung niedrig gehalten werden können. Alternative Hydrophobiermittel, sog. **Silane** (chemisch korrekt: Alkylalkoxisilane), sog. **Siloxane** (chemisch korrekt: oligomere Alkylalkoxisilane) und **Silikonharze** (chemisch korrekt: polymere Alkylalkoxisilane) haben den Nachteil, dass sie gelöst nur in organischen Lösungsmitteln vorliegen und sich in einem Mauerwerk nur unzureichend verteilen können. Einen Ausweg könnten neue wasseremulgierte Mikroemulsionen aus Silanen oder Siloxanen bilden, die allerdings recht hochpreisig sind.

Elektrophysikalische Verfahren
Keine übermäßig großen Erwartungen dürfen in den Austrocknungseffekt gesetzt werden, die elektrophysikalische Verfahren bewirken sollen. Bei diesem Verfahren werden Elektroden in Form von Bändern, Stäben, Platten u.Ä. am oder im Mauerwerk angebracht und gegen Erdsysteme unterschiedlich hohe Spannungen angelegt. Die Trocknung erfolgt unter Ausnutzung des **elektroosmotischen Effektes**, der unter bestimmten Voraussetzungen eine kapillare Wasserströmung von der Anode (im Mauerwerk eingesetzte Elektroden) zur Katode (Erdestäbe oder Erdesystem) verursacht. Das Verfahren ist nur bedingt praxistauglich. Es erfordert tiefge-

hende Kenntnisse der Elektrochemie, ist sehr baustoffabhängig und führt wegen unterschiedlich notwendiger Stromdichten nur zu unzureichenden Austrocknungsgraden.

Mauersägeverfahren
Die sichersten Horizontalabdichtungen sind mechanische **Sperren aus Edelstahlblechen**, die über den ganzen Mauerwerksquerschnitt eingebracht werden, um einen kapillaren Anstieg des Wassers zu verhindern. Zu denken ist bei extrem starker Chloridversalzung an eine Korrosion des Edelstahlblechs. Um ein Edelstahlblech einzubringen, muss das Mauerwerk geschlitzt werden. Nach Einlegen der Sperrmaterialien muß es wieder kraftschlüssig verkeilt und verpresst werden, damit keine Setzrisse auftreten. Problematisch wird die Anwendung, wenn sehr hartes Mauerwerk vorliegt. Bedingt durch starken Materialverschleiß und hohen Zeitaufwand können dann die Kosten recht hoch sein.

Saniermaßnahmen gegen Versalzung
Nach der Horizontalabdichtung und dem Entfernen des mit Salz angereicherten Putzes sollte eine Salzanalyse des Mauerwerkes nach Art und Mengen der verbliebenen Salze stattfinden. Grundsätzlich kann gesagt werden, dass das Entsalzen einer Wand oder eines Gebäudes praktisch nicht möglich ist. Als erprobte Saniermaßnahme gilt die chemische Umwandlung der leicht löslichen bauschädlichen Salze in schwer lösliche Verbindungen. Vor einer Salzbehandlung ist es notwendig, eine chemische Analyse der vorhandenen Salze vorzunehmen. Ergibt diese im Wesentlichen lösliche Sulfat- und Chloridverbindungen, bietet sich eine chemische Behandlung mit Bleihexafluorid-Lösung an. Es entstehen schwer lösliche Verbindungen gemäß

$$2\ NaCl + PbSiF_6 \rightarrow Na_2SiF_6 \text{ (schwer löslich)} + PbCl_2 \text{ (schwer löslich)}$$
$$MgSO_4 + PbSiF_6 \rightarrow MgSiF_6 + PbSO_4 \text{ (schwer löslich)}$$
$$CaSO_4 + PbSiF_6 \rightarrow CaSiF_6 \text{ (schwer löslich)} + PbSO_4 \text{ (schwer löslich)}$$

Diese Methode erfasst keine Nitrate, da es keine schwer löslichen Nitratverbindungen gibt. Bei Anwesenheit von Nitraten empfiehlt sich, die o.g. Kombinationsmittel einzusetzen, deren hydrophobierende Komponente die Wanderungsgeschwindigkeit von Nitrat-Ionen reduziert. Es sei darauf hingewiesen, dass hier **keine Entsalzung, sondern** lediglich eine **Salzumwandlung** zu unlöslichen Salzen stattfindet. Der Sinn besteht darin, den Salztransport im Mauerwerk und das Einwandern löslicher Salze in einen neuen Putz zu unterbinden. Bei Einsatz einer Bleihexafluorid-Lösung ist den Angaben der Hersteller unbedingt Folge zu leisten, da es vermieden werden muss, dass giftige Pb-Ionen ins Erdreich (Grundwasser!) gelangen.

Flankierende Maßnahmen
a) *Verdichten der Oberfläche durch Kieselsäureester oder Fluatieren (Bindung von Ca²⁺ als CaF₂)*

Nach erfolgter Salzbehandlung wird dann die Festigkeit des Mauerwerks überprüft. Wenig tragfähige und absandende Mauerwerkstypen müssen mit einer Untergrundvorfestigung versehen werden. Hierzu bewährt haben sich Kieselsäureester

$$Si(OMe)_4 + 2 H_2O \rightarrow SiO_2 + 4 MeOH$$
(Me...Methyl)

und/oder Fluatierungsmaßnahmen

$$MgSiF_6 + 2 Ca(OH)_2 \rightarrow 2 CaF_2 + MgF_2 + SiO_2 + 2 H_2O$$

Letztere setzen kalkhaltige Baustoffe (Zementmörtel, Beton) voraus.

b) *Verputzen mit Sanierputzen*
Ein normaler Kalk- bzw. Kalk-Zementmörtel besitzt auf einem salzbelasteten Mauerwerk nur eine kurze Wirksamkeit, da erneutes Auswandern von Salzen auf Dauer nicht zu garantieren ist. Ein **Sanierputz** ist dadurch gekennzeichnet, dass er die Verdunstungszone des Wassers und damit das Auskristallisieren der Restsalze in tiefere Schichten verlagert. Der Sanierputz erhält **Porenräume** durch gezielte Einführung von Luftporen und erreicht eine Verzögerung der Wasseraufnahme durch **hydrophobierende Zusätze**. Im Arbeitsablauf sollte nach der Salzbehandlung zur besseren Haftung als Unterputz ein netzförmiger, halb deckender Spritzbewurf aufgebracht werden, danach der Sanierputz.

Literatur zum Thema «Bauschädliche Salze»:
[8; 9; 12; 35; 46; 54; 55]

15 Betonzusätze

15.1 Definition

Betonzusatzmittel sind Stoffe zur Beeinflussung der Eigenschaften von Mörtel und Beton, die chemisch oder physikalisch wirken und dem Beton in geringen Mengen bis zu 50 g je kg Zement zugegeben werden dürfen (Ausnahmen bei Zugabe mehrerer Zusatzmittel, hochfesten Beton, Spritzbeton). Ihr Anteil als Stoffraumkomponente ist unbedeutend im Gegensatz zu dem der **Betonzusatzstoffe**, die in der Regel in größeren Mengen zugegeben werden.

15.2 Normen

Nach dem Willen der europäischen Kommission müssen ab Mai 2003 alle Betonzusatzmittel, die aufgrund der harmonisierten neuen europäischen Norm EN 934 in Europa gehandelt werden, das CE-Zeichen tragen und die damit verbundenen normativen Voraussetzungen erfüllen. Die Produktnorm EN 934 (in Deutschland **DIN EN 934**) gliedert sich u.a. in die Teile:

- ❑ DIN EN 934-2: 2002-02, Teil 2: **Betonzusatzmittel**; Definitionen, Anforderungen, Konformität und Beschriftung;
- ❑ DIN EN 934-4: 2002-02, Teil 4: **Zusatzmörtel für Einpressmörtel für Spannglieder**; Definitionen, Anforderungen, Konformität, Kennzeichnung und Beschriftung;
- ❑ DIN EN 934-6: 2002-02, Teil 6: Probenahme, **Konformitätskontrolle** und Bewertung der Konformität.

Über die Norm EN 934 hinaus werden von einigen EU-Staaten nationale Festlegungen getroffen, die bestimmte Anwendungen im jeweiligen Land betreffen. In Deutschland sind diese in sog. **Anpassungsnormen** zu EN 934 enthalten:

- ❑ DIN V 18 998: 2002-11: Beurteilung des **Korrosionsverhaltens** von Zusatzmitteln;
- ❑ DIN V 20 000-100: 2002-11: Anwendung von Bauprodukten in Bauwerken – Teil 100 **Betonzusatzmittel**;
- ❑ DIN V 20 000-101: 2002-11: Anwendung von Bauprodukten in Bauwerken – Teil 101 Zusatzmittel für **Einpressmörtel** für Spannglieder.

15.3 Arten von Betonzusatzmitteln

In Deutschland dürfen Betonzusatzmittel nach den Normen DIN EN 934-2 und DIN EN 934-4 nur in Verbindung mit den sog. Anpassungsnormen angewendet werden. Für alle Zusatzmittel, die von diesen Normen abweichen, gelten nationale Zulassungsgrundsätze.

Zusatzmittelgruppe (Kurzzeichen)	Kennfarbe
❑ **Nach EN 934-2**	
Betonverflüssiger (BV)	Gelb
Fließmittel (FM)	Grau
Verzögerer Fließmittel (VZ/FM)	Grau
Stabilisierer (ST)	Violett
Luftporenbildner (LP)	Blau
Erstarrungsbeschleuniger (BE)	Grün
Erhärtungsbeschleuniger (BE)	Grün
Verzögerer (VZ)	Rot
Dichtungsmittel (DM)	Braun
❑ **Nach EN 934-4**	
Zusatzmittel für Einpressmörtel	Weiß
❑ **Nach nationalen Zulassungsgrundsätzen**	
Chromatreduzierer (CR)	Rosa
Recyclinghilfen für Waschwasser (RH)	Schwarz
Schaumbildner (SB)	Orange
Spritzbetonbeschleuniger (SBE)	Grün

Folgende Regelungen sind zu beachten:

1. Die in Deutschland vorhandenen Gruppen Chromatreduzierer (CR), Recyclinghilfen für Waschwasser (RH), Schaumbildner (SB) fallen auch künftig nicht unter die europäische Norm und verbleiben im nationalen Zulassungsverfahren.

2. Nach EN 934-2 wird zwischen Erhärtungs- und Erstarrungsbeschleunigern unterschieden. Da diese Norm die in Deutschland üblichen Spritzbetonbeschleuniger (SBE) nicht umfasst, werden diese über eine allgemeine bauaufsichtliche Zulassung geregelt.

3. Einpresshilfen (EH) werden über die EN 934-4 geregelt.

4. Die EN 934-2 enthält außerdem noch kombinierte Wirkungsgruppen (VZ/BV, VZ/FM, BE/BV). Von diesen dürfen in Deutschland nur Produkte der Wirkungsgruppe VZ/FM verwendet werden. Es handelt sich hierbei um bisher in Deutschland zugelassene bewährte Fließmittel, die aufgrund ihrer gleichzeitig verzögernden Wirkungsweise nach EN 934-2 nicht als Fließmittel bezeichnet werden können, sondern in die Wirkungsgruppe VZ/FM fallen.

15.4   Prüfungen für die Erteilung von Zulassungen für Betonzusatzmittel

15.4.1   Allgemeines

Nach den sog. **Zulassungsgrundsätzen** werden die Anforderungen an Betonzusatzmittel festgelegt. Vor allem darf das Betonzusatzmittel **keinen schädigenden Einfluss auf Beton** ausüben. Außerdem muss es Mindestanforderungen der Wirksamkeit erfüllen. Die chemische Zusammensetzung eines Zusatzmittels (sog. **Stoffgruppenzusammensetzung**) und seine Identifikation durch ein **IR-Spektrogramm** müssen beim Institut für Bautechnik hinterlegt werden.

15.4.2   Gleichmäßigkeit

Flüssige Betonzusatzmittel müssen konstant sein in

❑ Farbe,
❑ Dichte,
❑ pH-Wert.

Sollten sie nach einer Standzeit von 3 Monaten ein Absetzen zeigen, dürfen sie nur dann verwendet werden, wenn sie vor Gebrauch wieder homogenisiert wurden.

Pulverförmige Betonzusatzmittel, die zum Entmischen neigen, müssen vor Verwendung ebenfalls homogenisiert werden.

15.4.3   Begrenzung bestimmter chemischer Bestandteile

Betonzusatzmittel dürfen keine Stoffe in solchen Mengen enthalten, die den Korrosionsschutz des Stahls beeinträchtigen können. Betonzusatzmittel dürfen als Wirkstoffe keine Chloride, Thiocyanate, Nitrite oder Nitrate enthalten. Formiate sind für Stahlbeton erlaubt, aber nicht für Spannbeton.

❑ Der **Gesamtchloranteil** (im «Normalfall» der wasserlösliche Chloridgehalt) im **Betonzusatzmittel** darf im Allgemeinen den Höchstwert von 0,1 M.-% nicht übersteigen. Eine Ausnahme bildet der sog. deklarierte Chloridgehalt.

❑ Größere Bedeutung hat der durch das Betonzusatzmittel **in den Beton gelangende Gesamtchloranteil**. Er darf, bez. auf Zement, in Beton, Stahlbeton und Spritzbeton, 0,01 M.-% und in Spannbeton 0,002 M.-% nicht überschreiten.

❑ Für Beton mit alkaliempfindlicher Gesteinskörnung gilt: Die durch das Betonzusatzmittel in den Beton gelangende Alkalimenge, ausgedrückt als **Na_2O-Äquivalent**, darf 0,02 M.-%, bez. auf Zement, nicht überschreiten (Ausnahme SBE).

15.4.4 Einfluss auf das Erstarren der Zemente

Es werden der Erstarrungsbeginn (EB) und das Erstarrungsende (EE) geprüft. Bei der oberen Grenze des empfohlenen Dosierbereiches müssen bei 4 von 5 Prüfzementen für die Wirkungsgruppen BV, FM, LP, DM, ST, CR und SB folgende Anforderungen erfüllt sein:

❑ Beton und Stahlbeton EB $\geq$ 60 Min, EE $\leq$ 16 Std.;
❑ Spannbeton EB $\geq$ 60 Min., EE $\leq$ 12 Std. bei CEM I, ansonsten $\leq$ 16 Std.

Für VZ und hochfesten Beton gelten Ausnahmeregelungen.

15.4.5 Einfluss auf die Raumbeständigkeit der Zemente

Es werden Probekörper auf Verkrümmung und Treibrisse geprüft. Bei der oberen Grenze des empfohlenen Dosierbereiches müssen bei 4 von 5 Prüfzementen die Wirkungsgruppen BV, FM, LP, DM, ST, CR und SB die Anforderungen erfüllen.
 Für hochfesten Beton gelten Ausnahmeregelungen.

15.4.6 Druckfestigkeit

Die Druckfestigkeit der Wirkungsgruppen BV, FM, ST, LP, BE, VZ, DM muss bestimmte Anforderungen bei Anwendung der zulässigen Dosierung erfüllen.

15.4.7 Einfluss auf den Luftgehalt

Betonzusatzmittel mit Ausnahme der Typen LP und SB dürfen den Luftgehalt des Betons nicht wesentlich erhöhen.

15.4.8 Verhalten bei der elektrochemischen Prüfung

Es darf keine korrosionsfördernde Wirkung auf Betonstahl nach DIN V 18 998 erkennbar sein (Messung der Stromdichte/Potentialkurven).

15.4.9 Einfluss von Waschwasser mit Recyclinghilfe auf die Betoneigenschaften

Es ist nachzuweisen, dass die Recyclinghilfe (RH) die Betoneigenschaften im Vergleich zu einem Nullbeton nicht wesentlich beeinträchtigt.

15.4.10 Wirksamkeit

Betonzusatzmittel müssen im Beton wirksam sein und mit der zulässigen Dosierung bestimmte Anforderungen erfüllen.

❑ Für BV, FM, ST, LP, BE, VZ, DM und EH sind diese nach DIN EN 934-2 und DIN EN 934-4 festgelegt. Für Betonzusatzmittel mit anderen Wirkungsgruppen gelten nationale Regelungen.
❑ Chromatreduzierer (CR) müssen den Gehalt an wasserlöslichem Cr(VI) so reduzieren, dass 2 ppm, bez. auf Zement, nicht überschritten werden.
❑ Recyclinghilfen für Waschwasser (RH) müssen die Mischtrommel eines Transportbetonfahrzeuges nach Waschwasserentleerung in einen zufrieden stellenden Reinigungsgrad versetzen.
❑ Schaumbildner (SB) müssen im Frischmörtel mindestens einen Luftgehalt von 10 Vol.-% erreichen.
❑ Spritzbetonbeschleuniger müssen einen Erstarrungsbeginn von $\leq$ 10 min am Zementleim erreichen.

15.5   Überwachung von Betonzusatzmitteln

Mit der Umstellung auf die EN 934 wird das bis-herige Überwachungssystem (Eigen-, Fremd-überwachung und Zertifizierung) in Deutsch-land durch das europäisch festgelegte **Konfor-mitätsnachweisverfahren nach DIN EN 934-6** abgelöst. Demnach wird die Produktprüfung – im Gegensatz zu früher – nicht mehr vom Her-steller und Fremdüberwacher vorgenommen, sondern nur vom Hersteller. Damit kommt der werkseigenen Produktionskontrolle eine größe-re Bedeutung und auf den Hersteller eine größe-re Verantwortung zu. Die Anforderungen der Zulassungsgrundsätze bilden auch die Basis der **Überwachungsgrundsätze**. Künftig tritt an die Stelle der allgemeinen bauaufsichtlichen Zu-lassung die **EU-Konformitätserklärung des Herstellers**. Sichtbares Zeichen der Überwa-chung nach EN 934 ist das **CE-Zeichen**. Es do-kumentiert den Nachweis der Übereinstim-mung mit der europäischen Norm.

15.6   Anwendung und Wirkung von Betonzusatzmitteln

Die in den Betonzusatzmitteltypen enthaltenen Bestandteile werden nach DIN V 18 998: 2002-11 unterteilt in **Wirkstoffe**, **Füllstoffe** (z.B. Ge-steinsmehl, Wasser) und **Hilfsstoffe** (z.B. Kon-servierungsmittel, <1 M.-%). Nachfolgend wer-den nur die Wirkstoffe erläutert. In Transport-betonwerken werden hauptsächlich BV, FM, LP und VZ verarbeitet.

Betonverflüssiger (BV)
Anwendungstechnik

> BV wirken **verflüssigend**, d.h., bei einem vorgegebenen W/Z-Wert verbessern sie die Verarbeitbarkeit des Betons. BV wirken auch **Wasser einsparend**, d.h., bei vorgege-bener Konsistenz sind sie in der Lage, den W/Z-Wert zu senken. Auf diese Weise wir-ken sie festigkeitssteigernd. Der Zement-einsatz kann so verringert werden.

Wirkstoffe
Als Wirkstoffe dienen meist Na- und Ca-Salze von Ligninsulfonaten. Ligninsulfonate fallen als Nebenprodukte bei der Cellulosegewin-nung aus Holz im Sulfitverfahren an. Da in Holz Hemicellulosen enthalten sind, gelangen diese bzw. Abbauprodukte davon (Holz-zucker) auch in Ligninsulfonate (siehe Ab-schnitt 18.2).

Wirkung und Nebenwirkung
BV wirken **physikalisch**, d.h. ohne in den Che-mismus der Hydratation einzugreifen. Sie wir-ken **tensidisch**, d.h., sie reduzieren die Ober-flächenspannung des Wassers. Zementteilchen im Zementleim werden gleichsinnig aufge-laden, stoßen sich ab und werden dispergiert. BV wirken aufgrund des Anteils an **Holzzucker** und in Abhängigkeit des Sulfonierungsgrades ver-zögernd, außerdem lufteinführend. Aufgrund dieser Nebenwirkungen ist ihre Dosierungs-höhe limitiert.

Fließmittel (FM)
Anwendungstechnik

> FM wirken wie BV **verflüssigend und was-sereinsparend, jedoch 2- bis 3-mal stärker**. Aufgrund anderer Rohstoffe ist eine Höher-dosierung ohne Verzögerung möglich und auch notwendig, um eine höhere Verflüssi-gung zu erzielen. Die verflüssigende Wir-kung ist allerdings auf 30 bis 90 Minuten nach Zumischen begrenzt. **Ein Nachdosie-ren auf Baustelle** bei Fließbeton ist zulässig. Besondere Anwendungen erzielen Fließ-mittel bei hochfestem Beton (Erreichung ex-trem niedriger W/Z-Werte) und selbstver-dichtendem Beton. Geeignete FM können in Kombination mit Luftporenbildnern ver-wendet werden.

Wirkstoffe
Als Wirkstoffe dienen Melaminsulfonate (MS), Naphthalinsulfonate (NS), mitunter Ligninsul-fonate (LS) sowie die erst in den 90er-Jahren ent-wickelten Polycarboxylatether.

Wirkung und Nebenwirkung

FM wirken wie BV **physikalisch** bzw. tensidisch, allerdings ohne deren Nebenwirkungen. MS bringen den Beton zu raschem Ansteifen. Höhere Temperaturen vermindern die Wirkung ebenfalls. NS müssen entschäumt werden, so dass deren Kombination mit Luftporenbildnern vorab geprüft werden muss.

Verzögerer-Fließmittel (VZ/FM)

Hierbei handelt es sich um in Deutschland bewährte Fließmittel, die aufgrund ihres Gehaltes an Naphthalinsulfonaten und Ligninsulfonaten verzögernd wirken und deshalb nach der Norm EN 934-2 in die Gruppe VZ/FM eingeordnet werden müssen.

Stabilisierer (ST)

Anwendungstechnik

Stabilisierer wirken einer Entmischung des Frischbetons bzw. dem Wasserabsondern («**Bluten**») entgegen, so z.B. bei Pumpbeton. Stabilisierer sollen bei Leichtbeton das Aufschwimmen des Leichtzuschlages verhindern, den Zusammenhalt von Unterwasserbeton verbessern und als **Wasserrentionsmittel** bei saugendem Untergrund wirken. Stabilisierer können die Homogenität von (farbigem) Sichtbeton verbessern.

Wirkstoffe

Polyethylenoxid, Cellulose- und Stärkeether

Wirkung und Nebenwirkung

Die wasserlöslichen Polymere wirken **physikalisch-chemisch** und verleihen dem Beton **thixotrope** Eigenschaften, d.h. eine «wegrührbare» Viskositätserhöhung. Das Wasserrückhaltevermögen wirkt über Polyethylenoxidketten, die über H-Brücken Wassermoleküle binden.

Luftporenbildner (LP)

Anwendungstechnik

> LP verbessern die Frost- bzw. Frost-Tausalz-Beständigkeit des Betons durch Erzeugung von **Luftporen in definierter Menge und Größe** im Zementstein. LP wirken gleichzeitig etwas verflüssigend und verbessern so die Verarbeitbarkeit bzw. vermindern den Wasseranspruch des Betons. Die Wirksamkeit von LP ist von einer Vielzahl von Einflussparametern abhängig (andere, gleichzeitig verabreichte Zusatzmittel, Frischbetontemperatur usw.). LP sind unerlässlich für den Straßenbeton (meist in Kombination mit FM auf Basis MS).

Wirkstoffe

Als Wirkstoffe dienen grenzflächenaktive, Luftporen bildende Stoffe wie z.B. wasserlösliche Harzseifen von Tallharzen, Balsamharzen, Wurzelharzen sowie Alkyl- und Arylsulfonate und Alkylpolyglykolether.

Wirkung und Nebenwirkung

LP wirken **physikalisch** durch Einführung von kugelförmigen Mikroluftporen mit einem maximalen **Durchmesser von 0,3 mm** («**L 300**») und einem **Abstandsfaktor** (Mittelwert der größten Entfernung eines beliebigen Punktes im Zementstein bis zum Rand der nächsten Pore) von **maximal 0,2 mm**. Die Luftporen unterbrechen die Kapillaren, vermindern deren Saugwirkung durch größere Porenradien und erzeugen Expansionsräume für auskristallisierendes Eis oder Salz. Bei hoher Dosierung wirken LP festigkeitsmindernd und verflüssigend.

Beschleuniger (BE)

Anwendungstechnik

Beschleuniger sollen einerseits das Erstarren und andererseits das Erhärten des Frischbetons beschleunigen. Nach EN 934 unterteilt man sie in Erstarrungsbeschleuniger und Erhärtungsbeschleuniger.

Erstarrungsbeschleuniger beschleunigen das Erstarren auch bei niedrigen Temperaturen (Gefrierschutz für jungen Beton). Sie werden ein-

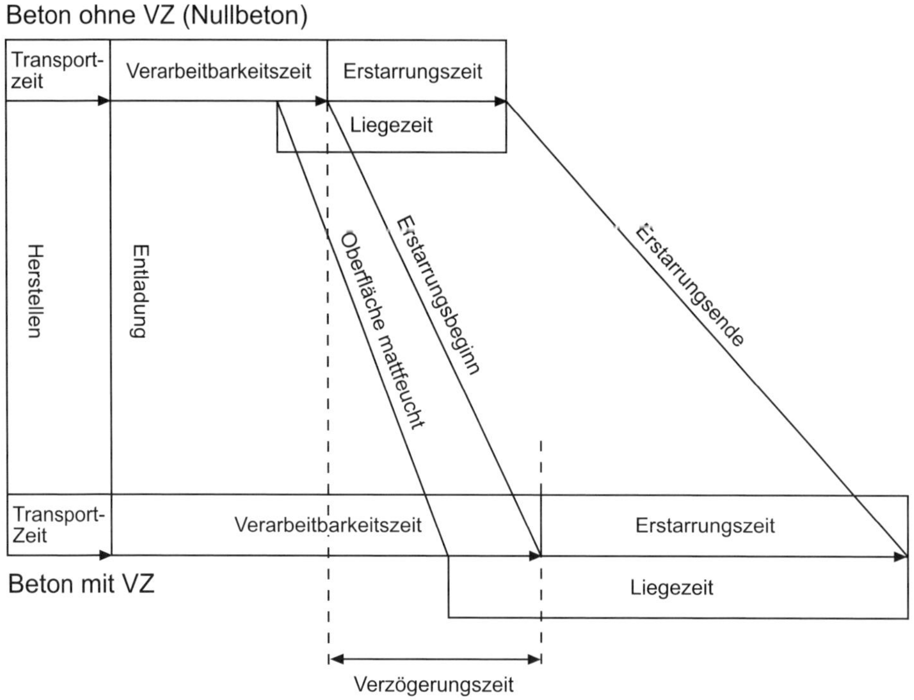

Beton ohne VZ (Nullbeton)

Bild 15.1 Begriffe bei verzögertem Beton [37]

gesetzt als Beschleuniger für Spritzbeton im Tunnelbau, dienen zur Abdämmung von Wassereinbrüchen und Einsetzen von Ankern.

Erhärtungsbeschleuniger erhöhen die Frühfestigkeit des Betons.

Wirkstoffe

Erstarrungsbeschleuniger: Silikate, Carbonate, Aluminate;

Erhärtungsbeschleuniger: Formiate. Die früher verwendeten Wirkstoffe Calciumchlorid, Thiocyanat, Nitrit und Nitrat sind aus Gründen der Bewehrungskorrosion nicht mehr zulässig.

Wirkung und Nebenwirkung

Beschleuniger wirken **chemisch**, d.h., sie greifen in das Geschehen der Zementhydratation ein. Bei Überdosierung kann das Erstarren verzögert werden. Die 28-Tage Festigkeit wird bei Einsatz von Beschleunigern in der Regel vermindert.

Verzögerer (VZ)
Anwendungstechnik (Bild 15.1)

Verzögerer **verlängern** die **Verarbeitungszeit** von Beton, u.U. um mehrere Stunden. Die Entwicklung der **Hydratationswärme** wird **langsamer** (günstig für Massenbeton), größere Bauteile können **ohne Arbeitsfugen** hergestellt werden. **Längere Transportwege** und Arbeiten bei **hohen Außentemperaturen** sind möglich. Die 28-Tage-Druckfestigkeiten liegen auf gleichem Niveau des Nullbetons, meist sogar höher. Da Verzögerer in den Reaktionsablauf des Zementes eingreifen, verlangen sie eine besondere Sorgfalt in der Anwendung (Eignungsprüfung unter Baustellenbedingungen, **Nachbehandlung**, Beachtung der Richtlinie f. Beton mit verlängerter Verarbeitungszeit des DAfStb).

Wirkstoffe

Man unterteilt die Wirkstoffe in anorganische (Phosphate) und organische (Saccharosen, Hydroxycarbonsäuren, Gluconate u.a.). Die Rohstoffgruppen zeigen unterschiedliche Wirkungen.

Wirkung und Nebenwirkung

Verzögerer wirken **chemisch**, d.h., sie greifen in das Geschehen der Zementhydratation ein. Bei Höherdosierung muss zwischen **anorganischen** und **organischen Verzögerern** unterschieden werden. Während erstere eine Wirkungsbegrenzung erfahren, sind letztere höher dosierbar und wirksamer, allerdings mit dem Risiko des «Umschlagens», d.h. einer schlagartig einsetzenden Beschleunigung des Erstarrens. Außerdem ist bei organischen Verzögerern die **Liegezeit** – das ist der Zeitraum zwischen Erstarrungsbeginn und Erstarrungsende – stark **erhöht**. Die Gefahr der Austrocknung und Schrumpfrissbildung steigt, sorgfältige **Nachbehandlung** ist wichtig.

> Im Straßen- und Brückenbau dürfen keine organischen Verzögerer verwendet werden.

Dichtungsmittel (DM)
Anwendungstechnik

Dichtungsmittel sollen die Wasseraufnahme des Betons durch kapillares Saugen vermindern. Dies kann einerseits geschehen durch Mittel, die eine **Hydrophobierung der Kapillarporen** herbeiführen, andererseits durch **quellfähige Mittel, die porenverstopfend wirken**. Allerdings lässt die Langzeitwirkung von Dichtungsmitteln zu wünschen übrig. Bevor man daher zu Dichtungsmitteln greift, sollten zuerst andere betontechnologische Möglichkeiten zur Herstellung eines wasserundurchlässigen bzw. dichten Betons ergriffen werden, so z.B. die Verwendung von Verflüssigern oder Fließmitteln.

Wirkstoffe

Hydrophobierende Stoffe: Oleate, Stearate; porenverstopfende Stoffe: Eiweiße

Wirkung und Nebenwirkung

Dichtungsmittel wirken physikalisch durch Hydrophobierung oder Quellung. Auf zusätzliche, unerwünschte Luftporeneinführung ist zu achten.

Zusatzmittel für Einpressmörtel (EH)
Anwendungstechnik

Im Spannbetonbau mit nachträglichem Verbund kommt dem Einpressmörtel hinsichtlich der Verpressung des Hohlraumes zwischen Spannstahl und Hüllrohr eine besondere Bedeutung zu. Das dem Einpressmörtel zugefügte Zusatzmittel, die sog. **Einpresshilfe**, **verhindert das Schrumpfen** durch eine gezielte, volumenvergrößernde Porenbildung (**Quellen**) mit gasabspaltenden Stoffen. Zugleich vermindert die Einpresshilfe den Wasseranspruch, verbessert die Fließfähigkeit und verhindert das Wasserabsetzen. Wasserstoffentwickelnde Einpresshilfen wirken auf Spannstähle nicht korrosiv, d.h., es tritt **keine Wasserstoffversprödung** der Spannstähle ein.

Wirkstoffe

Feines Al-Pulver, Ligninsulfonate, Melamin- und Naphthalinsulfonate

Wirkung und Nebenwirkung

Einpresshilfen wirken **chemisch** durch Entwicklung von molekularem Wasserstoff durch Reaktion mit dem bei der Zementhydratation entwickelten Kalk. Die beigefügten BV oder FM-Rohstoffe wirken physikalisch.

$$2\,Al + Ca(OH)_2 + 6\,H_2O \rightarrow Ca(Al(OH)_4)_2 + 3\,H_2$$

Chromatreduzierer (CR)
Anwendungstechnik

Beim Brennprozess der Zementherstellung wird im Rohmehl befindliches Cr(III) zu Cr(VI) oxidiert. Cr(VI)-Verbindungen sind um den Faktor 1000 giftiger als Cr(III) und gelten als Krebs erregend. Bei Zementen mit hohem Cr(VI)-Gehalt kann es bei Hautkontakt zur **Ausbildung von Hautekzemen (Maurerkrätze)** kommen (siehe Abschnitt 20.3). Chromatreduzierer, die einem Zementmörtel beigegeben sind, reduzieren unmittelbar nach Wasserkontakt Cr(VI) zu Cr(III). Cr(III) löst keine Maurerkrätze aus. Chromatreduzierte Zemente und Werktrockenmörtel die der TRGS 613 entsprechen, werden als solche auf dem Gebinde gekennzeichnet (siehe Abschnitte 10.13.2 und 20.3).

Wirkstoffe
Eisen(II)sulfat, seltener Sn(II)-Verbindungen

Wirkung und Nebenwirkungen
Chromatreduzierer wirken chemisch auf Cr(VI) ein und reduzieren es unter Wasserzutritt zu Cr(III). Eisen(II)sulfat (0,3–1 M.-%) wird dem Zement beim Mahlen zugesetzt; die Reaktion findet beim Anmischen mit Wasser statt. Zwischenzeitlich sind auch CR auf Basis von SnII-Verbindungen (bessere Lagerstabilität) erhältlich.

$$CrO_4^{2-} + 3\ Fe^{2+} + 4\ OH^- + 4\ H_2O \rightarrow Cr(OH)_3 + 3\ Fe(OH)_3$$

Recyclinghilfen für Waschwasser (RH)
Recyclinghilfen für Waschwasser (RH) dienen anwendungstechnisch zum Reinigen von Mischfahrzeugen und Mischern. Wirkstoffe sind komplexbildende organische Säuren und Phosphonsäuren. Es handelt sich hierbei um chemische Verbindungen, die die Zementhydratation gezielt durch Komplexsalzbildung unterbrechen.

Schaumbildner (SB)
Schaumbildner dienen anwendungstechnisch zur Herstellung von Schaummörtel oder -beton. Wirkstoffe und deren Wirkungen/Nebenwirkungen entsprechen den bei den Luftporenbildnern angewendeten Rohstoffen. Darüber hinaus kommen Proteine zum Einsatz.

Spritzbetonbeschleuniger (SBE)
Spritzbetonbeschleuniger dienen anwendungstechnisch als Erstarrungsbeschleuniger. Wirkstoffe und deren Wirkungen/Nebenwirkungen entsprechen den bei den Erstarrungsbeschleunigern angewendeten Rohstoffen.

15.7   Betonzusatzstoffe

Definition
Betonzusatzstoffe sind Stoffe, die chemisch oder physikalisch bestimmte Betoneigenschaften, wie z.B. Konsistenz, Verarbeitbarkeit, Festigkeit, Dichtigkeit oder Farbe, beeinflussen. Sie müssen unschädlich sein, d.h., sie dürfen das Ansteifverhalten, das Erstarren und Erhärten, die Festigkeit und Dauerhaftigkeit des Betons und den Korrosionsschutz der Bewehrung nicht beeinträchtigen und mit Bestandteilen des Betons keine störenden Verbindungen eingehen. Betonzusatzstoffe unterliegen einer Güteüberwachung, deren Einzelheiten im Zulassungs- oder Prüfbescheid geregelt sind.

Nach DIN EN 206 werden Betonzusatzstoffe eingeteilt in

- ❑ Typ I (inaktive Zusatzstoffe),
- ❑ Typ II (latenthydraulische und puzzolanische Stoffe).

Stoffmäßig lassen sich die Betonzusatzstoffe einteilen in die Gruppen

- ❑ inerte Stoffe und Pigmente,
- ❑ puzzolanische Stoffe,
- ❑ latenthydraulische Stoffe,
- ❑ organische Stoffe und
- ❑ faserartige Stoffe.

Inerte Stoffe und Pigmente
Inerte, d.h. reaktionsträge Stoffe beteiligen sich unter normalen Bedingungen nicht an der Reaktion mit Zement und Wasser. Zu ihnen gehören Gesteinsmehle, z.B. aus Quarz und Kalkstein. Sie werden eingesetzt, um Verarbeitbarkeit und Zusammenhalt von Betonen aus feinteilarmen Sanden durch Erhöhung des Mehlkorngehaltes (<0,125 mm) zu verbessern.

Auch Pigmente zum Einfärben des Betons gelten als Betonzusatzstoffe nach DIN 1045. Sie müssen widerstandsfähig sein gegen Licht, Eluierbarkeit und alkalische Wirkungen aus dem Beton. Aus diesem Grund werden überwiegend Metalloxide, z.B. Eisenoxidrot, -braun, -schwarz, -gelb, Chromoxidgrün, Cobaltblau, Titanoxid und Ruß verwendet.

Puzzolanische Stoffe

Puzzolanische Stoffe (siehe Abschnitte 9.3 und 10.10.1) weisen hohe Anteile amorpher Kieselsäure auf und sind dadurch charakterisiert, dass sie mit Wasser und stöchiometrischen Mengen Calciumhydroxid (auch aus der Hydratation des Portlandzements) reagieren. Die in Deutschland gebräuchlichen Puzzolane, die als Betonzusatzstoffe Eingang finden, sind

❑ Trass,
❑ Steinkohlenflugasche (FA),
❑ Silicastaub (SF),
❑ getemperte Gesteinsmehle (GG).

Latenthydraulische Stoffe

Latenthydraulische Stoffe reagieren mit Wasser in Anwesenheit eines Anregers, z.B. Calciumhydroxid, ohne sich mit ihm chemisch zu verbinden. Der wichtigste Betonzusatzstoff ist Hüttensand. Latenthydraulische Eigenschaften hat auch der gebrannte Ölschiefer. Beide Stoffe dürfen in Deutschland nur als Zumahlstoff bei der Zementherstellung verwendet werden (siehe Abschnitte 9.2 und 10.10.1).

Dies wird damit begründet, dass sowohl Hüttensand als auch gebrannter Ölschiefer – im Gegensatz zu Flugasche – frühzeitig in den Reaktionsablauf des Zementes eingreifen.

Organische Stoffe

Organische Betonzusatzstoffe, z.B. auf Kunstharzbasis, benötigen stets ein Prüfzeichen des Instituts für Bautechnik. Organische Betonzusatzstoffe haben sich bisher bei Konstruktionsbeton nicht, wohl aber bei Instandsetzungsmörtel durchsetzen können.

Faserartige Stoffe

Faserartige Stoffe kommen besonders als Stahlfasern, aber auch als Glas- oder Kunststofffasern zum Einsatz. Sie können die Frisch- und Festbetoneigenschaften (Festigkeit, Dichtigkeit, Arbeitsvermögen) verbessern.

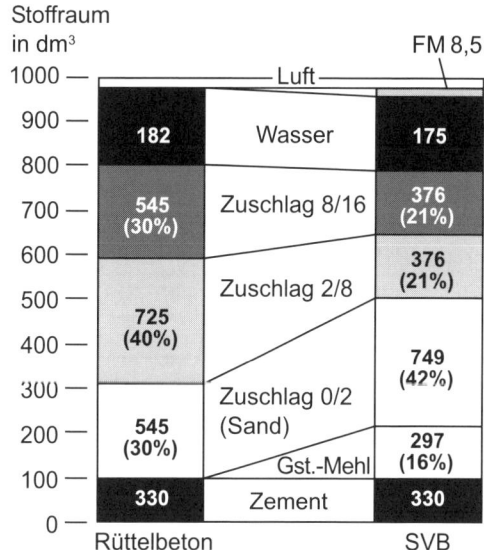

Bild 15.2   Vergleich der Stoffraumanteile Rüttelbeton – SVB [49]

15.8   Praxisbeispiel: Selbstverdichtender Beton

Selbstverdichtender Beton (SVB) wurde vor rund 20 Jahren in Japan erstmalig unter der Bezeichnung «self compacting concrete» (SCC) hergestellt. Er weist die besondere Frischbetoneigenschaft auf, allein unter dem Einfluss der Schwerkraft zu entlüften und bis zum Niveauausgleich zu fließen. Grundlage dieses Betons sind ein **hoher Mehlkorn- und Fließmittelgehalt** bei normalem Zementgehalt und Wasserzementwert. Es bildet sich eine **tragfähige Suspension** (Leim) hoher Viskosität, in der alle gröberen Zuschlagkörner entmischungsfrei schwimmen. Dabei ist es grundsätzlich gleichgültig, ob das Mehlkorn aus Zement, Flugasche, Silicastaub oder inertem Gesteinsmehl besteht. Wichtig ist nur, dass die Suspension im Zusammenwirken mit dem Fließmittel die erforderliche rheologische Eigenschaft aufweist. *Vorteilhaft* kann dieser Beton besonders dann sein, wenn die Rüttelverdichtung wegen starker Bewehrung besonders schwierig ist, aber

Tabelle 15.1   Zusammensetzung des hochfesten
Betons am Beispiel Hochhaus Mainzer Landstraße,
Frankfurt [50]

Betonzusammensetzung	
Zementart und Festigkeitsklasse (alte Bez.) PZ 45 F	
Zementgehalt	450 kg/m^3
Silikasuspension	70 kg/m^3
davon Anteil Silikastaub	35 kg/m^3
Wassergehalt	150 l/m^3
Wasserzementwert	≤ 0,35
Gehalt an Mainsand 0/2	610 kg/m^3
Gehalt an Rheinkies 2/16	1140 kg/m^3
Fließmittel	12 l/m^3
Verzögerer	1,6 l/m^3
Einbaukonsistenz (alte Bez.)	KF

moderner Technik ist es möglich, auch unter Baustellenbedingungen Betone mit Nennfestigkeiten über 100 N/mm^2 herzustellen. Hochfeste Betone fanden ihre erste Anwendung beim Bau von Off-shore-Konstruktionen und wurden in zunehmendem Maße in hohen Bauwerken eingesetzt (z.B. South Wacker Drive, Chicago/USA, Hochhaus Mainzer Landstraße in Frankfurt). Die technische Entwicklung begann mit der Verfügbarkeit des Betonzusatzstoffes **Silicastaub**. Dieser sehr reaktive Zusatzstoff aus fast reinem und amorphen SiO_2 bildet mit einem Teil des bei der Zementhydratation entstehenden Calciumhydroxids zusätzliches Calciumsilikathydrat, das für die Festigkeitsbildung maßgebend ist. Nicht nur die Festigkeit des Zementsteins selbst, sondern vor allem der Verbund zu den Zuschlagoberflächen konnte mit Silicastaub erheblich verbessert werden. Aufgrund des hohen Wasseranspruchs, auch durch hohe Zementgehalte, war die Verwendung von **Fließmittel** (W/Z von 0,22 bis 0,35) unumgänglich (Tabelle 15.1).

auch bei hohen Sichtbetonwänden und Fertigteilen (Bild 15.2).

15.9   Praxisbeispiel: Hochfester Beton

Als hochfester Beton wird Beton mit einer Druckfestigkeit über 60 N/mm^2 bezeichnet. Mit

Literatur zum Thema «Betonzusätze»:
[5; 37; 49; 50; 51; 52; 53]

16 Kunststoffe

16.1 Historie der Kunststoffe

Die Entwicklung der Kunststoffe begann mit der Kautschuk-Vulkanisation zu Gummi (GOOD-YEAR 1839). Danach wurden weitere Kunststoffe durch Umwandlung hochmolekularer Natur-stoffe entwickelt (z.B. Celluloid aus Cellulose). 1905 gelang BAEKELAND die Harzbildung aus Formaldehyd und Phenolen (Bakelit) und damit erstmals die Herstellung rein synthetischer Kunststoffe. Zwischen 1928 und 1935 folgte die großtechnische Herstellung von Polyacrylaten, PVC, Polystyrol, Polyethylen, Polyamiden (Nylon, Perlon), Polyurethanen u.a. Die folgen-den Jahrzehnte brachten sprunghaft ansteigen-de Produktmengen und -sorten.

16.2 Terminologie/Normen

Definition und Einordnung des Begriffes «Kunststoff» unterliegen einer verwirrenden Vielfalt. Diese wird vereinfacht, wenn man sich die historische Entwicklung der Kunststoffe ver-gegenwärtigt. So schuf STAUDINGER 1922 den Be-griff der «**Makromoleküle**» oder «**makromole-kularer Stoffe**» (auch Polymere, hochmolekula-re Stoffe, Riesenmoleküle). Er fand heraus, dass in Naturprodukten wie z.B. Cellulose, Stärke, Proteine die kleinen Moleküleinheiten (Mono-mere) nicht nur locker assoziiert, sondern «rich-tig» chemisch miteinander verknüpft sind zu Makromolekülen. Makromolekulare Stoffe gibt es also in der Natur schon immer. Von der Kennt-nis der chemischen Verknüpfung natürlicher makromolekularer Stoffe war es nur ein kleiner Schritt zur gezielten chemischen Synthese künstlicher, also synthetischer makromolekula-rer Stoffe (Kunststoffe, synthetische Polymere, Plaste). Letztere lassen sich entweder halbsyn-thetisch (z.B. Gummi aus Kautschuk, Celluloid aus Cellulose) oder vollsynthetisch (z.B. Poly-ethylen aus Ethylen) gewinnen.

In der Norm DIN 7728-1 (01:88 Kunststoffe; Kennbuchstaben und Kurzzeichen für Polymere und ihre besonderen Eigenschaften) sind die für die Kunststoffe üblichen Kurzzeichen aufge-führt. Durch ergänzende Buchstaben hinter die-sen werden weitere Eigenschaften kenntlich ge-macht:
-C...chloriert; -HI...hochschlagfest; -P...weich-macherhaltig, -U...weichmacherfrei; -X...ver-netzt sowie GF...glasfaserverstärkt.

16.3 Synthese und Eigenschaften

Chemische Verknüpfung
Die chemische Verknüpfung monomerer Bau-steine erfolgt in Abhängigkeit der Struktur der Ausgangsprodukte durch Polymerisation, Poly-kondensation und Polyaddition.

Polymerisation
Die Polymerisation läuft meistens als sog. **Radi-kalkettenreaktion** ab. Radikale sind freie, in der Regel unbeständige, äußerst reaktive Atom-gruppen mit mindestens einem ungepaarten Elektron. Diese entstehen durch Zugabe sog. Ra-dikalstarter (Sauerstoff, Peroxide). Die Polyme-risation, dargestellt am Beispiel Ethylen, besteht aus folgenden Teilprozessen [20]:

- ❏ Zerfall des Radikalstartmoleküls (z.B. Peroxid)
  $RO–OR \rightarrow RO\cdot + \cdot OR$
- ❏ Kettenstart
  $RO\cdot + CH_2{=}CH_2 \rightarrow RO–CH_2–CH_2\cdot$
- ❏ Kettenwachstum ($n > 1000$, je nach Reak-tionsbedingungen)
  $RO–CH_2–CH_2\cdot + n\ CH_2{=}CH_2 \rightarrow RO–CH_2–CH_2–(–CH_2–CH_2)_n\cdot$ usw.
- ❏ Kettenabbruch (z.B. durch Rekombination)
  $RO–CH_2–CH_2–(–CH_2–CH_2)_n\cdot + \cdot(CH_2–CH_2–)_n$
  $–CH_2–CH_2–OR$
  $\rightarrow RO–CH_2–CH_2–(–CH_2–CH_2–CH_2–CH_2–)_n$
  $–CH_2–CH_2–OR$

Kennzeichnend für die Polymerisation ist die Bildung von Makromolekülen aus doppelbindungshaltigen Monomeren ohne Abspaltung von Nebenprodukten.

Polykondensation
Die Polykondensation geschieht durch Reaktion zwischen den bifunktionellen Gruppen zweier gleicher oder verschiedener Moleküle unter Austritt von Wasser, so z.B. bei der Herstellung von Nylon (Polyamid) zwischen Hexamethylendiamin und Adipinsäure:

$H_2N–(–CH_2–)_6–NH_2 + HOOC–(CH_2)_4–COOH \rightarrow$
$–H_2O \rightarrow H_2N–(CH_2)_6–NH–CO–(CH_2)_4–COOH$
mit weiterer Kondensation der endständigen H_2N- und COOH-Gruppen

Es entstehen lineare Makromoleküle, sog. **Fadenmoleküle**. Bei trifunktionell ausgerüsteten Molekülen werden vernetzte Makromoleküle gebildet. Kennzeichnend für die Polykondensation ist die Bildung von Makromolekülen aus gleichen oder verschiedenen Monomeren unter **Abspaltung von Nebenprodukten (meist Wasser)**.

Polyaddition
Voraussetzung für eine Polyaddition ist das Vorhandensein eines H-abgebenden Moleküls (Protonendonator, hier Diol) und eines H-aufnehmenden Moleküls (Protonenakzeptor, hier Diisocyanat). Im Beispiel der Darstellung von Polyurethanen wandern die Protonen vom Ethylenglykol zum Diisocyanat:

$nHO–CH_2–CH_2–OH + nO=C=N–(CH_2)_6–N=C=O$
Diol   Diisocyanat
$\rightarrow$
$\{–O–CH_2–CH_2–O–CO–NH–(CH_2)_6–NH–CO–\}_n$
                                    Polyurethan

Kennzeichnend für die Polyaddition ist die Bildung von Makromolekülen aus unterschiedlichen Monomeren durch **Protonenwanderung ohne Abspaltung von Nebenprodukten**.
    Weiteres Beispiel: Vernetzungsreaktionen bei Duroplasten (mit sog. Härtern).

Polymeraufbau
Nach Anordnung der Monomere im Polymeren unterscheidet man

❑ **Homopolymerisate** mit gleichen Monomeren
Diese können vorliegen:
linear unverzweigt A-A-A-A-A-A oder
verzweigt
A-A-A-A-A-A
              A
              A
    A-A-A-A-A-A-A
❑ **Copolymerisate** mit zwei verschiedenen Monomeren
Alternierend A-B-A-B-A-B oder
statistisch A-A-B-A-B-B-A
❑ **Blockpolymerisate**
Nach Vorpolymerisation vereinigte Blöcke
(A-A-A)n–(B-B-B)m–(A-A)z
❑ **Pfropfpolymerisate**
Eine Seitenkette wird auf eine Polymerkette aufpolymerisiert (aufgepfropft)
                    B
    A-A-A-A-A-A-A
                    B
                    B

Polymerisationsgrad/Molekülmasse
Die Anzahl der in einem Makromolekül verknüpften Monomere wird durch den **Polymerisationsgrad n** beschrieben. Da in einem Polymer unterschiedlich große Makromoleküle vorliegen, besitzt das Polymer einen **durchschnittlichen Polymerisationsgrad**, der sich aus den Polymerisationsgraden der einzelnen Makromoleküle ergibt. Die meisten Polymere besitzen durchschnittliche Polymerisationsgrade von >100 und eine durchschnittliche relative Molekülmasse von >10 000. Da keine einheitliche Molekülgröße vorliegt, sondern eine unterschiedliche Häufigkeit verschieden langer Molekülketten («Molekulargewichtsverteilung»), besitzen thermoplastische Kunststoffe keinen scharfen Schmelzpunkt, sondern einen Erweichungsbereich.
    Der Polymerisationsgrad beeinflusst viele Eigenschaften eines Polymers. **Je höher der Polymerisationsgrad, desto fester ist der Werkstoff**, d.h. z.B. größere Schlagzähigkeit, Spannungsrissbeständigkeit und chemische Beständigkeit gegen organische Lösungsmittel.

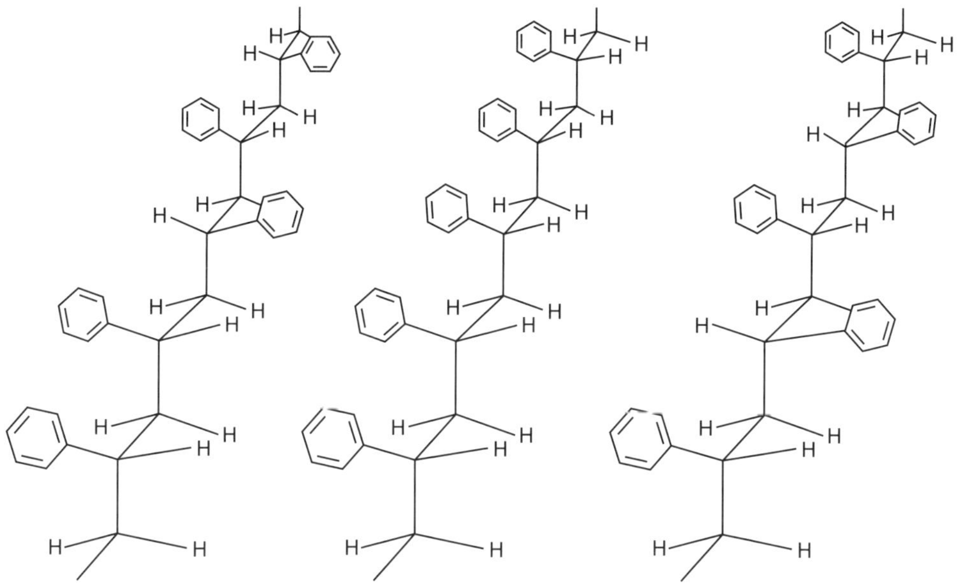

| ataktisch | isotaktisch | syndiotaktisch |

Bild 16.1 Konfigurationen von ataktischem, isotaktischem und syndiotaktischem Polystyrol [56]

Taktizität

Verzweigte Polymerketten (z.B. Polystyrol) können nach Herstellverfahren unterschiedlich aufgebaut sein. Man unterscheidet **ataktische**, **isotaktische** und **syndiotaktische** Konfigurationen (Bild 16.1). Diese machen sich z.B. im **Erweichungspunkt** bemerkbar (Polystyrol isotaktisch: 230 °C; ataktisch 100 °C).

Kristallisationsgrad

Fadenmoleküle können sich in Teilbereichen parallel ausrichten und so teilkristalline Bereiche ausbilden, z.B. in sog. **teilkristallinen Thermoplasten**. Die prozentuale Anteiligkeit der kristallinen Bereiche wird durch den **Kristallisationsgrad** oder die Kristallinität beschrieben. Teilkristalline Thermoplaste sind milchig trübe und zähhart bzw. fest-elastisch. Steigende Kristallinität bedeutet höhere Wärmeformbeständigkeit, geringere Licht- und Gasdurchlässigkeit. Verringert wird die Kristallinität durch einen höheren Polymerisationsgrad.

Verzweigungsgrad

Eine Verzweigung besteht, wenn an eine Hauptkette eine oder mehrere Seitengruppen oder -ketten angelagert sind, wie z.B. bei den Pfropfpolymeren. Mit steigendem Verzweigungsgrad erhöht sich die Schlagzähigkeit. Verringert werden die Kristallinität, Rohdichte, Festigkeit, Erweichungstemperatur und die Diffusionsbeständigkeit gegen Gase.

Molekülkettenstruktur

Nach der Anordnung der Molekülketten im Polymeren (Bild 16.2) unterscheidet man

❏ **lineare, fadenförmige Makromoleküle**. Diese können völlig ungeordnet (amorphe Thermoplaste) oder teilweise ausgerichtet (teilkristalline Thermoplaste) vorliegen;

❏ **engmaschig vernetzte Makromoleküle** (Duroplaste);

❏ **weitmaschig vernetzte Makromoleküle** (Elastomere).

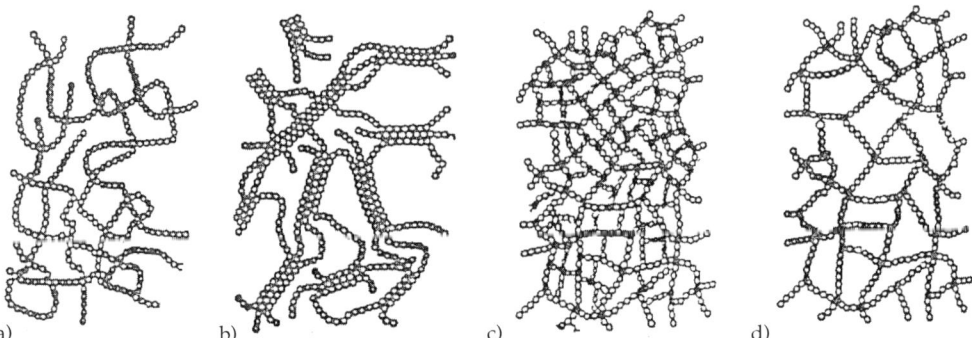

a)　　　　　　b)　　　　　　　　c)　　　　　　　d)

Bild 16.2　Anordnung von Molekülketten in Polymeren [30]
a) Lineare, fadenförmige Makromoleküle in amorphen Thermoplasten, b) lineare, fadenförmige Makromoleküle in teilkristallinen Thermoplasten, c) engmaschig vernetzte Makromoleküle in Duroplasten, d) weitmaschig vernetzte Makromoleküle in Elastomeren

> Die Molekülkettenstrukur ist maßgeblich für das thermische und mechanische Verhalten der Kunststoffe und deren Einteilung in Thermoplaste, Duroplaste und Elastomere.

16.4　Mechanisch-thermisches Verhalten

Thermoplaste, Duroplaste, Elastomere
Nach dem mechanisch-thermischen Verhalten lassen sich die meisten Kunststoffe in drei Kategorien einteilen:

❏ **Thermoplaste** sind Kunststoffe, die wärmeverformbar («thermoplastisch») und schmelzbar sind. Nach Abkühlen auf Normaltemperatur sind sie wieder fest und belastbar.
❏ **Duroplaste** sind Kunststoffe, die nicht wärmeverformbar und nicht schmelzbar sind. Sie zersetzen sich bei höherer Temperatur.
❏ **Elastomere** sind Kunststoffe, die bei Wärmezufuhr nicht verformbar und nicht schmelzbar sind. Bis zur Zersetzung bei höherer Temperatur sind sie gummielastisch.

Darüber hinaus gibt es Kunststoffe, die nicht in die genannten Kategorien passen, wie z.B. die **thermoplastischen Elastomere**. Sie sind bei Normaltemperatur gummielastisch, bei höherer Temperatur wärmeverformbar.

Thermische Zustandsbereiche
Je nach Molekülstruktur und Temperatur sind Kunststoffe hart-spröde, hart-zähelastisch, weich-gummielastisch und teigig-flüssig (Bild 16.3). Die Übergänge von einem Zustand in den anderen erfolgen in Übergangsbereichen E, F, K und Z:

E... Erweichungs- bzw. Einfriertemperaturbereich. Dessen untere Grenze wird als Erweichungstemperatur, Glasübergangstemperatur oder Einfriertemperatur bezeichnet.

F... Fließtemperaturbereich. Dessen untere Grenze wird als Fließtemperatur bezeichnet.

K... Kristallitschmelzbereich. Dessen untere Grenze wird als Kristallitschmelztemperatur bezeichnet.

Z... Zersetzungstemperatur ist die Temperatur, bei der der chemische Zerfall der Polymerketten beginnt.

Der **hart-spröde** Zustand tritt bei Duroplasten (hier PF) und amorphen Thermoplasten (hier PVC hart) auf. Duroplaste bleiben bei Wärmezufuhr bis zu ihrer Zersetzung in diesem Zustand, Thermoplaste erweichen und werden wärmeverformbar. Der **hart-zähelastische** Zustand ist bei teilkristallinen Thermoplasten (hier PE) vorzufinden. Im **weich-gummielastischen** Zustand ist eine erhebliche

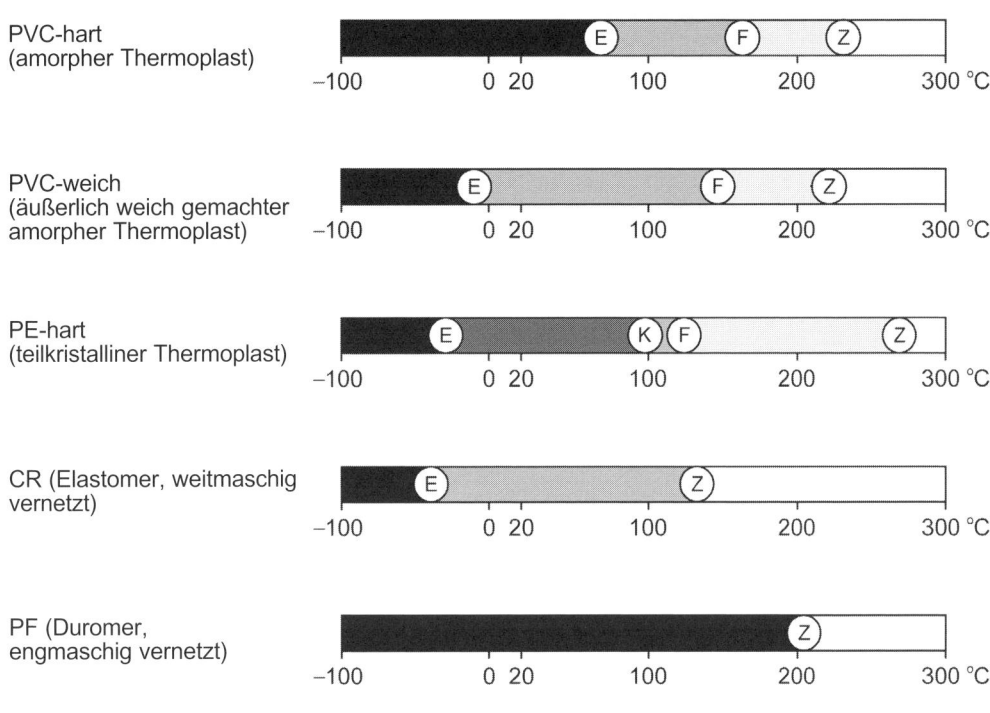

Bild 16.3 Thermische Zustandsbereiche [20]

Formänderung möglich. Die verformten amorphen oder teilkristallinen Thermoplaste müssen jedoch unter der mechanischen Beanspruchung «einfrieren», damit die gewünschte Form erhalten bleibt. Der **teigig-flüssige** (thermoplastische) Zustand zwischen F und Z lässt eine beliebige Formgebung zu, z.B. Spritzgießen ist möglich. Harte Polymere können durch Weichmacher für bestimmte Gebrauchstemperaturen weich-gummielastisch werden.

Die Einfriertemperatur wird herabgesetzt (hier PVC weich).

Schubmodul

Der Schubmodul G ist eine Materialkenngröße zur Charakterisierung der Temperaturabhängigkeit des Verformungsverhaltens eines Kunststoffes (Bild 16.4). Er kennzeichnet die bei Temperaturerhöhung durchlaufenen Zustandsbereiche.

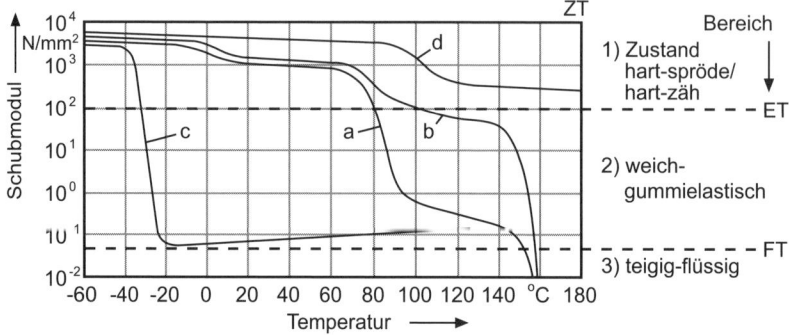

Bild 16.4   Dynamischer Schubmodul in Abhängigkeit von der Temperatur (schematisch) [19]
a amorphe Thermoplaste, b teilkristalline Thermoplaste, c Elastomere, d Duroplaste

1) **hart-spröde/hart-zähelastisch** (Duroplaste, Thermoplaste, teilkristalline Thermoplaste),
2) **weich-gummielastisch** (weich gemachte Thermoplaste, Elastomere),
3) **teigig-flüssig** (Thermoplaste).

G liegt im Zustand 1) bei G > 100 N/mm² und fällt im Zustand 3) auf einen Wert <0,1 N/mm² ab. G ermöglicht das Erkennen von Duroplasten, Thermoplasten (amorphe und teilkristalline) und Elastomeren. Es lassen sich feststellen:

❏ der Temperaturbereich, in dem sich Kunststoffe im hart-spröden/hart-zähen, weich-gummielastischen oder teigig-flüssigen Zustand befinden;
❏ die Höhe der Einfriertemperatur und der Verlauf der Erweichung;
❏ erste   Erweichungserscheinungen   durch «Auftauen» amorpher Anteile und Schmelzen der Kristallite.

Zwischen Schubmodul G und Elastizitätsmodul E besteht die Beziehung E = 2 G(1 + μ). μ (Poisson'sche Zahl) liegt zwischen 0,35 und 0,5. Der Elastizitätsmodul beträgt somit etwa das Dreifache des Schubmoduls.

16.5   Beeinflussung von Kunststoffeigenschaften durch Zusätze

16.5.1   Weichmacher

Beim Verfahren der **äußeren Weichmachung** können durch Zusatz von sog. Weichmachern Thermoplaste, die im Gebrauchstemperaturbereich hart-spröde sind (z.B. Hart-PVC), in den weichen, thermoplastischen Temperaturbereich überführt werden (z.B. Weich-PVC). Es wird also die Einfrier- oder Glasübergangstemperatur herabgesetzt. Auch Duroplaste können verändert werden. Weichmacher sind feste oder flüssige dipolartige organische Substanzen mit geringem Dampfdruck, überwiegend esterartiger Natur (**Phthalsäureester** wie z.B. Di-2-ethylhexyl-phthalat für PVC, **Adipinsäureester** u.a.), die rein physikalisch durch ihr Löse- und Quellvermögen wirken. **Weichmachermoleküle treten zwischen die Molekülketten und mindern deren Anziehungskräfte** («Molekül-ketten-Abstandsvergrößerer»). Dadurch vermögen die einzelnen Makromoleküle wie bei den Elastomeren aneinander vorbeizugleiten. Weichmachermoleküle können bei hoher Temperatur herausdampfen, durch Lösemittel herausgelöst werden oder bei Kontakt mit anderen Kunststoffen in diese einwandern (**Weichmacher-Wanderung, Migration**). In jedem Fall tritt eine Versprödung des weichgemachten Kunststoffes ein.

Beim Verfahren der sog. **inneren Weich-machung** können bei der Synthese kurze Seitenketten eingeführt werden, die die Molekularabstände vergrößern. Dieses Verfahren hat sich aber aus Wirtschaftlichkeitsgründen nicht durchgesetzt.

Bei bereits weichen Polymeren macht man sich deren Aufnahme von Lösungsmitteln (= Quellen) zunutze, wie z.B. beim Zusammenfügen von Dachfolien. Beim sog. **kalten Quellschweißen** werden durch Aufstreichen eines Quellmittels (z.B. Tetrahydrofuran) die Überlappungen so weit aufgelöst, dass sie unter Druck verbunden werden können. Nach Verflüchtigung des Lösemittels entsteht eine homogene Verbindung durch Verfilzung der Molekülfäden.

16.5.2   Antistatika

Kunststoffe laden sich wegen ihrer hohen elektrischen Isolierfähigkeit elektrostatisch auf, wodurch Schmutzteilchen angezogen werden. Um das zu vermeiden, werden leitende Stoffe, z.B. **Metallspäne**, auch antistatisch wirkende chemische Verbindungen zugesetzt (z.B. ethoxilierte Alkylamine) oder aufgetragen (Polyethylenglykolester).

16.5.3   Stabilisatoren

Kunststoffe können durch verschiedene Einflüsse, wie z.B. Sonnenlicht, Sauerstoff, Feuchtigkeit, Mikroorganismen, Migration, Temperaturwechsel, Umweltschadstoffe in der Luft altern (verspröden, vergilben, rissig werden usw.). Die Vorgänge sind oft komplex und schwierig auseinander zu halten. Als besonders gravierend sind die **UV-Strahlung** und **Autoxidation** anzusehen. Die Energie der UV-Strahlung (342 kJ/mol bei 350 nm) liegt über der C-C-Bindungsenergie (335 kJ/mol) und kann diese angreifen und Molekülketten auseinanderbrechen. Sauerstoff ist in der Lage, durch seine biradikalische Struktur unter bestimmten Bedingungen (z.B. Sonnenlicht) radikalisch zu wirken und vermehrt Oxidationsprozesse auszu-

lösen. Die **Alterung** kann durch Zugabe von **UV-Stabilisatoren** (z.B. Ruß) und **Antioxidantien** verlangsamt werden. Durch Zugabe von Titanoxid bleiben Kunststoffe hellfarbiger und erwärmen sich dadurch weniger.

16.5.4   Flammschutzmittel

Zusätze von Antimonoxid, Chlor- und Bromverbindungen setzen die Entflammbarkeit herab. **Die Entflammbarkeit wird geringer mit steigendem Chlorgehalt**, z.B. bei chlorierten Kunststoffen wie PVC oder noch besser PVC-C (nachchloriertes PVC).

16.5.5   Füllstoffe

Dies sind Zusätze in fester Form, wie z.B. Ruß, Faserschnitzel, Gesteinsmehl zur Verstärkung oder auch zur Verbilligung. Ist der Anteil des Zusatzes größer als der des Kunststoffes, spricht man besser von Verbundwerkstoffen (z.B. Polymerbeton). Für die mechanischen Kennwerte bei Raumtemperatur ist in erster Linie der Verstärkungswerkstoff maßgebend. Für das Wärmestandsverhalten bleibt der Kunststoff bestimmend.

16.6   Charakteristische Kenngrößen und wichtige Gebrauchseigenschaften

Rohdichte
Im Vergleich zu anorganischen Baustoffen (Beton ca. $2,5 \, g/cm^3$) ist die **Rohdichte deutlich geringer** und bewegt sich von 0,9 bis 1,5 g/cm^3 (einige bis 2,1, mit Füllstoffen auch höher), aufgeschäumt schon ab 0,01 g/cm^3.

Wärmeleitfähigkeit
Kunststoffe sind wegen der geringen Dichte **schlechte Wärmeleiter**. Die Wärmeleitzahl l liegt (bei 20...50 °C) im Bereich von ca. 0,15 bis 0,40 W/mK (z. Vgl. Stahl 60 W/mK, Beton 2,1

W/mK). Ausgesprochen niedrig ist die Wärmeleitung von Schaumstoffen (0,03 bis 0,04 W/mK). Diese (außerdem sehr leichten) Werkstoffe (z.B. EPS) sind ausgezeichnete Wärmeisolatoren.

Wärmedehnzahl

Die Wärmedehnzahl $\alpha_T[1/K]$ bei Kunststoffen bewegt sich bis zu Werten über $200 \cdot 10^{-6}/K$, (z.B. PE), d.h. **20-mal so groß wie von Beton oder Stahl** (für beide darf nach DIN 1045 mit $10 \cdot 10^{-6}/K$ gerechnet werden) und muss daher bei der Montage von unverstärkten Kunststoffbauteilen berücksichtigt werden. Glasfaserverstärkte Kunststoffe nähern sich wegen der niedrigen Wärmdehnzahl von Glasfasern mit zunehmendem Füllungsgrad dem Wert von Stahlbeton, was für Verbundbauweisen von wesentlicher Bedeutung sein kann.

Gebrauchstemperaturen

Temperaturwechsel führen in Kunststoffen schnell zu Änderungen der physikalischen und chemischen Eigenschaften. Kunststoffe sind daher **nur bedingt temperaturbeständig** und **formstabil**. Die oberen Grenzen der Gebrauchstemperaturen liegen, von wenigen Ausnahmen abgesehen (PTFE, SI), im Allgemeinen zwischen 55 °C (PVC) und 110 °C (PP). Hohe Temperaturen ab 300 °C führen bei allen Kunststoffen zur chemischen Zersetzung. Sehr niedrige Temperaturen ändern die Gebrauchseigenschaften von Duroplasten kaum, wohl aber von Thermoplasten (Versprödung) und Elastomeren (glasartiges Zerbrechen bei sehr tiefen Temperaturen).

Die Prüfung der Wärmeformbeständigkeit nach VICAT ist in DIN ISO 306 genormt. Es sind kurzzeitige Kriechversuche unter zunehmender Temperatur. **Für jeden Kunststoff** muss die **maximale Gebrauchstemperatur** festgelegt werden.

Zugfestigkeit

Im Vergleich zu anorganischen Baustoffen (unbewehrter Beton 3 N/mm²) sind die **Zugfestigkeiten relativ hoch** (PE 11...25; PA 35...75; EP 40...80 N/mm²). Durch Zugabe von Füllstoffen (Quarzmehl, Sand) werden die Zugfestigkeiten

vermindert, durch Zugabe von Fasern stark erhöht (jedoch nur in Faserrichtung).

Elastizitätsmodul

Der Elastizitätsmodul, der den Widerstand gegen Verformbarkeit beschreibt, ist bei den Schaumkunststoffen besonders gering, auch bei hartelastischen Kunststoffen ist er noch **verhältnismäßig niedrig** (Knicken und Beulen verhindern!). Größere E-Werte ergeben sich erst bei verstärkten Kunststoffen (GF).

Kriechen

Kunststoffe sind ausgeprägt **viskoelastische Stoffe**, d.h., sie verformen sich, wenn eine Spannung auf sie einwirkt («Kriechen»), und ihre Festigkeit nimmt mit zunehmender Belastungsdauer ab (Zeitstandsfestigkeit). Je höher die Temperatur und je höher die mechanische Spannung, umso höher ist das Kriechen. Die Verformung nimmt bei konstanter Spannung mit der Belastungszeit und Temperatur zu. Auch bei der Gebrauchstemperatur treten je nach Spannung und Belastungszeit mehr oder weniger große Formveränderungen auf. Bei Duroplasten, insbesondere mit Verstärkung, ist das Kriechen deutlich geringer als bei anderen Kunststoffen.

Feuerbeständigkeit

Fast alle Kunststoffe sind **brennbar**, einige sind leicht (Klasse B3), die meisten normal (B2) oder schwer (B1) entflammbar. Das muss beim Einsatz im Hochbau berücksichtigt werden. Besondere Gefahr besteht durch **brennend abtropfende Kunststoffe (z.B. PE, PP)** bzw. toxische **Rauchgase** (HCl bei PVC). Mit mineralischen Füllstoffen bzw. mit flammhemmenden Zusätzen erhöht sich der Hitzewiderstand.

Chemische Beständigkeit

Verglichen mit anorganischen Baustoffen ist im Allgemeinen die chemische Beständigkeit gegen anorganische Stoffe wie Säuren, Basen und Salze höher, gegenüber organischen Stoffen wie Lösemittel zuweilen niedriger. Die chemische Beständigkeit der einzelnen Kunststoffe ist jedoch

Tabelle 16.1   Anhaltswerte über die thermische und chemische Beständigkeit wichtiger Kunststoffe [30]

Kunststoffe	Zulässige Dauerwärme-wärmebeanspruchungs-temperatur in °C	Beständigkeit gegen Dauereinwirkung von Chemikalien bei 20 °C					
		1	2	3	4	5	6
Polyethylen (PE) – weich – hart	70 120	+ +	(×) ×	+ +	(×) +	– ×	(×) ×
Polytetrafluorethylen (PTFE)	250	+	+	+	+	+	+
Polystyrol (PS)	60	+	+	+	+	–	+
Polyvinylchlorid (PVC)	60	+	+	+	+	+	+
Polyamid (PA)	100	–	–	+	×	+	+
Polymethylmethacrylat (PMMA)	70	ı	–	+	–	+	+
Phenoplaste	100	+	–	×	–	+	+
Aminoplaste (UF)	100	+	–	+	–	+	+
Polyester (UP)	100	+	(–)	×	(–)	+	+
Polyurethan (PUR)	100	+	–	+	+	+	+
Epoxidharze (EP)	100	(–)	×	+	×	+	+
Thioplasten		+	+	–	–	+	+

Erläuterungen:
1 schwache Säuren	4 konzentrierte Laugen	+ beständig
2 konzentrierte Säuren	5 Benzin	× bedingt beständig bis beständig
3 schwache Laugen	6 Mineralöl	(×) bedingt beständig
		(–) bedingt beständig bis unbeständig
		– unbeständig

sehr unterschiedlich. Jeder Kunststoff ist als ein Individuum zu betrachten. Einen allgemein hohen Widerstand besitzen PVC und PTFE (Tabelle 16.1).

Schlagzähigkeit

Messungen der Schlagzähigkeit führen zur Beurteilung der Arbeitsaufnahmefähigkeit von Kunststoffbauteilen. Am geringsten sind die Schlagzähigkeitswerte ungefüllter, eng vernetzter harter Duroplaste. Hohe Schlagzähigkeitswerte weisen Polymere höherer Schmiegsamkeit (z.B. **PE**, **schlagzäh modifiziertes PVC**) und durch verstärkende Einlagen bewehrte harte Kunststoffe, **z.B. glasfaserverstärkte Kunststoffe** (GFK) auf. Besonders günstig verhalten

sich PE, ABS, ASA, PVC. Geprüft werden auch gekerbte Proben, weil viele unverstärkte Kunststoffe besonders **kerbempfindlich** sind. Dieser Eigenschaft muss bei der Formgebung Rechnung getragen werden, z.B. durch gerundete Rippen und durch Vermeidung von scharfen Kanten und Ecken sowie plötzlichen Querschnittsänderungen.

Elektrisches Isoliervermögen

Als **Nichtleiter** für den elektrischen Strom werden Kunststoffe (spez. Durchgangswiderstände 10^{10} bis 10^{15} Ohm · cm) in der Bauinstallation für Installationsmaterial und für die Isolierung von Stark- und Schwachstromleitungen angewandt. Die Kehrseite dieser Eigenschaft ist die **elekt-**

rostatische Aufladung, die besonders in trockenen Innenräumen zu lästigem Entstauben, aber
auch zu spürbaren Überschlägen führen kann.
Bei Außenanwendungen verhindern Luftfeuch-
tigkeit und Regen Aufladungen. Antistatisch
ausgerüstete Kunststoffe (Ruß, Graphit, Metall-
pulver) und astatische Kunststoffe laden sich
nicht störend auf.

Witterungsbeständigkeit/Alterung
Durch Bewitterung und andere Einflüsse kann
es in Kunststoffen zu Alterungserscheinungen
kommen. Die Folgen sind Verfärbungen (Vergilben), Versprödung und Festigkeitsabfall. Empfindlich sind vor allem PE, PIB und UP. Siehe
auch *Stabilisatoren*.

Schwinden
Während und nach der Polymerisation schwinden die Kunststoffe teilweise erheblich, z.B. un-
gefüllte UP und PMMA. Durch Fasern und Zuschläge lassen sich diese Verkürzungen vermindern.

Biologische Resistenz
Allgemein sind Kunststoffe gut beständig. Be-
sonders weiche oder weichgemachte oder sol-
che mit holzhaltigen Füllstoffen (PVC weich,
Dichtungsmassen) sind hingegen nicht resistent
(Schimmel).

Sonstige Gebrauchseigenschaften
Weitere Gebrauchseigenschaften von Kunststoffen sind die leichte Verarbeitbarkeit, die
glatte Oberflächenbeschaffenheit, die Transpa-
renz bei bestimmten Kunststoffen, die gute Ein-
färbbarkeit, der hohe Dampfdiffusionswider-
stand und die geringe Wasseraufnahme (ausge-
nommen Schaumkunststoffe).

16.7   Bautechnisch wichtige Kunststoffe

16.7.1   Normen

Es gelten u.a. folgende DIN-Normen:

❏ DIN 7724 (4.93) Gruppierung hochpolymerer
  Werkstoffe aufgrund der Temperaturabhängigkeit ihres mechanischen Verhaltens;
  Grundlagen, Gruppierung, Begriffe;
❏ DIN 7728 T1 (1.88) Kunststoffe; Kennbuchstaben und Kurzzeichen für Polymere und
  ihre besonderen Eigenschaften.

16.7.2   Thermoplaste

Polyethylen PE
Herstellung: aus Ethylengas (Erdgas/Erdöl)
durch Polymerisation nach dem Hochdruckverfahren oder Niederdruckverfahren. Je nach Herstellverfahren entstehen teilkristalline PE-Sorten,
die sich nach Kristallinität, Verzweigungsgrad
und Molekulargewicht unterscheiden:

❏ Im **Hochdruckverfahren** entstehen verzweigte Makromoleküle, die aufgrund ihres großen
  Abstandes gegeneinander beweglich sind: **PE-
  weich**, LDPE low density polyethylen, Dichte
  0,91...0,93, Kristallisationsgrad 40...50%.
❏ Im **Niederdruckverfahren** entstehen lineare
  und unverzweigte Moleküle:
  PE-hart, HDPE high density polyethylen,
  Dichte 0,94...0,97 g/cm³, Kristallisationsgrad
  60...80% (deshalb fester und steifer).

Eigenschaften: großer Wärmeausdehnungs-
koeffizient (α_T: bis $200 \cdot 10^{-6}$/K), hohe chemische Beständigkeit (Säuren, Basen, Salze, Lösemittel), Resistenz gegen Pilze und Mikroorganismen, **Weichmacherfreiheit** (kein Verspröden durch Weichmacherwanderung). PE
ist spannungsrissempfindlich und altert rasch
bei Einwirkung von UV-Strahlen. Es wird
grundsätzlich mit Stabilisatoren (z.B. 2 bis 3%
Ruß, auch farblose Triazolderivate) produziert
und ist eigenschaftsähnlich dem PVC ohne den
Nachteil des Chlorgehaltes. Je nach Anwendung muss PE antistatisch ausgerüstet werden.
Unterhalb der Kristallitschmelztemperatur ist
PE milchig-trüb mit einer wachsartigen Oberfläche, darüber klar und durchsichtig. PE
brennt nicht rußend nach dem Entzünden mit
leuchtender Flamme mit blauem Kern und
tropft brennend ab.
Verwendung: Folien, Dichtungsbahnen, Rohre
(Druckwasser, Trinkwasser, Gase Abwasserlei-
tungen), Behälter (Eimer, Wannen, Kanister,

Flaschen, Mörtelkübel, Öltanks), Geogitter, Bodenverfestigungsgitter u.a.

Polypropylen PP
Herstellung: aus Propylengas (Erdgas/Erdöl) nach ZIEGLER/NATTA.
 Eigenschaften: PP besitzt die niedrigste Dichte aller Kunststoffe, ist härter (nicht fingernagelritzbar) und weniger spannungsrissgefährdet als PE, gut strahlungsbeständig. Besondere Bedeutung besitzt **isotaktisches PP** mit einem dadurch nach oben verschobenen Erweichungsbereich. So ist **PP wärmebeständiger als PE**, allerdings weniger kältefest (Versprödungsgefahr unter 0 °C bei nicht modifiziertem PP). PP brennt wie PE.
 Verwendung: heißwasserbeständige Rohre, Sanitärarmaturen, Akku-Kästen, Seile, Behälter u.a.

Polybutylen PB (Polybuten-1)
Herstellung: wie PP
 Eigenschaften: wie PP, aber mit höherer Schlagzähigkeit und Spannungsrissbeständigkeit.
 Verwendung: Rohre für Heißwasserleitungen, Großrohre.

Polyisobutylen PIB (Polybuten)
Herstellung: aus Isobutylen
 Eigenschaften: ölig bis gummiartig, bei Raumtemperatur gummielastisch (Folien). Durch Zusatz von Füllstoffen wie Ruß, Talkum, Tonerde werden Festigkeit und Härte erhöht, aber Reißdehnung und Kriechneigung (kalter Fluss) vermindert. PIB ist beständig gegen die meisten Säuren und Laugen, nicht aber gegen Mineralöl und Benzin. Es ist verrottungsfest, alterungsbeständig und weichmacherfrei. PIB brennt mit leuchtender Flamme und einem Geruch nach verbranntem Gummi.
 Verwendung: Niedermolekulares PIB für Klebstoffe und Fugenmassen, hochmolekulares PIB für Dichtungsbahnen und Bautenabdichtungen (quellschweißfähig).

Polystyrol PS, expandiertes Polystyrol EPS
Herstellung: aus Styrol.
 Eigenschaften (PS): brillante Oberfläche bei Guss- und Pressteilen, beständig gegen verdünnte Säuren, Laugen, Alkohole und pflanzliche Öle, aber nur bedingt beständig gegen Ben-

zin, Benzol, Dieselöl, Terpentinöl, nicht UV-beständig, brennt nach dem Entzünden mit stark rußender Flamme weiter, dabei typisch süßlicher Styrolgeruch.
 Verwendung (PS): in Massenartikeln wie Schachteln, Dosen, Behältern.
 Weitaus bekannter als **expandiertes Polystyrol (EPS, «Styropor»)** oder **EPS-Hartschaum**.
 Eigenschaften und Verwendung (EPS): Wärmedämmung und Trittschalldämmung bei schwimmenden Estrichen, Drainplatten, Verpackungsmaterial, aufgeschäumte Einzelperlen als Bodenauflockerungsmittel, als Leichtzuschlag für Beton.

Styrol-Co- und -Terpolymerisate
Durch Polymerisation des Styrols mit anderen Monomeren können die mechanischen und thermischen Eigenschaften von PS verbessert werden. **SAN**: Styrol-Acryl Copolymeres: höhere Wärmebeständigkeit, weniger Rissbildung, schlagzäher, öl- und benzinfest; **ABS**-Terpolymeres: Acrylnitril-Butadien-Styrol-Pfropfpolymerisat. Besonders schlagfest, antistatisch; **ASA**: Acrylnitril-Styrol-Acrylester-Copolymeres: hohe Schlagzähigkeit, Wärmeform- und Alterungsbeständigkeit (Rohre, Ampeln, Straßenschilder).

Polyvinylchlorid PVC
Herstellung: durch Polymerisation von Vinylchlorid (aus Acetylen und Salzsäure). Ohne Weichmacher ist es hart, zäh und abriebfest (Hart-PVC, PVC-U); mit Weichmachern können Steifigkeit und Härte herabgesetzt werden (Weich-PVC, PVC-P).

❑ **Hart-PVC**
 Eigenschaften: Hart-PVC ist sehr wärmeempfindlich. Es ist bei 20 °C hart (E-Modul: 2000 bis 3000 N/mm^2), erweicht bei 74...79 °C (unter Last bei 50...60 °C), fließt bei 170 °C und zersetzt sich bei 230 °C). Hart-PVC ist chemisch beständig gegen Säuren, Laugen, Salze, niedere Alkohole, Benzin, Öl. Unbeständig, d.h. quellfähig, ist es in Benzol, Treibstoffgemischen, Ketonen, Estern und Chlorkohlenwasserstoffen. Über 150 °C beginnt die Abspaltung von HCl, so dass bei Kontakt mit Stahl Korrosion auftreten kann (Brandfall).

Verwendung: Rohre (1938 erste Trinkwasser-leitungen) und Formstücke für die Wasser-versorgung und Entwässerung, Gasversor-gung, Dränrohre usw. Hart-PVC ist schwer entflammbar, brennt nur in der Flamme, erlischt außerhalb aufgrund seines hohen Chlorgehaltes. Der Chlorgehalt kann durch grüne Flammenfärbung, verursacht durch einen in brennendes PVC gehaltenen Cu-Draht, nachgewiesen werden (sog. Beilstein-probe).

❏ **Weich-PVC**
Eigenschaften: Die Eigenschaften werden ent-scheidend geprägt von Art und Menge des Weichmachers (zwischen 10 und 60%). Bei Gebrauchstemperatur liegt Weich-PVC im elastischen Zustand vor (E-Modul: 20 bis 40 N/mm²). Chemisch ist Weich-PVC weniger beständig als Hart-PVC wegen Verseifung des Weichmachers; dadurch ist es auch stär-ker quellbar und leichter löslich. Versprö-dung tritt ein durch Weichmacherwande-rung bzw. -verlust (Verzehr durch Mikro-organismen, Herauslösen, Verflüchtigung). Im Feuer brennt Weich-PVC rußend mit gel-ber Flamme, erlischt aber außerhalb.
Verwendung: Schläuche, Wasserbeckenfolien, Dachbelagsbahnen, Fugenbänder.

Modifizierte PVC-Sorten
Durch Copolymerisation mit Vinylacetat oder Styrol ist eine innere Weichmachung möglich. Nachchlorierung führt zu PVC-C mit höherer Temperaturstandsfestigkeit. Ferner von Bedeu-tung sind schlagzähe PVC-I- und hochschlag-zähe (PVC-HI) Typen.

Polymethylmethacrylsäureester PMMA (Acrylglas)
Herstellung: Methylester der Methacrylsäure (aus Aceton und Blausäure).
Eigenschaften: Der glasklare, hochglänzende Glasersatzstoff («Plexiglas») versprödet in der Kälte nur wenig, altert praktisch nicht, erweicht erst über 120 °C und ist gegenüber Lösungen von Säuren, Basen, Salzen, Benzin, Mineralöl, tieri-schen und pflanzlichen Ölen beständig. Un-beständig ist es gegen Benzol, Ether, Ethyl-alkohol und polaren organischen Lösemitteln. PMMA ist hart, aber nicht kratzfest. PMMA

brennt nach dem Entzünden mit leuchtender, nicht rußender Flamme und erzeugt einen fruchtartigen Geruch. Mit einer Dichte von 1,18 g/cm³ ist PMMA halb so schwer wie Fenster-glas.
Verwendung: bruchsichere Scheiben, Licht-kuppeln, Glaskuppeln (Münchner Olympiazelt-dach), Reaktionsharzbeton.

Polyacrylester AY (Polyacrylat)
Herstellung: durch Veresterung der Acrylsäure mit Methyl-, Ethyl-, Butylalkohol.
Eigenschaften: Polyacrylate sind weich, klebrig und filmbildend. In Methylmethacrylat gelöste niedermolekulare Acrylatpolymere können durch radikalische Polymerisation (Peroxide) in einen hochmolekularen, harten Zustand ver-setzt werden.
Verwendung: Polyacrylate finden Anwendung als Emulsion oder Dispersion für Beschichtun-gen («Acronal»), Anstriche, Grundierung, Be-tonzusätze, Klebstoff («Tesafilm») und Repara-turmörtel. Harte Acrylatsysteme werden als Re-aktionsharze zur Herstellung frühhochfester Re-paraturmörtel und Beschichtungen benutzt.

Polyvinylacetat PVAC
Herstellung: PVAC ist ein Polymerisat aus Vinyl-acetat.
Eigenschaften: stark ausgeprägtes thermoelasti-sches Verhalten, mangelnde Temperaturstand-festigkeit, Klebevermögen auf Oberflächen.
Verwendung: Bindemittel für Anstriche und Beschichtungen, Haftbrücken bei der Beton-sanierung, zur Haftverbesserung von Lacken, Klebstoffen und Spachtelmassen («Mowilith», «Vinnapas»).

Polytetrafluorethylen PTFE
Herstellung: Polymerisat aus Tetrafluorethylen («Teflon»).
Eigenschaften: PTFE widersteht allen Chemi-kalien außer geschmolzenen Alkalimetallen und heißem Fluor und ist sehr witterungsbeständig.
Verwendung: Brückenlager, Gleitfolienlager, Bratpfannenbeschichtung.

Polyamid PA
Herstellung: Polykondensation von Aminosäu-ren oder Umsetzungen von Diaminen mit Car-

bonsäuren («Perlon», als aramidverstärktes Co-polymerisat «Kevlar»),

Eigenschaften: PA zeichnen sich vor allem durch hohe Zugfestigkeiten (zwischen 40 und 70 N/mm²) aus (durch hohe Wasseraufnahme aber vermindert). Die Zugfestigkeiten sind durch Recken steigerbar, speziell strukturierte Polyamide sind Aramide. PA sind sehr säure-empfindlich und durch Oxidationsmittel (z.B. Luftsauerstoff >100 °C) und UV-Strahlung an-greifbar, beständig aber gegen die meisten or-ganischen Lösemittel.

Verwendung: Folien, Platten, Profile, Seile.

Polycarbonate PC

Herstellung: PC sind lineare Polyester der Koh-lensäure und werden aus Phosgen und Alkoho-len hergestellt.

Eigenschaften: PC ist ein glasklares (85% licht-durchlässig bei 6 mm), hartes und wärmestand-festes Polykondensationsprodukt. Es ist witte-rungsbeständig, aber durch Alkalien (Zement!) zerstörbar. *Verwendung*: Lichtkuppeln, durch-sichtige Abdeckungen, schusssichere Scheiben («Makrolon»).

Polyethylenterephthalat PET

Herstellung: Polykondensation aus Terephthal-säure und Ethylenglykol.

Eigenschaften: äußerst widerstandsfähig gegen Licht und Wärme, nimmt kein Wasser auf, be-ständig gegen verdünnte Säuren, fast alle Löse-mittel und Oxidationsmittel.

Verwendung: Durch Recken wird die Reiß-festigkeit von Fäden erhöht. PET wird zu klaren, äußerst reißfesten, kälte- und wärmebeständi-gen Folien, Dichtungsbahnen, Fasern («Diolen», «Trevira») und Seilen verarbeitet.

16.7.3 Duromere

Phenol-Formaldehyd-Harze PF

Herstellung: Polykondensation in 2 Stufen mit anschließender Vernetzung («Bakelite»).

Eigenschaften: PF sind beständig gegen die meisten organischen und anorganischen Che-mikalien außer starken Säuren und Laugen; sie verkohlen bei Erhitzen (Phenolgeruch).

Verwendung: mit Füllstoffen als Isolatoren,

Schalter, Steckdosen, Beschläge, Schichtpress-stoffen, Holzfaserplatten.

Harnstoff-Formaldehydharze UF (Aminoplaste)

Herstellung: Polykondensation von Harnstoff mit Formaldehyd.

Eigenschaften: UF sind glasklar und gut bestän-dig gegen Sonnenlicht, allerdings hitze- und feuchtigkeitsempfindlich. UF-Werkstoffe kön-nen Formaldehyd in die Raumluft emittieren. Im Brandfall macht sich Formaldehydgeruch (stechend) bemerkbar.

Verwendung: als Bindemittel für Pressmassen, Holzwerkstoffe sowie für Holzleime und nicht elastische Schaumstoffe.

Melaminformaldehydharze MF

Herstellung: Polykondensation von Melamin mit Formaldehyd.

Eigenschaften: MF sind glasklar, gut beständig gegen Sonnenlicht und unbedenklich bei Le-bensmittelkontakt. MF sind temperatur- und wasserbeständiger als UF.

Verwendung: Leime, Klebstoffe, Bindemittel für Pressmassen (Küchenbereich), Holzwerk-stoffe («Resopal») usw.

Ungesättigte Polyesterharze UP

Im Gegensatz zu den unvernetzten, thermopla-stischen Polyestern, wie z.B. PET, liegen UP ver-netzt und damit als Duroplaste vor.

Herstellung: Bei der Synthese dieser Harze wird das Verfahren der Polykondensation mit dem der Polymerisation kombiniert. Polykon-densierte ungesättigte und unvernetzte Poly-ester werden in einem polymerisationsfähigen, zähflüssigen Lösemittel (z.B. Styrol, wirkt rei-zend und geruchsbelästigend) als sog. Gieß-oder Reaktionsharz gelöst. Die Polymerisation bzw. Vernetzung von Polyestern und dem Löse-mittel erfolgt durch Zugabe eines Härters (org. Peroxide, stark ätzend). Bei Reaktionstempera-turen unter 80° müssen noch Beschleuniger (org. Metallsalze) zugesetzt werden. Bei der Aushär-tung entstehen duroplastische Makromoleküle unter Volumenverringerung (Reaktions-schwund 5 bis 8%). Diese Schrumpfung kann durch Zugabe mineralischer Füllstoffe erheblich verringert werden.

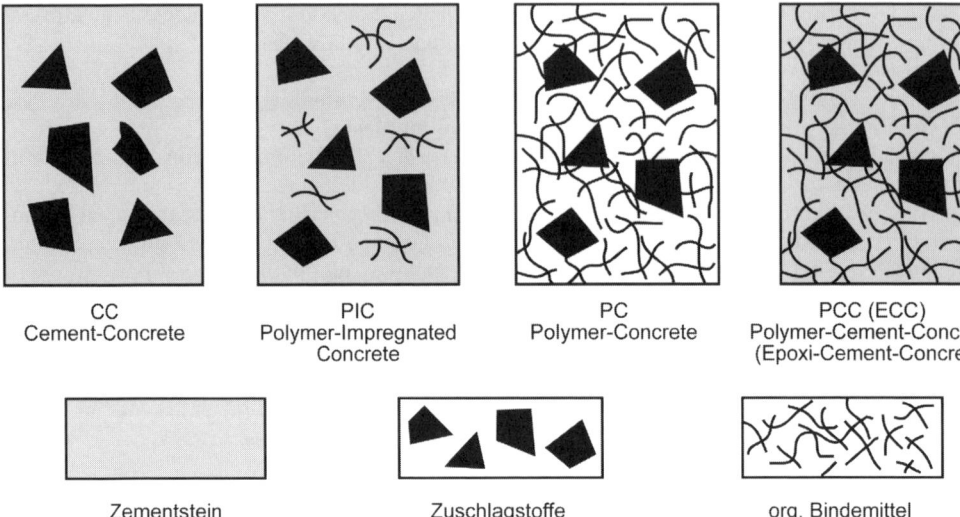

| CC | PIC | PC | PCC (ECC) |
| Cement-Concrete | Polymer-Impregnated Concrete | Polymer-Concrete | Polymer-Cement-Concrete (Epoxi-Cement-Concrete) |

Zementstein   Zuschlagstoffe   org. Bindemittel

Bild 16.5 Aufbau polymerhaltiger Betone [12]

Eigenschaften: Die vernetzten und ausgehärteten UP-Harze sind im Allgemeinen spröde und hart, lichtdurchlässig bis wasserklar und UV-empfindlich. Gegen Säuren sind sie beständig, weniger gegen Laugen (alkaliempfindlich, Haftprobleme auf Beton), unbeständig gegen organische Lösemittel. Die mechanischen Eigenschaften können durch Glasfaserverstärkung verbessert werden.

Verwendung: Klebstoff (2-Komponenten-Kleber), schnell härtender Lack, Kunstharzmörtel und -beton, glasfaserverstärkter Kunststoff.

Epoxidharze EP
Herstellung: Die flüssigen EP-Grundharze werden zur Härtung mit verschiedenen Härtern vermischt. Die sog. Kalthärtung erfolgt durch Polyaddition von Aminoverbindungen ohne Druck bei Raumtemperatur, die sog Heißhärtung bei 100 bis 150 °C mit Säureanhydriden. Der Reaktionsschwund ist mit 0,5% gegenüber UP-Harzen gering. Zur Verbesserung der Gießbarkeit können Epoxid-Grundharzen sog. Reaktivverdünner zugegeben werden.

Eigenschaften: EP-Harze sind chemisch beständiger, zäher und fester als UP und haben eine relativ große Härte und Abriebfestigkeit. EP-Harze sind alkali- und feuchtigkeitsunemp-findlich, was eine Verarbeitung auf feuchten und zementären Untergründen zulässt.

Verwendung: in reiner Form als Lack- und Gießharz, als Injektionsharz für Abdichtungen und zum Verpressen von Rissen, als hochwertige 2-Komponenten-Klebstoffe, als Bindemittel zur Beschichtung von Industriefußböden und zur Herstellung von glasfaserverstärktem EP-Kunststoff. In modifizierter Form mit Füllstoffen und Zuschlägen zur Herstellung von Kunstharzbeton und Kunstharzmörtel zur Betonsanierung (Epoxi-Cement-Concrete – ECC). Die hohen Anforderungen an den Haftverbund mit Altbeton werden erfüllt. Sowohl das Mischen der Grundharze mit Härtern als auch mit Füllstoffen oder Zuschlägen erfordert große Sorgfalt (Mischgenauigkeit, Topfzeiten, Dosierung – Bild 16.5).

16.7.4   Elastomere

Elastomere sind weitmaschig vernetzte Makromoleküle und können halbsynthetisch (durch Modifikation des Naturkautschuks) oder vollsynthetisch hergestellt werden. **Naturkautschuk** ist ein Polymerisat von Isopren (2-Methylbutadien). Durch Vulkanisation, die durch Erhitzen mit Schwefel durchgeführt wird, werden die Makromoleküle vernetzt, und man erhält den hochelastischen, wesentlich wärmebeständigeren Gummi. Vollsynthetischer Kautschuk lässt sich auf Basis eines ähnlichen, aber leichter zugänglichen Bausteins, dem **Butadien**, herstellen. Durch Copolymerisation mit Styrol, Acrylnitril, Isobutylen oder Terpolymerisation oder Chlorsubstitution im Butadien-Molekül werden bestimmte Eigenschaften erzielt. Elastomere, die sich von Dienen (also z.B. Butadien) ableiten, werden als «Dien-Elastomere» bezeichnet (nicht Polysulfidkautschuk).

Styrol Butadien Rubber SBR

Herstellung: SBR ist ein Copolymer aus Butadien mit Styrol.

Eigenschaften: Mit bestimmten Füllstoffen hat SBR eine hohe Abriebfestigkeit und Hitzebeständigkeit. Es ist der in größtem Umfang gebrauchte Synthesekautschuk.

Verwendung: Autoreifen, Förderbänder, Kabelummantelungen, Schläuche.

Nitrilkautschuk NBR

Herstellung: NBR ist ein Copolymer aus Butadien mit Acrylnitril ($H_2C=CH–CN$).

Eigenschaften: NBR ist besonders mineralöl- und benzinfest.

Verwendung: Benzinschläuche, Dichtungen usw.

Butylkautschuk IIR (Isopren-Isobutylen-Rubber)

Herstellung: Copolymer des Isobutylens mit Isopren. Im Gegensatz zu Polyisobutylen ist es vulkanisierbar.

Eigenschaften: hohe Chemikalien- und Wärmebeständigkeit, Gasundurchlässigkeit.

Verwendung: Schläuche, Kabelisolierungen, Dichtungsbahnen.

Ethylen-Propylen-Kautschukarten EPM, EPDM

Herstellung: Terpolymerisation von Ethylen, Propylen und Dienen (Mischpolymerisat); Vulkanisation mit Peroxid.

Eigenschaften: gute Chemikalien-, Witterungs- und Alterungsbeständigkeit.

Verwendung: Fugenbänder, Dichtungsbahnen, Schläuche.

Chloroprenkautschuk CR

Herstellung: Ausgangsstoff ist Chlorbutadien. Durch Vernetzung mittels ZnO und MgO werden weitmaschig vernetzte, gummielastische Polymere erzeugt («Neopren»).

Eigenschaften: CR ist wärme-, witterungs-, alterungs- und chemikalienbeständig, besonders gegen Oxidationsmittel und schwer entflammbar.

Verwendung: als Dichtungsfolien, Fugenbänder, Kabelummantelungen u.v.m.

Polysulfidkautschuk SR

Herstellung: Polysulfide sind schwefelhaltige Polymere (Alkylenpolysulfide, «Thiokol»), die durch oxidativ wirkende Härter (z.B. Braunstein) vernetzt werden.

Eigenschaften: hohe Benzin-, Öl- und Ozonfestigkeit, aber nur schwache mechanische Eigenschaften.

Verwendung: Beschichtungen und Behälterauskleidungen, härtbare 2-Komponenten-Dichtstoffe.

16.7.5 Silikone SI

Strukturmerkmal der Stoffgruppe der Silikone (Polysiloxane) ist die Si-O-Si-O-Kette, wobei die Si-Atome noch organische Reste tragen können. Die Silikone unterscheiden sich somit grundlegend von den bisher beschriebenen Polymeren, die durch C-C-Ketten gekennzeichnet sind. Je nach Art der Ausgangsstoffe, Seitenvalenzen, Polymerisationsgrad und Vernetzungsgrad können entstehen:

❏ Silikonöle – ölig,
❏ Silikonharze – pastenartig, harzartig,
❏ Silikonkautschuk – kautschukartig, Elastomercharakter.

Herstellung: Silikone entstehen durch Hydrolyse aus Organochlorsilanen der allg. Formel R_nSiCl_{4-n}.

Eigenschaften: Allen Silikonen ist gemeinsam: die Unveränderlichkeit ihrer Eigenschaften über einen großen Temperaturbereich (–50 bis 180 °C), ihr hydrophobes Verhalten, gute chemische Beständigkeit. Sie reagieren neutral, sind unbrennbar, nicht leitend. Nachteilig kann ihre geringe mechanische Festigkeit sein.

Verwendung: **Silikonöle** gelten als temperaturunabhängige Schmiermittel (Ganzjahresöle mit geringer Viskositätsänderung).

Silikonharze bilden sich aus einer «fertigen» Silikonharzlösung durch Verdunsten des Lösemittels oder durch Reaktion eines Gemisches aus monomeren und oligomeren Alkylalkoxysilanen (Kurzbezeichnung als «Silane») mit der Oberflächenfeuchte oder durch Reaktion einer wässrigen Kaliumsilikonatlösung mit Luft-CO_2 auf der Baustoffoberfläche. Silikonharze wirken als wasserabweisende Fassadenimprägnierung (sog. **Hydrophobierungsmittel**).

Silikonkautschuk dient als dauerelastische Dichtungsmasse (Kitte).

16.7.6   Kunststoffe mit thermoplastischen, duroplastischen und/oder elastischen Eigenschaften

Polyurethane (PUR)
Herstellung und Eigenschaften: Polyurethane entstehen durch Addition bifunktioneller Alkohole an Diisocyanate. Aus aliphatischen Diisocyanaten und Dialkoholen gewinnt man lineare **thermoplastische** Polyurethane. Ihre Eigenschaften sind denen der Polyamide recht ähnlich. Aus aromatischen Diisocyanaten und Polyestern oder Polyethern als Reaktionspartner werden bei weitmaschiger Vernetzung **elastische**, bei engmaschiger Vernetzung **duroplastische** Kunststoffe hergestellt. Setzt man produktionsmäßig Wasser zu, gehen die noch vorhandenen Isocyanatgruppen in CO_2-abspaltende Carbaminsäuren über. CO_2 bleibt in Form von Gasblasen in der Masse enthalten, so dass Schaumstoffe entstehen. **PUR-Schäume** werden in **weitmaschiger** Einstellung als **gummielastischer Weichschaum**, in eng vernetzter Einstellung als **Hartschaum** hergestellt.

Verwendung: Gießharze, Streich- und Spachtelmassen, Klebstoffe, Beschichtungsmassen, Hart- und Weichschaumstoffe, DD-Lacke (Desmodur, Desmophen-Lacke, 2-Komponenten-Lacke), gummielastische Sorten (Vulkollan) für Dichtungen.

16.7.7   Reaktionsharze

Reaktionsharze (z.B. in Reaktionsharzmörteln) werden als Vorprodukte geliefert und vor Ort verarbeitet, d.h. polymerisiert bzw. vernetzt. Es handelt sich vorwiegend um ungesättigte Acrylatharze, ungesättigte Polyesterharze, Polyurethanharze und Epoxidharze. Dazu werden mehrere Komponenten (z.B. Harz, Beschleuniger, Härter) in flüssiger Form vor Verarbeitung zur Reaktion gebracht. Die hierfür vorgeschriebene Topfzeit ist unbedingt zu beachten. Auf Arbeitsschutz durch flüchtige Lösungsmittel (MMA, Styrol) ist zu achten.

Ungesättigte Acrylatharze AY
Das entstandene Reaktionsharz zeigt starkes Schrumpfen (12%), das durch Füllstoffzugabe reduziert werden kann. Ungesättigte Acrylatharze sind bis –30 °C verarbeitbar und für **früh-hochfeste Reparaturmörtel** geeignet. Das flüchtige Lösungsmittel MMA wirkt gesundheitsgefährdend, weshalb auf gute Lüftung bei der Verarbeitung geachtet werden muss (siehe Abschnitt 16.7.2).

Ungesättigte Polyesterharze UP
(siehe Abschnitt 16.7.3)

Polyurethanharze PUR
Polyurethanharze bilden sich in einer Polyadditionsreaktion und sind je nach Vernetzungsgrad hart bis elastisch einstellbar. Aufgrund der großen **Feuchtempfindlichkeit** sind bei Herstellung der Polyurethanharze feuergetrocknete Zuschläge zu verwenden. Nicht abgebundene Diisocyanate reagieren mit Wasser unter Bildung von CO_2 (Blasenbildung, poröser Belag) gemäß

$$O=C=N-(-CH_2-)n-N=C=O + 2\,H_2O$$
$$\rightarrow H_2N-(CH_2)_n-NH_2 + 2\,CO_2$$

Polyurethanharze sind elastisch und reißfest und somit ideal für **rissüberbrückende Beschichtungen** geeignet (siehe Abschnitt 16.7.6).

Epoxidharze EP

Epoxidharze entstehen durch Polyaddition von epoxidgruppenhaltigen Substanzen mit aminogruppenhaltigen Härtern. Die erhaltenen Reaktionsharze sind feuchtigkeits- und alkaliunempfindlich und daher ideal zum Beschichten (**Industriefußböden** mit großer Härte und Abriebfestigkeit) und Injizieren (**Rissverpressung**) von Beton. Der gute Haftverbund zur Betonoberfläche lässt sich für Reparaturmörtel nutzen (**Betonsanierung**) (siehe Abschnitt 16.7.3).

16.7.8   Kunststoffdispersionen

Aufbau

Sowohl Suspensionen (dispergierte Feststoffteilchen) als auch Emulsionen (dispergierte Tröpfchen) fallen unter den Begriff Dispersionen. Kunststoffdispersionen enthalten wasserunlösliche, alkaliresistente, **in zementären Systemen einsetzbare Polymere**, wie z.B. **Styrol-Butadien und Acrylat**. Die ca. 0,001 mm großen Kunststoffteilchen werden durch Zugabe von Emulgatoren in Wasser dispergiert, d.h. in der Schwebe gehalten. Auf diese Weise entstehen milchige Flüssigkeiten.

Wirkung

Eine filmbildende Härtung erfolgt physikalisch durch Verdunsten des Wassers mit anschließendem Aneinanderlagern der Kunststoffteilchen. Die Verschmelzung der Polymerkügelchen zu einem Film hängt vor allem von der **Mindestfilmbildetemperatur** ab, d.h. der Temperatur, bei der die Filmbildung einsetzt (Polyvinylacetat 10...30 °C, Polyvinylpropionat 20...30 °C, Polyacrylat 1...10 °C).

Anwendung

Kunststoffdispersionen werden für Oberflächenschutzsysteme (Reprofiliermörtel), Dispersionsanstriche und -kleber, kunstharzgebundene Putze sowie Spachtel und Fugenmassen verwendet. Durch Sprühtrocknung können aus Dispersionen **Dispersionspulver** erhalten werden, die – mit Wasser angerührt – wieder Dispersionen ergeben. Voraussetzung dafür ist die Zugabe von Schutzkolloiden, die ein Zusammenbacken der Teilchen verhindern. Durch Zugabe von Kunststoffdispersionen oder Dispersionspulver zu zementären Baustoffen kann die **Verarbeitbarkeit** und **Haftung** (auf schwierigen Untergründen) verbessert und die **Dichtigkeit** sowie das **Wasserrückhaltevermögen** erhöht werden, **nicht jedoch die Druckfestigkeit**. Für dauernd wasserbelastete Flächen ist die Kunststoffvergütung wegen erhöhter Quell- und Schwindvorgänge ungeeignet.

16.8   Anwendungen von Kunststoffen im Bauwesen

Während in den vorangegangenen Abschnitten das Polymere im Vordergrund stand, sollen nun umgekehrt für nachstehende Baumaterialen bzw. Anwendungen die vorrangig eingesetzten Kunststoffe genannt werden:

Dispersionen	S/B, Acrylat
Fassaden	PVC-hart
Fenster (Türen, Rollläden)	PVC hart
Folien und Bahnen	PVC, PE
Fugenbänder	PVC-P, CR, SBR, EPDM, PVC-P/NBR
Fugendichtungsmassen	SI, SR, PUR
Geokunststoffe, Geotextilien	PE, PP, Polyester
Gleitlager	PTFE
Haftbrücken	PVAC
Heizölbatterietanks	PE-HD, UP-GF
Imprägnierungen	SI und Silane
Latten (Bau und Möbel)	PF, UF, MF
Lichtkuppeln	PMMA, UP-GF, PC

Polymerbeton, -mörtel   EP

Raumausstattung (Wand und Boden)
                        PVC
Reaktionsharze   EP, UP, PUR, AY
Rohre   PVC, PE

Sanitär   UP-GF, PMMA
Schaumkunststotte   EPS, PUR, UF

Literatur zum Thema «Kunststoffe»:
[8; 12; 18; 19; 20; 30; 56; 57; 58]

17   Bitumen, Steinkohlenteerpech, Asphalt

17.1   Begriffsdefinitionen

> Als **Bitumen** bezeichnet man natürlich vorkommende, z.B. in Asphaltgesteinen, oder aus Erdöl **ohne Zersetzung** gewonnene Kohlenwasserstoffgemische.

Steinkohlenteerpech ist ein Rückstandsprodukt, das bei der **zersetzenden Destillation der Steinkohle** (ca. 1000 °C) bzw. des Steinkohlenteers unter Luftabschluss anfällt. Unkorrekterweise wurde Steinkohlenteerpech früher als «Teer», dem Vorprodukt, bezeichnet. Bitumen und Steinkohlenteerpech wurden unter dem Überbegriff «bituminöse Bindemittel» zusammengefasst, obwohl **beide Stoffe grundverschiedener Herkunft** sind. Dies geschah aufgrund des ähnlichen optischen Erscheinungsbildes (Konsistenz, braune bis schwarze Farbe) und einer Reihe von gemeinsamen Anwendungseigenschaften (z.B. Thermoplastizität).

> Aufgrund der in Steinkohlenteerpech enthaltenen **polyzyklischen aromatischen Kohlenwasserstoffe (PAK)**, wie z.B. dem als karzinogen eingestuften Benzo[a]pyren, und grundwassergefährdender **Phenole** darf Steinkohlenteerpech in Deutschland nicht mehr als Baustoff im Straßenbau und in der Bauwerksabdichtung verwendet werden.

Die Norm DIN 55 946 (1983) unterscheidet klar nach Bitumen und Pech. Pech oder pechhaltig werden solche Stoffe bezeichnet, die früher Teer oder teerhaltig hießen. Bedeutung haben pechhaltige Straßenbaustoffe nur noch in der **Wiederverwertung** des pechhaltigen, alten Straßenaufbruchs.
Asphalt ist ein Gemisch aus Bitumen und Mineralstoffen. Gemische mit Zuschlägen <2 mm nennt man Asphaltmastix. Naturasphalte (z.B.

Trinidad-Asphalt, Vorwohler Asphaltkalkstein südlich Hannover) sind natürlich vorkommende Gemische aus Bitumen und Mineralstoffen. Sie sind durch Verdunstung leichtflüchtiger Erdölbestandteile und oxidative Vernetzung der schwerer flüchtigen Erdölbestandteile entstanden.

17.2   Herstellung von Bitumen

Rohstoff Erdöl
Als Rohstoff für die Herstellung von Bitumen dient Erdöl. Erdöl ist ein in der Natur vorkommendes Gemisch aus verschiedenen Kohlenwasserstoffen. Es finden sich in ihm paraffinische (aliphatische), naphthenische (alizyklische) und in geringen Mengen aromatische Kohlenwasserstoffe sowie Schwefel-, Sauerstoff- und Stickstoffverbindungen. Die Zusammensetzung wechselt stark. Man unterscheidet zwischen **paraffinbasischen** (im Sinne von paraffinbasierenden, z.B. Pennsylvania, USA, Kuwait), **naphthenbasischen** (z.B. Rumänien, Baku) und **gemischtbasischen** Erdölen. Naphthenbasische Erdöle können relativ aromatenreich sein (Borneoöl 39%).

Destillation
In den Raffinerien wird Erdöl **zunächst bei Atmosphärendruck** destilliert. Dabei entweichen mit steigender Temperatur Benzin (Leicht- und Schwerbenzin, C6 bis C11, bis 180 °C), Kerosin (Flugturbinentreibstoff, C10 bis C14, 180 °C bis 240 °C) und Gasöl (Dieselkraftstoff, Heizöl C11 bis C20, 240 bis 360 °C). Höher siedende Fraktionen (über 350 °C) werden wegen ihrer Zersetzlichkeit **schonend im Vakuum** destilliert. Als Vakuumdestillate fallen Motorenöl, Maschinenöle und Schmieröle an.

> Als **Rückstand der Vakuumdestillation** erhält man braunschwarzes **Bitumen**.

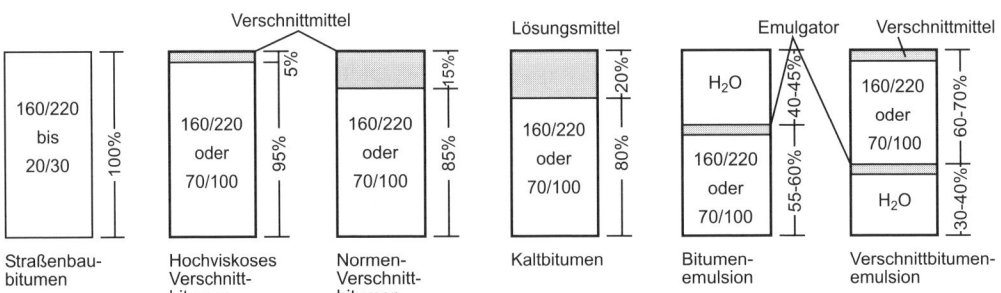

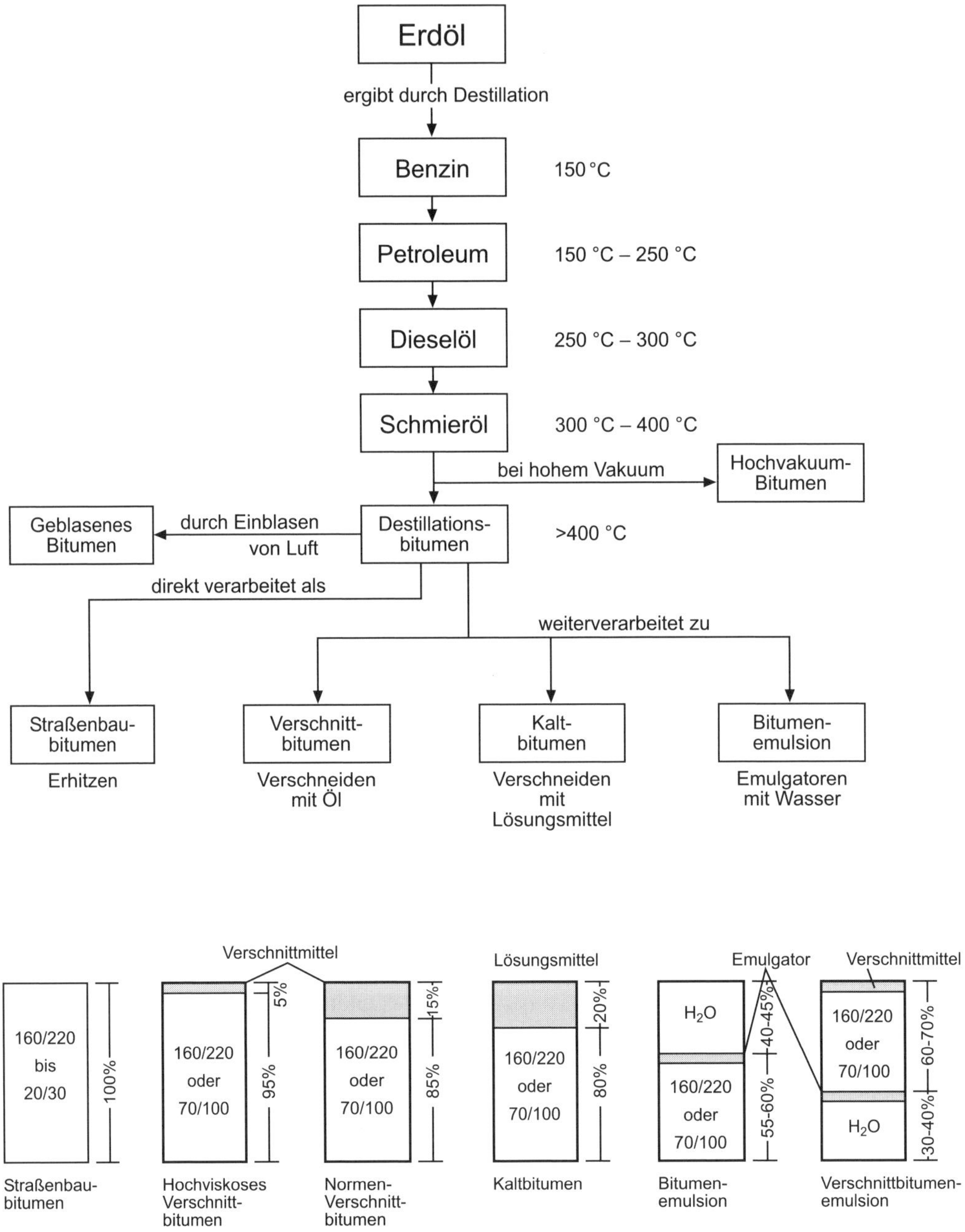

Bild 17.1   Bitumengewinnung und Bitumenarten

Dessen Härte ist u.a. davon abhängig, wie vollständig die Vakuumdestillation abläuft.

17.3   Bitumenarten

Bitumensorten
Nach Herstellung und Eigenschaften werden folgende Bitumensorten unterschieden (Bild 17.1):

❑ **Destillationsbitumen** wird als weiches bis mittelhartes Produkt bei der Vakuumdestillation des Erdöls gewonnen und direkt als Straßenbaubitumen verarbeitet.
❑ **Hochvakuumbitumen** wird als hartes bis sprödes Produkt bei erhöhtem Vakuum in der Erdöldestillation gewonnen und vorzugsweise als Gussasphalt für Estriche verarbeitet.
❑ **Oxidationsbitumen (geblasenes Bitumen)** wird als Produkt mit verbesserter Kälte- und Wärmebeständigkeit aus heißem Destillationsbitumen durch Einblasen von Luft hergestellt und für Dach- und Dichtungsbahnen und Isoliermaterial verwendet. Ein spezielles Oxidationsbitumen ist **Hartbitumen**.

Bitumenhaltige Bindemittel entstehen, wenn Bitumen mit anderen Komponenten (Erdöldestillate, Lösemittel, Wasser) vermischt werden.
   Bitumenlösungen enthalten Bitumen in einem bestimmten Lösemittel (Öl, Benzin, Chlorkohlenwasserstoffe, Benzol, Toluol u.a.). Man unterscheidet drei Typen:

❑ **Fluxbitumen (Verschnittbitumen)** wird unter Zusatz schwerflüchtiger Fluxöle (Erdöldestillate) hergestellt. Auf diese Weise kann die Viskosität weicher Straßenbaubitumen noch weiter reduziert werden, so dass diese bei der Verarbeitung nur leicht angewärmt werden müssen.
❑ Bei **Kaltbitumen** sind die Viskositätserniedriger organische Lösemittel wie Benzin, Benzol u.a. mit niedriger Siedetemperatur. Kaltbitumen sind schnell abbindend und eignen sich zum Soforteinbau von Straßenbaugemischen (*Vorsicht*: feuergefährlich; gut lüften!).

❑ **Bitumenanstrichmittel** haben ähnliche Eigenschaften wie Kaltbitumen. Sie werden vorzugsweise im Bautenschutz bzw. zur Abdichtung im Hochbau und konstruktiven Ingenieurbau eingesetzt.

Bitumenemulsionen stellen Gemische aus Wasser und Bitumen dar, in denen Bitumenteilchen stabil in Wasser dispergiert bzw. emulgiert sind. Derartige Gemische sind ohne besondere Herstelltechnik nicht existent. Zur Herstellung wird Bitumen in heißes Wasser eingerührt und mit speziellen Rührwerken sehr fein verteilt. Ein zugesetzter Emulgator (anionisch oder kationisch) stabilisiert als grenzflächenaktiver Stoff die Teilchen und verhindert deren Koagulation. Durch bestimmte Einflüsse, wie z.B. Kontakt mit Körnung, wird die Emulsion gezielt gebrochen. Wasser scheidet sich ab, die Gesteinskörner werden unter Filmbildung verklebt.

Bitumenhaltige Bindemittel besitzen den Vorteil, dass sie nur leicht angewärmt (Fluxbitumen) oder kalt (Kaltbitumen, Bitumenemulsionen) verwendet werden können, was einer erheblichen **Energie- und Arbeitsersparnis** gleichkommt.

Polymermodifizierte Bitumen (PmB) stellen chemische Vernetzungen von Destillationsbitumen mit Polymeren dar, die das thermische und viskoelastische Verhalten des Bitumens beeinflussen, z.B. bei hochbeanspruchten Verkehrsflächen (**Spurrillen**).
   Sie sind nicht zu verwechseln mit Polymer-Bitumendachbahnen, d.h. mit Bitumen beschichteten Polymeren zur Dachabdichtung.

17.4   Eigenschaften von Bitumen

17.4.1   Kolloidsystem

Bitumen ist im Überschuss von n-Heptan teilweise löslich. Bei den gelösten, öligen Bestandteilen mit relativen Molekülmassen von 500 bis 1000 handelt es sich um die sog. **Maltene**. Bei den ungelösten, tiefschwarzen Bestandteilen mit relativen Molmassen von 2000 bis 100 000 handelt es sich um die sog. **Asphaltene**. Maltene und Asphaltene bilden ein Kolloidsystem aus, in dem die hochmolekularen Asphaltene (disperse Phase) in den niedermolekularen Maltenen (Dispergiermittel) dispergiert sind. Als Schutzkolloid befinden sich auf den Asphaltenen **Asphaltharze**, die die Dispersion stabilisieren. Durch Einblasen von Luft (geblasenes Bitumen, s.o.) werden die Asphaltharze in Asphaltene umgewandelt und verlieren so ihre stabilisierende Wirkung. Asphalten-Teilchen koagulieren zu Raumnetzstrukturen, in deren Hohlräumen sich die Maltene befinden. Es bildet sich ein Bitumen höherer Konsistenz bzw. Temperaturbeständigkeit.

17.4.2 Chemisch-physikalische Eigenschaften

Bitumen ist eine braunschwarze, bei Raumtemperatur halbfeste bis springharte Masse. Sie verhält sich **thermoplastisch**, d.h., sie wird bei höherer Temperatur weich bis flüssig und ist wärmeverformbar. Bitumen besitzt einen starken inneren Zusammenhalt (**Kohäsion**) und eine ausgeprägte Klebewirkung (**Adhäsion**) gegenüber Zuschlag (Bindemittelfunktion). Mit Bitumen im heißflüssigen Zustand benetzte Gesteinskörner haften nach dem Erkalten sehr gut in der Bindemittelmatrix. Bitumen ist unlöslich in Wasser und gegenüber Lösungen von Salzen, Säuren und Laugen im Gebrauchstemperaturbereich beständig. Von organischen Lösungsmitteln (aromatische Kohlenwasserstoffe, Chlorkohlenwasserstoffe, Benzin u.a.) wird es gelöst.

17.4.3 Eigenschaftsvergleich Bitumen – Steinkohlenteerpech

Da in alten Straßenbefestigungen und Abdichtungen noch Steinkohlenteerpech enthalten ist, sind nachstehend die wesentlichen Eigenschaftsunterschiede zu Bitumen einschließlich einiger chemisch-analytischer Prüfmöglichkeiten zur Stoffidentifikation in Tabelle 17.1 aufgelistet.

Tabelle 17.1   Eigenschaftsunterschiede Bitumen – Steinkohlenteerpech

	Bitumen	Steinkohlenteerpech
Herstellung	Vakuumdestillation von Erdöl bei 350...400 °C	Verkokung der Steinkohle (Erhitzen unter Luftabschluss) bei ca. 1000 °C starke Rohstoffveränderung
PAK	nur in Spuren	großer Anteil, kanzerogen, im Dampf, in Eluaten
Phenole	keine	vorhanden, Gefahr der Wasserkontamination
Lösungsmittelbeständigkeit	gering	mittel bis gut
Beständigkeit gegen Wurzeln u. Bakterien, Bodenbeständigkeit	gering	gut
Verwendung	uneingeschränkt	nicht mehr, aber vielfach in Altbauten (Dachabdichtungen) und altem Straßenaufbruch vorhanden. Recycling: Nach Granulieren Umhüllung mit Bitumen
Witterungsbeständigkeit	gut	schlecht (wird rissig, Krokodilhaut)
Geruch nach Erhitzen	süßlich, mild	penetrant, stechend, phenolisch
Erscheinung unter Quarzlampe (UV)	mattbraun	grünliche Fluoreszenz
Diazoreaktion oder Anthrachinonreaktion nach DIN 1995	keine Reaktion	Rotfärbung

Tabelle 17.2 Wichtige Anforderungen an Straßenbaubitumen

Sortenbezeichnung	Konsistenz	Messgrößen		
		Nadelpenetration (100 g, 5 s, 25 °C) 0,1 mm	Erweichungspunkt Ring und Kugel °C	Brechpunkt nach FRAASS höchstens °C
160/220	weich	160 bis 220	35 bis 43	– 15
70/100		70 bis 100	43 bis 51	– 10
50/70	↓	50 bis 70	46 bis 54	– 8
30/45		30 bis 45	52 bis 60	– 5
20/30	hart	20 bis 30	55 bis 63	—

17.5 Messmethoden an Straßenbaubitumen

Allgemeines
Die Konsistenz ist das Hauptunterscheidungsmerkmal der Straßenbaubitumen (Tabelle 17.2). Sie ist temperaturabhängig. Es werden hauptsächlich nachstehende Messverfahren angewendet:

Nadelpenetration

Es handelt sich um eine **Konsistenzbestimmung** bei vorgegebener Temperatur (DIN EN 1426). Gemessen wird die **Eindringtiefe** einer Nadel. Diese ist normgerecht geformt, mit 100 g belastet und dringt während einer Zeit von 5 Sekunden in eine Bitumenprobe ein, deren Temperatur auf 25 °C gehalten wird. Gemessen wird die Einsinktiefe in Zehntelmillimetern

Nach DIN EN 12 591 (ab 1.7. 2000, ersetzt DIN 1995.1) unterscheidet man die 5 Straßenbaubitumensorten: Bitumen 160/220, 70/100, 50/70, 30/45, 20/30. Es bedeuten

❑ Bitumen 160/220 die weichste Bitumensorte, der Bereich der Eindringtiefe ist auf 160 bis 220 Zehntelmillimeter festgelegt;
❑ Bitumen 20/30 die härteste Bitumensorte, der Bereich der Eindringtiefe ist auf 20 bis 30 Zehntelmillimeter festgelegt.

Erweichungspunkt Ring und Kugel

Es handelt sich um eine **Temperaturbestimmung** bei vorgegebener Konsistenz (DIN EN 1427). Gemessen wird die Temperatur, bei der die Probe durch eine Kugel eine bestimmte Verformung erfahren hat (temperaturabhängige Verformung unter Auflast).

Das genormte Gerät besteht aus einem Ring, in den eine Bindemittelschicht eingebracht wird. Auf diese wird eine Stahlkugel bestimmten Gewichts gelegt. Bei fortschreitender Erwärmung der Bitumenprobe erreicht diese eine Temperatur, bei der sie erweicht bzw. die Kugel durchsackt. Für die 5 Straßenbaubitumensorten werden bestimmte Temperaturen festgelegt: Bitumen 160/220 (35...43 °C), 70/100 (43...51 °C), 50/70 (46...54 °C), 30/45 (52...60 °C), 20/30 (55...63 °C).

Brechpunkt nach FRAASS (BPFr)

Es handelt sich um eine **Temperaturbestimmung** an einer Bitumenprobe mit vorgegebener Filmdicke und Biegebeanspruchung (DIN EN 12 593). Gemessen wird ein Temperaturpunkt; bei dem die Bitumenprobe bei einer vorgeschriebenen Abkühlungsgeschwindigkeit so spröde wird, dass sie reißt.

Der BPFr dient als Anhalt für das rheologische Verhalten von Bitumen bei niedrigen Temperaturen. Für die 5 Straßenbaubitumensorten werden bestimmte Temperaturen festgelegt: Bitumen 160/220 (max. –15 °C), 70/100 (max. –10 °C), 50/70 (max. –8 °C), 30/45 (max. –5 °C), 20/30 (keine Angabe).

Plastizitätsspanne

> ! Der Begriff beschreibt den **Gebrauchstemperaturbereich** von Bitumen. Dieser wird bei tiefen Temperaturen durch den Brechpunkt (BPFr), bei hohen Temperaturen durch den Erweichungspunkt (EP) bestimmt. Unterhalb des BPFr ist Bitumen zunehmend spröde, oberhalb des EP zunehmend flüssig.

Der Temperaturabstand zwischen diesen beiden Extrempunkten wird daher als Plastizitätsspanne bezeichnet. Idealerweise fällt diese mit dem Gebrauchstemperaturbereich zusammen.

17.6   Anwendung von bitumenhaltigen Baustoffen

Die Hauptanwendungen von Bitumen liegen im **Straßenbau** einerseits, im **Isolierbau** andererseits. Dazu gehören der Wasserbau (Talsperrenabdichtungen), Hoch- und Tiefbau (Bauwerksabdichtungen durch Anstriche, Folien, Bahnen). Für Bodenbeläge wird Bitumen als Gussasphaltestrich verwendet.

Ein besonderer Stellenwert kommt der Verwertung von **Ausbauasphalt** zu. In Deutschland fallen jährlich ca. 10 Mio. t bituminöse und zum Teil teerhaltige Straßenbaustoffe an. Das ist mehr als im Asphaltstraßenbau wieder verwendet werden kann. Sind Teeranteile (mit wasserlöslichen PAKs und Phenolen) enthalten, ist eine heiße bituminöse Wiederverwertung ausgeschlossen. Eine Verwertungsmöglichkeit besteht in der **Mischung mit hydraulischen Bindemitteln** zu hydraulisch gebundenen Tragschichten, die im Allgemeinen ein dauerhaft umweltgerechtes Verhalten zeigen. PAKs werden durch hydraulische Bindemittel auf Dauer fest eingebunden. Phenole werden zwar durch Zementstein nicht absorbiert; einen hinreichenden Widerstand gegen Auslaugung erreicht man durch ein dichtes Gefüge. Die Grenzwerte nach Trinkwasserverordnung (siehe Anhang) werden im Allgemeinen deutlich unterschritten, müssen aber nachgewiesen werden [26].

Literatur zum Thema «Bitumen, Steinkohlenteerpech, Asphalt»: [20; 26; 56; 61]

18 Holz und Holzschutz

18.1 Aufbau des Holzes

Der Aufbau des Holzes lässt sich am einfachsten an drei charakteristischen Schnitten durch einen Holzstamm zeigen: dem Quer-, Radial- und Tangentialschnitt (Bild 18.1). Der Querschnitt (auch Hirnschnitt) zeigt von außen nach innen die **Rinde**, bestehend aus **Borke** (abgestorbene, infolge Dickenwachstum rissige Schutzschicht, teilweise mit besonderer Struktur, z.B. Korkeiche) und **Bast** (lebende Zellen, Innenrinde). An der Grenze zwischen Rinde und jüngstem Holz befindet sich das zellbildende, dünnschichtige **Kambium**. Dessen Zellen bilden durch Zellteilung Holzzellen (sog. Dickenwachstum zwischen April und September in Europa), die dem Holzkörper, und Bastzellen, die der Rinde angelagert werden. Weiter innen folgt das **Splintholz** (jung, hell, saftreich, verderblich), das **Kernholz** (alt, dunkler, saftarm, haltbar) und die **Markröhre** mit dem bei alten Stämmen zusammengeschrumpften Mark. Der Querschnitt lässt außerdem **Jahresringe** erkennen. Ein Jahresring besteht aus dem im Frühjahr entstandenen **Frühholz** (hell, locker, porös) und dem im Herbst entstandenen **Spätholz** (dunkel, fest, hart). Verschiedene Zellverbände übernehmen im Holz verschiedene Aufgaben. Die Leitzellen transportieren Wasser und Nährsalze nach oben (Splint), organische Nährstoffe nach unten (Bast). Die Festigkeitszellen bilden die mechanische Festigkeit, die Speicherzellen speichern Nährstoffe. Im Radialschnitt lassen sich die Jahresringe als breite, parallele Bänder, die **Markstrahlen** als Verbindungswege zwischen Mark und Rinde erkennen. Beim Tangentialschnitt werden Unregelmäßigkeiten und die bei jeder Holzart anders geartete Maserung sichtbar.

18.2 Zusammensetzung des Holzes

In den Blättern findet die **Photosynthese**, katalysiert durch Blattgrün (Chlorophyll), statt. Aus

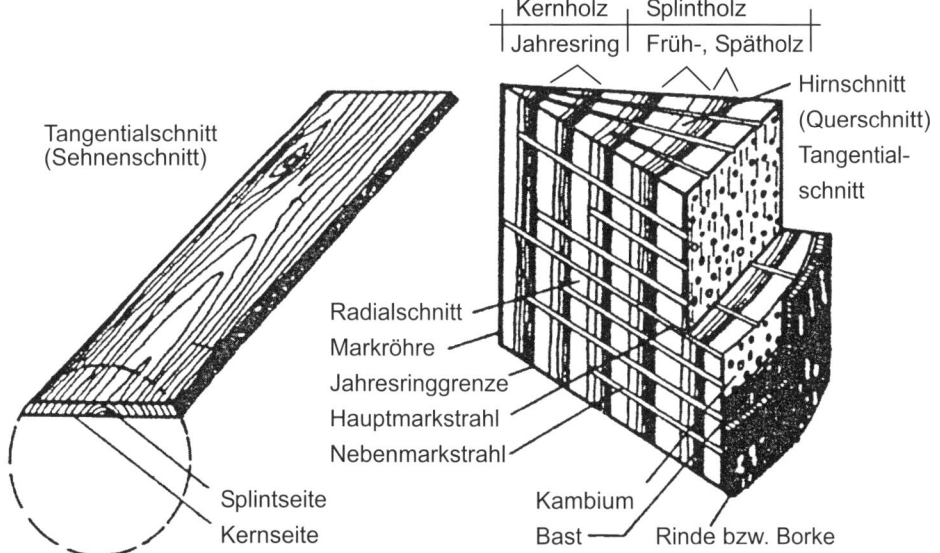

Bild 18.1 Querschnitt durch einen Nadelholzstamm [36]

Kohlendioxid und Wasser bilden sich Sauerstoff und Glucose, die weiter zu **Stärke**, **Cellulose und Glykogen**, alle mit der Substanzformel $(C_6H_{10}O_5)_n$, polymerisiert:

$6\ CO_2 + 6\ H_2O \rightarrow$ Licht, Chlorophyll $\rightarrow 6\ O_2 +$ $C_6H_{12}O_6$; Polymerisation zu $(C_6H_{10}O_5)_n$

Der Hauptinhaltsstoff des Holzes ist **Cellulose** 40 bis 60%, die als Gerüstsubstanz (vergleichbar mit Bewehrung im Stahlbeton) auftritt. Cellulosemoleküle bestehen aus 1500 bis 5000 Glucoseeinheiten.

Die **Hemicellulosen** oder **Holzpolyosen** machen 6 bis 27% aus. Sie bestehen aus Hexosen und Pentosen, die zu 150 bis 200 Einheiten polymerisiert sind. Hemicellulosen fungieren nur teilweise als Gerüstbaustoff und sind biogen angreifbar. Durch saure Hydrolyse entsteht aus Hemicellulose hauptsächlich Xylose, das auch als **Holzzucker** (Vorsicht mit neuen Holzschalungen auf Sichtbeton!) bekannt ist.

Lignin findet sich zu 18 bis 41% im Holz und stellt das Bindemittel (vergleichbar mit Zementstein im Stahlbeton) für die Cellulose dar. Lignin stellt einen aus substituierten Phenylpropaneinheiten (u.a. Coniferylalkohol) aufgebauten Stoff dar. Zur Papierherstellung muss das Lignin von der Cellulose abgetrennt werden. Dies geschieht **basisch im Sulfatverfahren** ($NaOH$, Na_2S, $NaSO_4$) oder **sauer im Sulfitverfahren**. Bei letzterem entsteht durch Kochen mit Calciumbisulfit $Ca(HSO_3)_2$ das Ca-Salz der Ligninsulfonsäure bzw. Ca-Ligninsulfonat (siehe Abschnitt 15.6). Laubhölzer enthalten mehr Hemicellulosen und weniger Lignin als Nadelhölzer.

Ferner befinden sich im Holz sog. **Holzinhaltsstoffe** zu 2 bis 7%. Sie bestehen aus Stärke, Zucker, Harzen, Wachsen, Gerbsäuren u.a. Technische Bedeutung besitzen die Harze und Wachse als Firnisse, Leime, Bohnerwachs usw.

18.3   Holzangriff

18.3.1   Holzfeuchte

Technische Eigenschaften des Holzes wie Festigkeiten und Elastizität sowie die Pilzresistenz sind von der Holzfeuchte abhängig. Man unterscheidet **frisches** (Feuchte >30%), **halbtrockenes** (20 bis 30%) und **trockenes** Bauholz (<20%). Einbaufähig sind trockene und halbtrockene Hölzer, wobei letztere noch austrocknen müssen. Wesentlich ist die **Ausgleichsfeuchte**, die Holz in einer bestimmten Umgebung mit entsprechender relativer Luftfeuchte annimmt. Von verbautem Holz sollte Feuchtigkeit generell ferngehalten werden. Eine Holzfeuchte von mehr als 20% ist die Wachstumsgrundlage für schädigende Pilze. Bei direktem Erd- oder Wasserkontakt wird Holz durch Fäulnispilze zerstört.

18.3.2   UV-Strahlung

Die UV-Strahlung des Sonnenlichtes erzeugt im Lignin, das dem Holz seine Eigenfarbe gibt, **photochemische Abbaureaktionen**, die das Holz vergrauen und verwittern lassen. Durch Niederschlagswässer kommt es zu einem kontinuierlichen Abtrag dieser Abbaustoffe (0,01 bis 0,1 mm/Jahr).

18.3.3   Chemikalien

Gegenüber Chemikalien (Säuren, Basen, Salze im Bereich pH 2 bis 10) zeigt Holz eine relativ gute Beständigkeit, die allerdings bei höheren Temperaturen eingeschränkt ist. Allgemein kann gesagt werden, dass Holz im **sauren Bereich** eine deutlich **höhere Widerstandsfähigkeit** als Beton oder Stahl aufweist.

18.3.4   Hohe Temperaturen

Bei der Erwärmung von Holz über 100 °C beginnt langsam die **chemische Zersetzung** des Holzes, die sich zunächst durch Festigkeitseinbußen, bei weiterer Temperaturerhöhung durch

Holzverkohlung bemerkbar macht. Infolge der geringen Wärmeleitfähigkeit des Holzes (Holz ist ein wärmeisolierender Baustoff) ist die Wärmefortpflanzung gering.

18.3.5   Biologischer Angriff

Den mit Abstand **größten Schädigungseinfluss** auf Holz haben biologische Einflussfaktoren wie **Insekten und Pilze**.

Holz zerstörende Insekten

Holz zerstörende Insekten werden durch die im Holz enthaltene Stärke angezogen. Die Lebewesen nagen unter Bildung von Holzmehl zahlreiche Gänge durch das Holz, vor allem in Splintholz. Dadurch wird die Festigkeit beeinträchtigt. Eigentliche Hölzerstörer sind Larven. Die Insekten lassen sich einteilen in **Frischholzinsekten** (Angriff auf lebende, stehend oder gefällt, saftfrische Hölzer) und **Trockenholzinsekten** (Angriff auf lufttrockenes Holz). Zu den Frischholzinsekten gehören Holzwespen und der Borkenkäfer, zu den Trockenholzinsekten Hausbockkäfer (Dachstühle), Nagekäfer (Möbel), Splintholzkäfer (Parkett). Letztere sind baupraktisch ernst zu nehmende Schädlinge; Frischholzinsekten sind bei ordnungsgemäß verbautem Zustand im Baubereich nicht relevant.

Holz zerstörende Pilze

Entscheidend für die Lebensfähigkeit von Pilzen sind die Feuchten und Temperaturen, denen das Holz ausgesetzt ist. In trockenen Hölzern können sich Pilze nicht entwickeln. Ideale Lebensbedingungen für Pilze sind Holzfeuchten über 30% (Fasersättigung) und Temperaturen von 3 bis 40 °C. Unter diesen Voraussetzungen sind Pilze in der Lage, ein den Holzkörper durchdringendes und zerstörendes Wurzelwerk (**Mycel**) zu errichten und Holzbestandteile (Cellulose, Lignin) abzubauen. Noch stehende Bäume können von **Braunfäule** (Celluloseabbau, Dunkelfärbung, Holzaufriss) und **Weißfäule** (Cellulose- und Ligninabbau, Hellfärbung, Schwammigkeit) befallen sein. Am gefährlichsten für verbautes Holz ist der echte **Hausschwamm**. Er entsteht in geschlossenen

feuchten Räumen, kann aber durch sein Mycel Feuchtigkeit auf trockenes Holz übertragen – auch über holzfreie Passagen (Mauerwerk) hinweg – und so das gesamte Holzbauwerk zerstören. Alle anderen Fäulniserreger sind **Nassfäulepilze** (Kellerschwamm, Porenschwamm, Moderfäule u.a.), die viel Holzfeuchte benötigen. Feuchtes, pilzbesiedeltes Holz wird vornehmlich von Insekten angegriffen. **Bläuepilze** verursachen nur eine schwarz-bläuliche Verfärbung des Holzes, die keine Festigkeitsminderung zur Folge hat.

18.4   Holzschutz allgemein

Für den allgemeinen Holzschutz geltende folgende Vorschriften:

❑ Vorbeugende bauliche Maßnahmen (DIN 68 800-2)
❑ Vorbeugende chemische Maßnahmen (DIN 68 800-3)
❑ Bekämpfende Maßnahmen nach Befall (DIN 68 800-4)

> Mit der bauaufsichtlichen Einführung der DIN 68 800-2: 1996 wurde die Möglichkeit zum Verzicht auf vorbeugenden chemischen Schutz von Bauholz bei Einhaltung besonderer baulicher Maßnahmen geschaffen. Diese neue Philosophie, die den Gesundheits- und Umweltschutz betont (siehe Abschnitt 20.5), unterscheidet sich grundlegend von dem früher verfolgten Gedanken des reinen Materialschutzes. Es kann in Zukunft nur heißen: **Chemie – so wenig wie möglich und so viel wie nötig**.

18.4.1   Vorbeugende bauliche Maßnahmen

Von der Konstruktionsplanung bis hin zur Verarbeitung des Baustoffes Holz im Innen- und Außenbereich sind die Regeln des baulichen Holzschutzes (DIN 68 800-2) zu beachten, wie z.B.

❑ Abschrägen waagrechter Flächen, damit Wasser schneller ablaufen kann,

❑ Holz mit der Feuchte einbauen, die es auch im Gebrauchszustand hat,
❑ Hirnholzflächen abdecken bzw. mit Farbe versiegeln,
❑ das Eindringen von Feuchte aus angrenzenden Baustoffen vermeiden.

18.4.2   Vorbeugende chemische Maßnahmen

Für den vorbeugenden chemischen Holzschutz tragender Bauteile (DIN 68 800-3) dürfen nur Holzschutzmittel (HSM) mit allgemeiner **bauaufsichtlicher Zulassung** eingesetzt werden. Die HSM dürfen grundsätzlich nur durch Fachbetriebe eingesetzt werden und sind zur Verarbeitung innerhalb eines Imprägnierbetriebes vorgesehen. Eine Verwendung auf der Baustelle ist nur in wenigen Fällen gestattet. Für nichttragende Bauteile dürfen nur HSM mit dem RAL-Gütezeichen verwendet werden. HSM enthalten Wirkstoffe gegen tierische (Insekten) und pflanzliche (Pilze) Schädlinge und werden nach ihrer Wirksamkeit unterteilt in die **Prüfprädikate**

❑ Iv... vorbeugend gegen Insekten,
❑ P... vorbeugend gegen Pilze,
❑ W...bei witterungsausgesetztem Holz, aber nicht dauernd erd- oder wasserberührt,

❑ E...im ständigen Erd-, Schmutz- und Wasserkontakt.

Durch chemische Holzschutzmittel **müssen geschützt** werden

❑ alle tragenden Teile im Außenbereich,
❑ das Holz nicht ausgebauter Dachstühle,
❑ tragende Teile im Innenbereich mit hoher Feuchtigkeitsbelastung und Bauteile, die dem Insektenbefall zugänglich sind.

Maßgebend sind die in den Gefährdungsklassen genannten Beanspruchungen. (Tabelle 18.1).

Die HSM selbst werden **klassifiziert** in

❑ wasserlösliche salzartige Holzschutzmittel (-konzentrate),
❑ wasserlösliche Emulsionskonzentrate,
❑ Teerölpräparate,
❑ lösemittelhaltige Präparate.

Wasserlösliche salzartige Holzschutzmittel (-konzentrate) (Tabelle 18.2)
Durch Fixierung bleiben Schutzsalze im Holz nahezu wasserunlöslich, werden nicht ausgewaschen und behalten deshalb lange ihre Wirksamkeit. Fixierend wirken Chromate. Aus Cr(VI)-Ionen entstehen offenbar durch reduzierend wirkendes Lignin Cr(III)-Ionen, die stark

Tabelle 18.1   Gefährdungsklassen von verbautem Holz/Anforderungen an Holzschutzmittel

Gefährdungs-klasse	Anwendungsbereiche	Anforderungen an Holzschutzmittel
0	Räume mit üblichem Wohnklima: Holzbauteile durch Bekleidung abgedeckt oder zum Raum hin kontrollierbar	keine
1	Innenbauteile (Dachkonstruktionen, Geschoßdecken, Innenwände) und gleichartig beanspruchte Bauteile, relative Luftfeuchte <70%	Insektenvorbeugend
2	Innenbauteile, mittlere relative Luftfeuchte >70%, Innenbauteile (im Bereich von Duschen), wasserabweisend abgedeckt, Außenbauteile ohne unmittelbare Wetterbeanspruchung	Insektenvorbeugend, pilzwidrig
3	Außenbauteile ohne Erd- und/oder Wasserkontakt, Innenbauteile in Nassräumen	Insektenvorbeugend, pilzwidrig, witterungsbeständig
4	Holzteile mit ständigem Erd- und/oder Wasserkontakt	Insektenvorbeugend, pilzwidrig, witterungsbeständig, moderfäulewidrig

Tabelle 18.2 Wasserlösliche salzartige Holzschutzmittel (-Konzentrate) [68]

Bezeichnung	chemische Hauptbestandteile	Einsatzbereich
B-Salze	anorganische Borverbindungen	witterungsgeschützte Holzbauteile
SF-Salze	Silicofluoride	
CFB-Salze	Chromate, Fluor- und Borverbindungen	Innen- und Außenbau, Hölzer geringer bis mittlerer Auswaschbeanspruchung
CK-Salze	Chromate, Kupfersalze	Innen- und Außenbau, Hölzer mit starker Auswaschbeanspruchung
CKB-Salze	Chromate, Kupfersalze, Borverbindungen	Innen und Außenbau, Hölzer mit starker Auswaschbeanspruchung
CKF-Salze	Chromate, Kupfersalze, Fluorverbindungen	Innen und Außenbau, Hölzer mit starker Auswaschbeanspruchung
Cu-HDO-Präparate	Cu-HDO, Bor- u. Kupferverbindungen	abhängig von Zusammensetzung d. Mittels im Innenbau, im Außenbau, im Außenbau mit Erdkontakt

Tabelle 18.3 Wasserlösliche Emulsionskonzentrate [68]

Bezeichnung	chemische Hauptbestandteile	Einsatzbereich
Betain-Präparate	polymeres Betain, zusätzlich Bor- und Kupferverbindungen	abhängig von Zusammensetzung des Mittels im Innenbau, im Außenbau, im Außenbau mit Erdkontakt
Quat-Präparate	quaternäre Ammoniumverbindungen, zusätzlich Bor-Verbindungen, organische Wirkstoffe	Innen- und Außenbau, für Hölzer geringer bis mittlerer Auswaschbeanspruchung
Organische Emulsionskonzentrate	organische Wirkstoffe, Emulgatoren Lösehilfen	Innen- und Außenbau, für Hölzer geringer bis mittlerer Auswaschbeanspruchung

Tabelle 18.4 Teerölpräparate [68]

Bezeichnung	chemische Hauptbestandteile	Einsatzbereich
Carbolineum	Destillate aus Steinkohlenteeröl	nur im Außenbau, auch mit Erd- und Wasserkontakt

komplexbildend sind und deshalb fixieren können. Aus Toxizitätsgründen des Cr(VI) werden chromfreie Präparate (z.B. Cu-HDO, genau Bis-(N-Cyclohexyldiazeniumdioxo)-Cu(II)) bevorzugt.

Wasserlösliche Emulsionskonzentrate (Tabelle 18.3)

Teerölpräparate (Tabelle 18.4)
Ölige HSM sind in Form von hochreinen Teerölen oder Teerölen mit Lösemittelanteilen schon lange bekannt. Inhaltsstoffe sind im Wesentlichen polyzyklische aromatische Kohlenwasserstoffe. Derartige HSM liefern zwar einen Langzeitschutz, sie haben aber einen unangenehmen Geruch, sind dunkelfarbig und schlecht überstreichbar. Aufgrund ihrer Toxizität unterliegen sie Anwendungsbeschränkungen.

Lösemittelhaltige Präparate (Tabelle 18.5)
Zu den lösemittelhaltigen HSM gehören

❑ **Insektizide**. Sie enthalten z.B. Phosphorsäureester (Parathion), Carbamate, Chlorkohlenwasserstoffe. Große Bedeutung hat das **Lindan**, das nur in Form des γ-Isomeren (γ-Hexachlorhexan) in 99%iger Reinheit als Holzschutzmittel zugelassen ist. Lindan wurde weitgehend von toxikologisch unbedenk-

Tabelle 18.5   Lösemittelhaltige Präparate [68]

Bezeichnung	chemische Hauptbestandteile	Einsatzbereich
Insektizide Fungizide	org. Wirksubstanzen in org. Lösemitteln, auch mit Bindemitteln (Alkydharze)	Innen- und Außenbau, Anwendungsbeschränkungen

licheren Pyrethrin-Derivaten («Pyrethroide») Azolen und Dicofluanid verdrängt;

❏ **Fungizide.** Sie enthalten z.B. zinnorganische Verbindungen, Chlornaphthaline, Chlorphenole. Lange Zeit galt PCP (**Pentachlorphenol**) als herausragendes Fungizid. Infolge seiner fisch- und humantoxischen Wirkung ist es als HSM **seit 1989** verboten;

❏ **Wetterschutzmittel** (lasierende und deckende). Sie wirken wasserabweisend und schützen die Holzoberfläche durch Pigmente gegen UV-Strahlung. Sie enthalten keine holzschützenden Wirkstoffe.

Einbringverfahren

Die Art der Einbringung des HSM ist entscheidend für eine spätere Wirkung und Wirkungsdauer. Je nach Eindringtiefe spricht man von Oberflächenschutz, Randschutz, Tiefschutz und Teilschutz. Bei den Verfahren unterscheidet man industrielle Einbringungen wie Druckverfahren (Kesseldruck-, Niederdruck bzw. Doppelvakuumverfahren), Nichtdruckverfahren (Anwendung in Trögen und Tränkanlagen) und handwerkliche Verfahren wie z.B. Streichen oder Spritzen (persönliche Schutzmaßnahmen erforderlich). Aus Gründen des Gesundheitsschutzes und der Eindringtiefe sind HSM bevorzugt industriell zu verarbeiten.

18.5   Bekämpfende Maßnahmen nach Befall

Die DIN EN 68800-4 führt 3 Bekämpfungsmöglichkeiten auf:

❏ Heißluftverfahren,
❏ chemische Verfahren,
❏ Begasungsverfahren.

Speziell beim Insektenbefall ist zunächst eine Bekämpfung mit **Heißluft** zu prüfen. Die Holzinnentemperatur muss dabei mindestens 60 °C betragen.

Insekten und Pilze lassen sich grundsätzlich mit **chemischen Schutzmitteln** bekämpfen. Im Unterschied zu Insekten können Pilze nicht nachhaltig bekämpft werden.

Der gefährlichste holzzerstörerische Pilz, der echte Hausschwamm, wird in der Regel dadurch bekämpft, dass sämtliche Pilzsubstanz beseitigt (ggf. konstruktiv) und ein Schwammsperrmittel eingesetzt wird, das ein erneutes Durchwachsen von Mauerwerk verhindern soll. Schwammsperrmittel werden als wasserverdünnbare Konzentrate angeboten. Ihre Wirksamkeit beruht auf Borverbindungen, quaternären Ammoniumverbindungen, IPBC (3-Jodo-2-propinylbutylcarbamat) oder Kombinationen daraus.

Beim **Begasungsverfahren** werden wegen der eingesetzten Insektiziden Gase (CH_3Br, HCN, PH_3, SO_2F_2) sehr strenge Anforderungen an den ausführenden Fachbetrieb gestellt.

18.6   Brandschutz

Beim Brand von Holz entsteht am Bauteil eine isolierende Holzkohleschicht, die den voll funktionsfähigen Restquerschnitt einige Minuten schützt und damit die Standsicherheit für einen

Tabelle 18.6   Baustoffbrandklassen

Baustoff-klasse	Benennung/Zusammensetzung	Beispiele
A	**Nichtbrennbare Baustoffe**	
A1	100% anorganische Bestandteile	Beton, Kalksandstein, Ziegel, Stahl
A2	geringer Anteil organischer Additive, nicht funktionserhaltend	Steinwolle, Mineralfaserverbundplatten, gepresste Silikat-Brandschutz-platten
B	**Brennbare Baustoffe**	
B1	schwer entflammbar	Glasfasermatten, Gipskartonplatten, behandeltes Holz
B2	normal entflammbar	ungeschütztes Holz, Teppichboden, Kunststoffe
B3	leicht entflammbar	Tapeten, Furniere

Baustoffe der Klasse B3 durten nur im Verbund verwendet werden, der mindestens der Klasse B2 zugeordnet werden kann.

geforderten Zeitraum garantiert. Feuerwehr-leute wissen die Berechenbarkeit des Baustoffes Holz im Brandfall zu schätzen – im Gegensatz zum plötzlichen Versagen von Stahl- oder Be-tonkonstruktionen. Das Brandverhalten von Holz kann durch konstruktive (Anbringen von Gipsplatten) als auch chemische Maßnahmen verbessert werden. Chemische Flammschutz-mittel (feuererstickende, z.B. Ammoniumphos-phate, dämmschichtbildende sowie Radikalfän-ger) senken die Entflammbarkeit des Holzes (siehe Tabelle 18.6).

Literatur zum Thema «Holz und Holzschutz»: [20; 36; 46; 62; 63; 68; 72; 73]

19 Anstriche und Anstrichstoffe

19.1 Arten von Anstrichen

Unter Anstrichen versteht man fertige Beschichtungen auf die Oberfläche von Baustoffen. Man unterscheidet

- **Sperranstriche**
  z.B. Grundierungen oder Absperrlacke, um Einwirkungen von Stoffen aus dem Untergrund auf den Anstrich und umgekehrt zu vermeiden;
- **Korrosionsschutzanstriche**
  z.B. abdeckend wirkende bituminöse Anstrichmittel oder physikalisch-chemisch wirkende auf Basis Bleimennige und Leinöl;
- **Verschönerungsanstriche**
  z.B. Kunststoffdispersionsfarben im Innen- und Außenbereich;
- **Hygieneanstriche**
  z.B. wasser-, säuren- und laugenbeständige Chlorkautschukanstriche;
- **Markierungsanstriche u.a.**

19. 2 Zusammensetzung

Anstrichstoffe sind fließfähige Beschichtungsstoffe. Sie enthalten ein filmbildendes Bindemittel, ein farbgebendes Pigment, Zusatzstoffe und Verdünnungsmittel.

- **Bindemittel** – in Dispersions- oder Emulsionsform – sind Kalk, Zement, Wasserglas, Leim, trocknende Öle, Natur- und Kunstharze. Sie wirken filmbildend und haftend auf dem Untergrund.
- **Pigmente** sind fein gemahlene, pulverförmige und deckfähige Farbstoffe wie z.B. natürliche Erdfarben (Ocker und Umbra), Eisenoxidrot und -schwarz, Titanweiß, Bleimennige, Chromoxidgrün, Al-Pulver, Ruß und Graphit und organische Farbstoffe. Pigmente bewirken neben dem Farbeffekt eine Verminderung der Schwindneigung, verbes-

sern die mechanischen Abriebwerte und u.U. den Korrosionsschutz.

- **Verdünnungsmittel.** Sie bewirken die Streichfähigkeit der Anstrichstoffe und verdunsten nach dem Auftragen (Wasser, org. Lösungsmittel).
- **Zusatzstoffe** umfassen Füllstoffe, wie z.B. Kalksteinmehl (Unterstützung der Farbwirkung), Streichhilfen (Stabilisierungs- und Verdickungsmittel), Sikkative (Trockenstoffe zur Verkürzung der Trockenzeit), Konservierungsstoffe, Haut- und Schaumverhinderer, Verlaufsmittel, UV-Absorber u. a.

19.3 Arten von Anstrichstoffen

Einteilung
Aus Sicht der Baupraxis erfolgt folgende Einteilung:

- wasserverdünnbare Anstrichstoffe,
- lösemittelverdünnbare Anstrichstoffe,
- Ölfarbanstriche,
- Lackfarbanstriche.

Wasserverdünnbare Anstrichstoffe (Tabelle 19.1) **Kalkfarbe** ist eine wässrige Suspension von Calciumhydroxid, die außerdem Farbpigmente, Füllstoffe enthalten kann. Die Erhärtung erfolgt durch Carbonatisierung an der Luft. Wegen der Schwindgefahr darf Kalkfarbe nur dünnschichtig aufgebracht werden. Sie ist nicht wischfest. Wegen der Alkalität wirkt sie desinfizierend und fungizid (siehe Abschnitt 8.4). Deshalb eignet sie sich für Küchen, Bäder und Keller.

Zementfarben sind kurzzeitig vor Anwendung hergestellte wässrige Weißzementsuspensionen mit Farbpigmenten. Die Erhärtung beruht auf der hydraulischen Zementerhärtung.

Silikatfarben bestehen aus Wassergläsern (z.B. K_2SiO_3) und Farbpigmenten. Zur Erhärtung benötigen sie Kalk, z.B. $Ca(OH)_2$ aus einer zementären Oberfläche. Das entstehende Calci-

Tabelle 19.1   Wasserverdünnbare Anstriche

Farbe	Zusammensetzung	Eigenschaften	Anwendung	Untergrund
Kalkfarbe	wässrige Kalkhydratsuspension, ggf. Pigmente (max. 5%), lufterhärtend	nicht wischfest, nicht filmbildend, wirkt desinfizierend und fungizid, ist ätzend (Haut und Augen schützen), gute Dampfdurchlässigkeit, nicht gut deckend	außen (Südeuropa) und innen	Kalk-, Kalkzement und Zementputze, Schalungsbeton; nicht für Sichtbeton, Holz, Metall; nicht auf Tapeten-, Gipsputz und Gipskartonplatten
Zementfarbe	Weißzement und hydraulischer Kalk; Wasserzugabe vor Gebrauch, hydraulisch erhärtend	ähnlich Kalkfarbe, aber spröder	außen und innen	Unterwasserflächen, ständig erdfeuchte Untergründe; nicht auf Holz und Metall
Reinsilikatfarbe	Kaliwasserglaslösung	hart, wasserfest, Verdünnung nur mit Fixativ (Kaliwasserglaslösung)	außen (Mauerwerk)	Kalk-, Kalkzementmörtel; nicht auf Gips (Abplatzen), nicht auf Dispersionsfarben
Dispersionssilikatfarbe	Kaliwasserglas, Kunstharzdispersion	Verdünnung nur mit Fixativ	außen und innen	Kalkputz, Leichtbeton, Ziegel, Kalksandstein, Naturstein, Raufasertapete; nicht auf Gipskartonplatten oder Gipsputz
Leimfarben	Leim, Kreide, Pigmente, Wasserzugabe vor Gebrauch	wasserlösliche Anstriche, nicht in Kellern, Küchen, Bädern, gute Deckkraft, gute Dampfdurchlässigkeit	innen, keine Feuchträume	mineralische Putze, Leichtbeton, Gipskartonplatten, Tapeten
Kunststoffdispersionsfarben	Kunst und Naturharze, Pigmente, Füllmittel, Wasser	Farbe wasserverdünnbar, Anstrich nicht wasserlöslich	außen und innen	verschiedenste Untergründe, nicht Lehmputz
Wasserlacke	Wasser, org. Lösemittel (10%), Kunstharze (Polyurethane, Polyester, Alkyd-, Acrylharze)	hohe mechanische und chem. Belastbarkeit, wasserverdünnbar, dürfen nicht in Kanalisation gelangen	außen und innen	Außenbereich, Parkett, Holzböden

umsilikat bindet die Farbe an den Untergrund und führt zu einem (wetter-)festen Anstrich. Ohne kalkhaltigen Untergrund erfolgt die Verfestigung nur durch langsame Verkieselung. Durch mangelnde Bindung an den Untergrund ist die Farbe auswaschbar (Regen!). Man unterscheidet Reinsilikatfarbe und Dispersionssilikatfarbe (mit 5% Kunststoffdispersion).

Leimfarben enthalten Farbpigmente, Füllstoffe und eine wässrige Leimlösung. Leime sind wasserlösliche Klebstoffe auf organischer Basis, z.B. Glutinleim (Knochenleim, Hautleim), Kaseinleim, Stärkeleim. Die Erhärtung beruht auf Trocknung, im Fall der Kaseinfarben auch durch Reaktion mit Kalk. Leimfarben sind nicht wasserfest und nur im Innenbereich anwendbar. Vor einem neuen Anstrich muss die alte Farbe restlos (mit Wasser) abgewaschen werden.

Kunststoff-Dispersionsfarben (KD-Farben) enthalten eine überwiegend wässrige Kunststoff-Dispersion als Bindemittel, z.B. PVAC, PVP, SBR, AY, PMMA, Titanweiß als Pigment und einen feingemahlenen Inertstoff als Füllmittel. Die Erhärtung erfolgt durch Trocknung, Abdampfen von Lösemittelresten und Agglomerisation der Kunststoffteilchen. Es entsteht ein dichter, aber zugleich wasserdampfdurchlässiger Kunststofffilm. KD-Farben gibt es für den Innen- und Außenbereich; sie besitzen inzwischen, besonders durch ihre Verwendungsmöglichkeit auf vielen Untergründen, einen hohen Marktanteil. Für die Beseitigung von Putzrissen werden faserarmierte KD-Farben eingesetzt.

Wasserlacke enthalten Kunstharze als Bindemittel und Wasser plus org. Lösemittel als Verdünnungsmittel. Anwendung z.B. bei Parkett- und Holzböden.

Lösemittelverdünnbare Anstrichstoffe
Derartige Anstrichstoffe sind **wasserfrei** und dürfen auch nicht mit Wasser in Berührung kommen bzw. verdünnt werden. Sie enthalten als Bindemittel Lösungen von Kunststoffen, z.B. PVAC, AY und PMMA, Pigmente und als Füllstoffe fein gemahlene mineralische Inertstoffe. Die Erhärtung erfolgt durch Verdampfen des Lösemittels (meist Testbenzin) und Agglomeration der Kunststoffteilchen. Lösemittelverdünnbare Anstrichstoffe dringen aufgrund ihrer guten Benetzbarkeit tiefer als KD-Farben in einen feinporigen Untergrund ein und sind dadurch gut haft- und haltbar. Emulgatoren, die oftmals wasseranziehend wirken, sind in lösemittelhaltigen Anstrichstoffen nicht notwendig. Dadurch werden Schmutzanreicherung und Algenbewuchs verhindert.

Ölfarbanstriche
Wenn Stahlbauteile vor Korrosion und Holz vor Fäulnis geschützt werden soll, müssen höhere Anforderungen an Anstrichstoffe gestellt werden, z.B. hinsichtlich der **Dicke** und **Geschlossenheit des Films**. Für Ölfarbanstriche wird als Bindemittel Leinölfirnis verwendet, der durch Kochen von Leinöl (aus dem Samen der Leinpflanze ausgepresst) mit Mennige erzeugt wird. Das so modifizierte Leinöl trocknet schneller und ist daher als Bindemittel verwendbar. Durch Luftoxidation entsteht ein zusammenhängender Bindemittelfilm. Ölfarbanstriche sind heute weitgehend durch Alkydharzlacke ersetzt.

Lackfarbanstriche
Sie basieren meist auf Acryl- und Alkydharzen. Die Erhärtung basiert auf Verdunstung des Lösemittels, Reaktion mit Sauerstoff und Polymerisation. Alkydharzlacke sind schnell trocknend, zähelastisch und hochkratzfest. Sie sind die meistverwendeten Lackfarben für Baustoffe.

Zu Lackfarbanstrichen zählen auch Lasuranstrichstoffe. **Lasuren** enthalten lösliche organische Farbstoffe nur geringer Deckfähigkeit (**«lasierend», d.h. durchscheinend**). Sie bilden nur dünne Schichten aus und sind erhöht wasserdampfdurchlässig.

19.4   Entfernen alter Anstriche

Alte Anstriche können auf verschiedene Art entfernt werde (siehe Abschnitt 20.6). In jedem Fall entstehen Schadstoffe, so dass eine Schutzausrüstung (Handschuhe, Schutzbrille, Atemschutz) geboten ist:

❏ Bei mechanischem Abreiben entstehen Stäube aus Altanstrich und Holz.
❏ Bei thermischem Entfernen durch Abbrennen oder Heißluft entstehen flüchtige chemische Zersetzungsprodukte.
❏ Beim Abbeizen werden aggressive Ablaugstoffe (wirken basisch) oder Lösemittel (schädliche Lösemitteldämpfe) eingesetzt.

Literatur zum Thema «Anstriche und Anstrichstoffe»: [8; 11; 20]

20 Schadstoffe beim Bauen und Wohnen

20.1 Gefahrstoffe und Gefahrstoffsymbole

Schadstoffe für die menschliche Gesundheit treten sehr vielfältig im Bereich Bauen und Wohnen auf. Während früher allgemein nur von Chemikalien oder Stoffen gesprochen wurde, ist in der **Gefahrstoffverordnung** (GefStoffV) definiert, was der Gesetzgeber unter gefährlichen Chemikalien versteht. Solche Chemikalien und Zubereitungen sind kennzeichnungspflichtig und müssen mit Gefahrstoffsymbolen, z.B. auf dem Etikett oder Gebinde, versehen sein. Doch auch Produkte ohne Gefahrstoffsymbole sind nicht ungefährlich. So gibt es für die Verwendung von Gefahrstoffsymbolen Berechnungsgrenzen in der Gefahrstoffverordnung. Beispielsweise liegt für den Gefahrstoff Toluol die Kennzeichnungsgrenze in einer Zubereitung bei 12,5%. Also kann eine 12%ige Lösung ohne Gefahrstoffsymbol vertrieben werden.

Gemäß Gefahrstoffverordnung werden gefährliche Stoffe oder gefährliche Zubereitungen mit Gefährlichkeitsmerkmalen, Gefahrstoffsym-

 E Explosions-
gefährlich

 C Ätzend

 O Brandfördernd

 Xn Gesundheitsschädlich
oder
Xi Reizend

 F+ Hochentzündlich
oder
F Leichtentzündlich

 N Umweltgefährlich

 T+ Sehr giftig
oder
T Giftig

Bild 20.1 Gefahrsymbole nach GefStoffV [40]

bolen sowie Gefahrenhinweisen (R-Sätze) und Sicherheitsratschläge (S-Sätze) versehen (Bild 20.1):

❑ explosionsgefährlich, E (z.B. 2,4,6-Trinitro-toluol),
❑ brandfördernd, O (z.B. Natriumchlorat),
❑ hoch entzündlich, F+ (z.B. Diethylether),
❑ leicht entzündlich, F (z.B. Nitroverdünnung),
❑ entzündlich (z.B. Kunstharzverdünnung),
❑ sehr giftig, T+ (z.B. Cyanwasserstoff),
❑ giftig, T (z.B. Lindan),
❑ gesundheitsschädlich Xn (z.B. Toluol, Xylol),
❑ ätzend, C (z.B. Salzsäure),
❑ reizend, Xi (z.B. Zement),
❑ sensibilisierend S (z.B. Cr(VI), Isocyanate),
❑ Krebs erzeugend K (z.B. Benzol, Asbest),
❑ fortpflanzungsgefährdend R_F, R_E (z.B. lösliche Bleiverbindungen),
❑ erbgutverändernd M (z.B. Ethylenoxid),
❑ umweltgefährlich N (z.B. Halogenkohlenwasserstoffe),

20.2   Grenzwerte am Arbeitsplatz

MAK-Wert
Es muss davon ausgegangen werden, dass auch bei sachgemäßem Umgang mit Chemikalien eine Aufnahme dieser durch die Haut (dermal) oder Einatmen (inhalativ) nicht ausgeschlossen werden kann. Die sog. inhalative Exposition ist hierbei von besonderer Bedeutung. Daher sind Grenzwerte für die Gefahrstoffkonzentration in der Luft am Arbeitsplatz festgelegt worden. Diese Grenzwerte werden jährlich in der sog. MAK-Werte-Liste (**Maximale Arbeitsplatz-Konzentration**) der Deutschen Forschungsgemeinschaft (DFG) und außerdem, seit 1993, in der TRGS 900 (Technische Regel für Gefahrstoffe) veröffentlicht. Die TRGS 900 mit dem Titel «Grenzwerte in der Luft am Arbeitsplatz – Luftgrenzwerte» trägt dem Einfluss der EU Rechnung.

! MAK-Werte stellen Toleranzwerte dar, bei deren Einhaltung noch nicht mit einer gesundheitlichen Gefährdung gerechnet werden muss. Dem MAK-Wert liegt eine tägliche Belastungszeit von 8 Stunden bei einer durchschnittlichen Wochenarbeitszeit von 40 Stunden zugrunde.

Für **Krebs erzeugende Stoffe** weist die MAK-Werte-Liste keinen Grenzwert aus, da niemand einen unschädlichen unteren Grenzwert verantworten kann. Solche Stoffe wurden bis 1992 im Abschnitt III der MAK-Werte-Liste erfasst (Tabelle 20.1), danach in der TRGS 905.

Tabelle 20.1   Auswahl in der Bauwirtschaft relevanter Stoffe nach TRGS 905 [40]

K1-Stoffe (beim Menschen Krebs erzeugend)	
Asbest	heute fast nur noch bei Sanierungsarbeiten
Benzol	im Benzin
Buchenholzstaub	Schreinerei, Baustellenkreissäge
Eichenholzstaub	Schreinerei, Baustellenkreissäge
Nickel	in Schweißelektroden
Zinkchromat	beim Entfernen alter Rostschutzanstriche

K2-Stoffe (im Tierversuch Krebs erzeugend)	
Benzo[a]pyren	Teerprodukte
Cadmium	beim Entfernen alter Anstriche (Cadmiumgelb)
Chrom(VI)-Verbindungen	in Holzschutzmitteln
Dioxin	Brandschadenssanierung
Dieselmotor-Emissionen	Dieselstapler, Lkw usw.
Keramikfasern	

K3-Stoffe (möglicherweise Krebs erregend)	
Bleichromat	beim Entfernen alter Anstriche
Diisocyanat	Polyurethan-Werkstoffe
Dichlormethan	Abbeizer, Lösemittel
Formaldehyd	Reiniger, Desinfektionsmittel
Holzstaub (außer Buchen- und Eichenholzstaub)	Schreinerei, Baustellenkreissäge
künstliche Mineralfasern (∅ < 1 Mikrometer)	Isolierung, Glasfasertapeten
PCB	Reinigung, Reparatur der Starter von Leuchtstoffröhren, Brandschadenssanierung
verschiedene chlorierte Kohlenwasserstoffe	Lösemittel

TRK-Wert

Aus technischen Gründen kann jedoch nicht gänzlich auf diese Arbeitsstoffe verzichtet werden. Für solche Stoffe werden sog. **technische Richtkonzentrationen** (TRK) aufgestellt. Diese sollen das Risiko am Arbeitsplatz mindern, können es jedoch nicht vollständig ausschließen.

BAT-Wert

In der TRGS 903 sind die sog. **biologische Arbeitsstofftoleranzwerte** (BAT-Werte) festgelegt. Sie sind Grenzwerte im Harn oder Blut. BAT-Werte zeigen die tatsächliche Beanspruchung der betreffenden Person durch Aufnahme von Gefahrstoffen an. Es muss dafür gesorgt werden, dass bei keinem Mitarbeiter der BAT-Wert überschritten wird.

Auslöseschwelle

Wird der MAK-Wert überschritten – z.B. dadurch, dass er nicht dauerhaft sicher eingehalten wird –, ist die sog. Auslöseschwelle (TRGS 100) erreicht. In diesem Fall müssen Schutzausrüstungen (Atemfilter, Staubmaske mit geeigneter Porengröße) zur Verfügung gestellt werden. Darüber hinaus gelten rechtliche Einschränkungen (arbeitsmedizinische Vorsorge, Beschäftigungsbeschränkungen für Jugendliche und werdende oder stillende Mütter, Anzeige an die zuständige Behörde usw.).

Messung und Schutz

Auskünfte zur Messung von Gefahrstoffen am Arbeitsplatz und zu geeigneten Schutzmaßnahmen bei Verwendung bestimmter Produkte ist dem **Gefahrstoffinformationssystem der Berufsgenossenschaften der Bauwirtschaft (GISBAU)** zu entnehmen.

20.3   Schadstoffe im Bereich Zement

Die sog. **Maurerkrätze** ist eine durch Zement verursachte Hautkrankheit. Sie wird einerseits durch die Alkalität, Austrocknung und mechanische Reizung der Haut, andererseits und viel häufiger durch das in geringen Mengen im Zement enthaltene **Chromat** hervorgerufen. Dauernder Kontakt mit Cr(VI)-Ionen führt über die Jahre zu einer **Sensibilisierung** der Haut. Vom Chromatekzem sind vor allem Maurer, Fliesenleger, Estrichleger und Bauhilfsarbeiter betroffen. Handschuhe können das allergisch bedingte Chromatekzem praktisch nicht aufhalten. Als wirksamer Schutz hat sich die Umwandlung des Chromatanteils (CrVI) zu Chromhydroxid (CrIII) im Baustoff Zement durch Chromatreduzierer erwiesen (siehe Abschnitt 15.6). In Deutschland hergestellte Zemente enthalten rohstoffbedingt zwischen 3 und 35 ppm Chromat [40]. Nach Umwandlung verbleibt noch ein Rest von ca. 2 ppm Chromat.

20.4   Schadstoffe im Bereich der Schal- und Trennmittel

Schal- und Trennmittel (Entschalungsmittel, auch Schalöl) sind Hilfsstoffe, die eine zuverlässige Trennung des erhärteten Betons von der Schalung ermöglichen. Eine Trennung ist dadurch möglich, dass die wässrige Phase Beton mit einem öligen oder wachsartigen, in jedem Fall hydrophobierend wirkenden Trennmittel in Kontakt kommt.

Basisrohstoffe wie Rohöle, Dieselöle, Abfallöle besitzen solche Eigenschaften. Sie gelten heute aber aus Umweltschutzgründen als bedenklich. Nach GefStoffV besteht keine Kennzeichnungspflicht, da der Flammpunkt (Temperatur, bei dem Flüssigkeitsdämpfe sich entzünden können) über 100 °C liegt. **Beim Versprühen können jedoch explosionsfähige Gemische entstehen**, die sich infolge der größeren Dichte als Luft an tiefen Stellen anreichern können und einen niedrigeren Flammpunkt besitzen. Ölnebel können außerdem Reizungen an den Atemwegen hervorrufen. Für Arbeitsplatzschutzmaßnahmen (Belüftung, ggf. Atemschutzgerät) ist daher zu sorgen (TRGS 404). Da Mineralölprodukte das (Ab-)Wasser gefährden, müssen Reste in Behältern gesammelt werden.

Obwohl in Mineralölen polyzyklische aromatische Kohlenwasserstoffe nur wenig enthalten sind, sollte bei der Bestellung auf Nichtanwesenheit dieser geachtet werden.

20.5   Schadstoffe im Bereich der Holzschutzmittel

Man unterscheidet einerseits wasserlösliche (salzartige, Emulsionskonzentrate) und andererseits ölige bzw. lösemittelhaltige Holzschutzmittel (HSM, siehe Abschnitt 18.4.2).

Zu den **wasserlöslichen HSM** gehören chromathaltige HSM. Diese sind wegen des Cr(VI)-Gehaltes aus Gesundheits- und Umweltschutzgründen problematisch. Cr(VI)-Verbindungen sind in die Gruppe der Krebs erzeugenden Arbeitsstoffe eingestuft. Chromathaltige HSM dürfen deshalb nicht mehr durch Streichen, Spritzen oder in Sprühtunneln aufgetragen werden, nur noch in stationären Tauchanlagen.

Ölige/lösemittelhaltige HSM sind teer- oder lösungsmittelhaltige Präparate. Das Versprühen dieser ist zu vermeiden, da Anwender durch Lösungsmitteldämpfe stark gefährdet sind.

Steinkohlenteerhaltige HSM dürfen nur für Hölzer im Außenbereich eingesetzt werden. Sie können bei längerem Kontakt Hautkrebs verursachen.

Chlorkohlenwasserstoffhaltige HSM enthielten früher vielfach die hervorragend wirksamen Substanzen **Pentachlorphenol** (PCP) als Fungizid und **Lindan** als Insektizid.

PCP ist seit 1989 in Deutschland wegen seiner fisch- und humantoxischen Wirkung verboten (**Pentachlorphenolverbotsordnung**). Technisch hergestelltes PCP enthält als Verunreinigungen Dioxine und Furane. Da mit PCP behandeltes Holz dieses noch lange Zeit emittiert, geht von Altlasten eine erhebliche Gefahr aus. Derartige Hölzer dürfen wegen der vorhandenen und bei der Verbrennung entstehenden Dioxine und Furane nicht ohne weiteres verbrannt werden.

Das Insektizid **Lindan** kann sich bei Dauerbelastung im Fettgewebe mit kanzerogenem Potential anreichern. Die Anwendung von Lindan in Deutschland wurde sehr eingeschränkt bzw. durch Ersatzstoffe verdrängt [40].

20.6   Schadstoffe im Bereich der Abbeizmittel

Bei Renovierungsarbeiten ist das Entfernen alter Beschichtungen eine Grundvoraussetzung für eine fachgerechte Ausführung. Die Ablösung kann geschehen

❑ mechanisch (z.B. durch Wasserhochdruck strahlen),
❑ thermisch (z.B. durch Abflämmen) oder
❑ chemisch (z.B. durch Abbeizen).

Beim Abbeizen werden Altanstriche durch das Abbeizmittel angelöst und danach mechanisch entfernt. Abbeizmittel lassen sich unterteilen in die relativ ungefährlichen wässrig-alkalischen (Augenschutz!) und **weitaus gefährlicheren lösemittelhaltigen**.

Bis vor wenigen Jahren waren Abbeizmittel auf Basis des Chlorkohlenwasserstoffes (CKW) Dichlormethan (in Lösungsmittel Methanol) auf dem Markt, die aber erhebliche Gefahrenpotentiale für Gesundheit (narkotische Wirkung, Bewusstlosigkeit, Tod) und Umwelt (Wassergefährdung, Dioxinbildung bei (Müll-) Verbrennung) in sich bargen. Alternativprodukte auf aromatischer Basis waren ebenfalls bedenklich. Zwischenzeitlich gibt es eine ganze Reihe CKW-freier und aromatenfreier Nachfolgeprodukte, die zwar Nachteile in der Einwirkzeit aufweisen, aber in Verbindung mit verbesserten mechanischen und thermischen Methoden (z.B. Heißluftfön) Einsatz finden [40].

20.7   Schadstoffe im Bereich Fußbodenlegen

Die Gefahrstoffbelastung der Fußbodenleger wird verursacht durch lösemittelhaltige Vorstriche und Bodenbelagsklebstoffe, lösemittelhaltige Holzkitte und Versiegelungen sowie Schleifstaub. Lösemittelhaltige Vorstriche und Bodenbelagsklebstoffe können aromatische Kohlenwasserstoffe wie Toluol, Xylol und Ethylbenzol enthalten. Das Versiegeln von Parkett ist eine der lösemittelintensivsten Tätigkeiten der Bauwirtschaft. Vor dem Versiegeln wird mit lösemittelhaltigen Holzkittlösungen zur Bindung des Schleifstaubes gearbeitet. Zwischenzeitlich werden Wasserlacke zur Parkettversiegelung angeboten. Seitdem bekannt ist, dass Eichen- und Buchenholzstäube Nasenkrebs hervorrufen können, wird der Staubentwicklung beim Parkettschleifen mehr Aufmerksamkeit geschenkt. Der Arbeitsschutz erstreckt sich auf intensive Lüftung, explosionsgeschützte Ventilatoren, Atemfilter und Atemschutzgeräte.

20.8   Halogenorganische Verbindungen in Innenräumen

Organische Halogenverbindungen besitzen – besonders bei chronischer Einwirkung – ein hohes gesundheitliches Gefährdungspotential. Im Vordergrund stehen dabei toxikologisch relevante Substanzklassen wie

❏ polychlorierte Dibenzofurane PCDF («Furane»),
❏ polychlorierte Dibenzoparadioxine PCDD («Dioxine»),
❏ polychlorierte Biphenyle PCB,
❏ γ-Hexachlorhexan (Lindan),
❏ Pentachlorphenol PCP,
❏ Tetrachlorethen (Per).

Für das Auftreten dieser Stoffe gibt es eine Vielzahl von Quellen, die z.T. noch gar nicht bekannt sind. Die wichtigsten Quellen sind nachfolgend zusammengestellt.

Quelle	Freigesetzte Stoffe
Holzschutzmittelanstriche	PCP, Lindan, PCDF, PCDD
Brände (z.B. PVC)	PCDF, PCDD
Kondensatoren, Hydraulikflüssigkeit, dauerelastische Fugen im Betonfertigbau	PCB
Chemisch-Reiniger-Anlagen	Per

Das früher in Holzschutzmitteln verwendete PCP enthält produktionsbedingt nicht unerhebliche Mengen an PCDF und PCDD (siehe Abschnitt 20.5).

Durch eine Vielzahl von Untersuchungen ist bekannt, dass bei Bränden in Gegenwart halogenhaltiger Materialien (z.B. PVC) an Brandruß gebundene PCDF und PCDD entstehen.

Als weit verbreitete Quelle für PCB im Innenraum sind defekte Kleinkondensatoren in Leuchtstoffröhren bekannt geworden. Bis zu Beginn der achtziger Jahre enthielten nahezu alle Kleinkondensatoren PCB als Elektroisolierflüssigkeit. Als eine weitere Quelle für PCB gilt dessen Verwendung als Weichmacher in dauerelastischen Dichtungsfugen in Gebäuden, die in Betonplattenbauweise (besonders neue Bundesländer) errichtet wurden. Weitere Altlasten stammen aus den 60er und 70er-Jahren, in denen PCB-haltige Dichtungsmassen und Akustikdecken vor allem in Schulen und Büroräumen eingesetzt wurden.

Als wichtige Quelle für flüchtige Chlorkohlenwasserstoffe, insbesondere Per, ist der Betrieb von Chemisch-Reinigungsanlagen in Nachbarschaft von Innenräumen anzusehen.

20.9   Schadstoffe im Bereich Fasern und Stäube

Allgemeines
Fasern sind dann in der Lage, Krebs zu erzeugen, wenn sie

❏ einen bestimmten Durchmesser,
❏ eine bestimmte Länge,
❏ ein bestimmtes Verhältnis Länge / Durchmesser
❏ eine bestimmte Beständigkeit im menschlichen Körper haben.

Um überhaupt durch Einatmen in die Lunge zu gelangen, müssen Fasern lungengängig sein. Dazu müssen sie **dünner als 3 μm, länger als 5 μm (max. 500 μm)** und ein **Verhältnis Länge zu Durchmesser von >3 : 1** besitzen. Nur in dieser Geometrie kann sich die Faser in den Alveolen (feinste Lungenbläschen) verhaken. Um karzinogen zu wirken, müssen die Fasern über eine **hohe biologische Beständigkeit** verfügen. Erst Verweilzeiten von 10 und mehr Jahren im menschlichen Körper können zu Krebserkrankungen führen. Fasern, die nicht dieser Definition entsprechen, sind entweder nicht lungengängig oder sie liegen als Staub vor.

Als **Staub** gilt Materie mit einer Korngröße von 1 bis 500 µm. Stäube können leistungsmindernd wirken und die Gesundheit beeinträchtigen. Als **Feinstaub** wird alveolengängiger Staub einer Partikelgröße von <5 µm definiert. Im **allgemeinen Staubgrenzwert** wird eine Feinstaubkonzentration von 6 mg/m³ festgesetzt. Dieser Wert soll die Funktion der Atmungsorgane bei einer allgemeinen Staubwirkung schützen. Bei dessen Einhaltung ist aber nur dann nicht mit einer Gesundheitsgefährdung zu rechnen, wenn der Staub keine mutagene, karzinogene, allergisierende, toxische oder fibrogene Wirkung zeigt.

Mineralwolle
Mineralwolle basiert auf Glas, Stein-, Schlacke-, Keramik-Basis sowie Endlosglasfasern, also in Form **künstlicher Mineralfasern (KMF)**. Mineralwolle kommt hauptsächlich als Dämmstoff auf den Gebieten des Wärme-, Kälte-, Schall- und Brandschutzes zum Einsatz. Endlosglasfasern dienen als gewebte Stoffe zur Verstärkung von Kunststoffen (GFK). Der Mineralwolle wird bei der Herstellung Bindemittel in Form von Kunstharzen (Bakelit) und Ölen beigegeben, die der Formgebung dienen und zugleich einem frühzeitigen Brechen der Fasern entgegenwirken. Künstliche Mineralfasern enthalten kein Asbest oder silikogenen Staub. Sie haben überwiegend eine mittlere Länge von einigen Zentimetern, einen Durchmesser von 3...5 µm und sind in dieser Ursprungslänge nicht atembar (sog. «neue Mineralwolle»). KMF, die einen Durchmesser <1 µm aufweisen, sind seit 1980 als Stoffe mit begründetem Verdacht auf Krebs erzeugendes Potential eingestuft.

Für diese KMF mit lungengängigen Fasern (sog. «alte Mineralwolle») gilt seit 1994 ein neues Einstufungskonzept, das das Krebspotential anhand des sog. **Kanzerogenitätsindex KI** bewertet. Danach eingestufte «alte Mineralwolle-Dämmstoffe» dürfen seit dem 1.6.2000 in Deutschland nicht mehr hergestellt und verwendet werden.

Vorsorglich sollten in jedem Fall Schutzmaßnahmen wie Lüftung, Staubvermeidung, Befeuchtung und ggf. Tragen von Feinstaubmasken (P2-Filter) ergriffen werden.

Asbest
Asbestfasern erfüllen die Anforderungen an kanzerogene Fasern. Durch Aufspleißen in der Langsrichtung (Ketten-, Bandsilikate) werden die Fasern immer dünner und erreichen ein größeres Verhältnis als 3 : 1 in Länge zu Durchmesser. Die Gefährdung durch Asbestfasern erfolgt über deren Freisetzung in der Luft, sie geht also nicht direkt vom Bauteil aus. Im Baumaterial fest eingebunden ist es ungefährlich (siehe Abschnitt 7.2).

Eine Gefährdung ist hauptsächlich gegeben durch

❏ **Asbestprodukte in Innenräumen**
Bis Mitte der achtziger Jahre sind asbesthaltige Baumaterialien in Gebäuden verwendet worden. Zu nennen sind hier u.a.
– Spritzasbest, inklusive loses Stopfmaterial,
– asbesthaltige Leichtbauplatten, z.B. als Trennwände in Schulen oder Brandschutzverkleidung,
– Fußbodenbeläge mit einer Oberseite aus PVC und einer Unterseite aus Asbest-Trägerpappe (sog. Cushion-Vinyls, überwiegend in Privathaushalten in Küche und Bad),
– Rohrleitungsisolationen,
– Nachtstromspeicheröfen (Dämmung und Auskleidung);

❏ **Entfernen asbesthaltiger Bauelemente aus Wohnungen bzw. Abbrucharbeiten**
Dabei sind die Bestimmungen der Technischen Regeln für Gefahrstoffe (TRGS 519) zu beachten. Hierin ist u.a. geregelt, dass Firmen, die Arbeiten an asbesthaltigen Materialien durchführen, ihre Sachkunde nachweisen müssen.

Quarzstäube
Beim Atmen wird grober Staub im Bereich der oberen Atmungsorgane bis zu den Bronchien zurückgehalten. Stäube mit einer Korngröße <5 µm gelangen zum größten Teil in die Lunge. Im

Baubereich (z.B. im Feinstaub quarzhaltiger Trockenmörtel) ist die **freie kristalline Kieselsäure** von besonderer Bedeutung. Sie wirkt **fibrogen** (bindegewebsvermehrend) und kann **Silikose** (Staublungenerkrankung) hervorrufen. Ein Feinstaub gilt dann als quarzhaltig, wenn er 1 M.-% und mehr dieses Stoffes enthält. Die Staubkonzentration freier kristalliner Kieselsäure ist relativ einfach über entsprechende Partikelfilter erfassbar. Durch Röntgenbeugung lässt sich rasch feststellen, ob es sich um freie kristalline Kieselsäure oder harmlose Stäube handelt.

20.10 Formaldehyd

Bereits in den 70er-Jahren ist Formaldehyd wegen dessen reizender und allergisierender Wirkung bei direktem Hautkontakt ins Gerede gekommen. Hauptsächliches Einsatzgebiet von Formaldehyd bei Baustoffen sind Aminoplaste, die als Bindemittel bei der Produktion von **Spanplatten** dienen. Diese Holzwerkstoffe sind als Quelle für die Belastung der Raumluft anzusehen. Weitere Quellen sind Ortschäume, Möbellacke, Rauchen und offenes Feuer. Formaldehyd wurde 1980 wegen vermuteter Krebs erzeugender Wirkung im Abschnitt III der MAK-Liste eingestuft.

20.11 Isocyanat

Als Isocyanate bezeichnet man organische Substanzen, die eine oder mehrere Isocyanat-Gruppen (–NCO) enthalten. Isocyanatgruppen sind hochreaktiv und wirken durch Bindung an biologische Makromoleküle stark toxisch auf Zellen. **Diisocyanate** enthalten zwei endständige NCO-Gruppen pro Molekül. Diese sind in der Lage, sich mit Polyolen zu Polyurethanen zu verknüpfen.

Diisocyanate werden in großem Umfang hergestellt und haben als Ausgangsmaterial zur Herstellung von Polyurethankunststoffen, -schäumen, Fliesenklebern, Lacken und Farben, Mitteln zur Parkettversiegelung und Klebern

(Hobbybereich) große wirtschaftliche Bedeutung erlangt.

Für die Bewertung der Innenraumsituation ist von Bedeutung, dass ausgehärtete Polyurethane in der Regel kein langfristiges Problem darstellen. Industriell hergestellte Schäume (z.B. Polstermaterial) sind als Quelle monomerer Isocyanate im Wohnbereich nicht von Bedeutung. Gefährlich wird die Situation aber, wenn die Möglichkeit besteht, dass **Isocyanate als Monomere** freigesetzt werden, z.B. bei Herstellung und Verarbeitung von PU-Schäumen vor Ort, Umgang mit Klebern und bei Anwendungsfehlern (Heimwerker!), wie z.B. zu hohe Schichtdicken bei Lacken, Verfüllung von luftabgeschlossenen Fugen und falsche Handhabung von Mehrkomponentensystemen. Offen ist die Frage, ob bei nicht fachmännischer Verarbeitung auch über längere Zeit mit Ausgasung von Isocyanaten aus Fertigprodukten zu rechnen ist.

Arbeitsmedizinisch sind von Isocyanaten, z.B. Toluylen-Diisocyanat (TDI) sensibilisierende Wirkungen auf den Atemtrakt bekannt («**Isocyanat-Asthma**»). TDI erwies sich im Tierversuch nach oraler Exposition als Krebs erregend. Neben den malignen sind auch die allergenen Wirkungen von TDI bei geringsten Konzentrationen von großer Bedeutung.

20.12 Schimmelbildung

Die Vermehrung gesundheitsgefährdender Schimmelpilze in Wohnräumen basiert im Wesentlichen (neben Temperatur und pH-Wert) auf 2 Voraussetzungen:

❑ organisches Material,
❑ Feuchte im Baustoff.

Organisches Material ist in Innenräumen als erwünschter, raumausstattender Bestandteil sehr oft anzutreffen (z.B. Teppiche, Gardinen, Tapeten und -kleister, Holzverkleidung usw.).

Feuchte in Baustoffen bzw. Feuchteschäden resultierten früher durch eingewandertes Regen- oder Schmelzwasser in schlecht isolierte

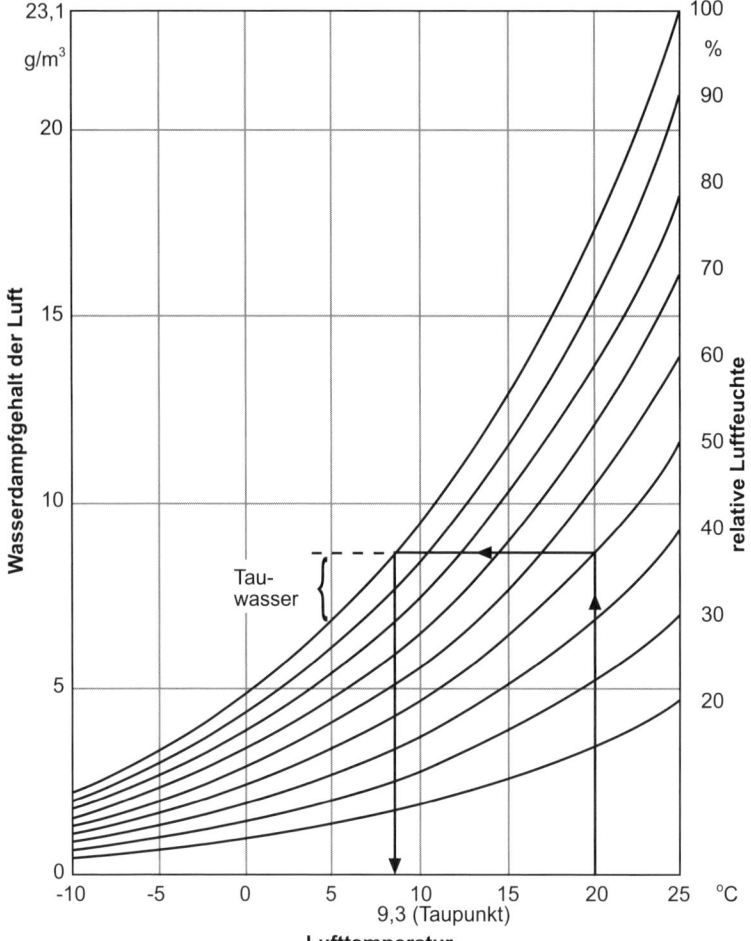

Bild 20.2
Wasserdampfgehalt der
Luft bei Wasserdampf-
sättigung und bei
verschiedenen relativen
Luftfeuchten in Ab-
hängigkeit von der
Lufttemperatur [60]

Bauten. Heutzutage treten Feuchteschäden auch in gut isolierten Bauten auf. Besonders der Einbau dicht schließender Fenster in Wohnräumen kann zu Schimmelbildungen führen. Als Ursache ist hier die Bildung von Tau- oder Kondenswasser anzusehen (Bild 20.2).

Als **Voraussetzung für die Bildung von Tauwasser** gelten

❑ eine hohe Luftfeuchte der Raumluft (z.B. in Küche, Bad und stark frequentierten Räumen, auch in Schlafzimmern),

❑ oberflächenkalte Flächen und Ecken (Unterschreitung des Taupunktes), oft konstruktiv

bedingt durch kalte Außenwände, mangelnde Wärmeisolierung).

Abhilfe kann geschehen durch

❑ Heizen,
❑ Lüften,
❑ konstruktive Maßnahmen.

Als Ergebnis müssen kalte Oberflächen vermieden werden, da diese schnell den Taupunkt der feuchtwarmen Innenluft herbeiführen. Das ist praktisch nur durch **konstantes Heizen** erreichbar (unpopulär, da es Geld kostet!)

Die Wirkung des **Lüftens** ist begrenzt. Lüften hat nur dann Sinn, wenn kalte Außenluft mit wenig Feuchte die in Räumen enthaltene warme Innenluft hoher Feuchte ersetzt. Dies ist im mitteleuropäischem Raum nur im Winter sinnvoll. Im Sommer kann warme Außenluft hoher Feuchte z.B an kalten Kellerwänden kondensieren.

Konstruktive Maßnahmen, z.B. nachträgliche Verdämmung der Fassade, zielen auf eine **höhere Innenwandtemperatur**, um der Taupunktunterschreitung zu begegnen.

Literatur zum Thema «Schadstoffe beim Bauen und Wohnen»: [12; 40; 59; 60]

Anhang

A1 Periodensystem der Elemente bis Element 103 [64]

IA	IIA	IIIB	IVB	VB	VIB	VIIB	VIIIB	VIIIB	VIIIB	IB	IIB	IIIA	IVA	VA	VIA	VIIA	VIIIA
1 H 1.008																	2 He 4.003
3 Li 6.939	4 Be 9.012											5 B 10.811	6 C 12.011	7 N 14.007	8 O 15.999	9 F 18.998	10 Ne 20.183
11 Na 22.990	12 Mg 24.312											13 Al 26.982	14 Si 28.08	15 P 30.974	16 S 32.06	17 Cl 35.453	18 Ar 39.948
19 K 39.102	20 Ca 40.08	21 Sc 44.956	22 Ti 47.88	23 V 50.942	24 Cr 51.996	25 Mn 54.938	26 Fe 55.847	27 Co 58.933	28 Ni 58.69	29 Cu 63.54	30 Zn 65.39	31 Ga 69.72	32 Ge 72.61	33 As 74.922	34 Se 78.96	35 Br 79.904	36 Kr 83.80
37 Rb 85.47	38 Sr 87.62	39 Y 88.905	40 Zr 91.22	41 Nb 92.906	42 Mo 95.94	43 Tc (98.90)	44 Ru 101.07	45 Rh 102.91	46 Pd 106.42	47 Ag 107.87	48 Cd 112.40	49 In 114.80	50 Sn 118.71	51 Sb 121.75	52 Te 127.60	53 I 126.90	54 Xe 131.30
55 Cs 132.91	56 Ba 137.34	57 La 138.91	72 Hf 178.49	73 Ta 180.95	74 W 183.85	75 Re 186.2	76 Os 190.2	77 Ir 192.2	78 Pt 195.09	79 Au 196.97	80 Hg 200.59	81 Tl 204.38	82 Pb 207.19	83 Bi 208.98	84 Po (208.98)	85 At (209.98)	86 Rn (222.01)
87 Fr (223.01)	88 Ra (226)	89 Ac (227.02)															

IIIB	IVB	VB	VIB	VIIB	VIIIB	VIIIB	VIIIB	IB	IIB	IIIA	IVA
58 Ce 140.12	59 Pr 140.91	60 Nd 144.24	61 Pm (146.91)	62 Sm 150.36	63 Eu 151.96	64 Gd 157.25	65 Tb 158.92	66 Dy 162.50	67 Ho 164.92	68 Er 167.26	69 Tm 168.93	70 Yb 173.04	71 Lu 174.97
90 Th 232.04	91 Pa (231.03)	92 U 238.03	93 Np (237.04)	94 Pu (244.06)	95 Am (243.06)	96 Cm (247.07)	97 Bk (247.07)	98 Cf (251.07)	99 Es (252.08)	100 Fm (257.09)	101 Md (258.09)	102 No (259.10)	103 Lr (260.10)

A2 Löslichkeiten baurelevanter anorganischer Verbindungen bei 20 °C [64; 65; 66]

Substanz	g/100 g H_2O		Substanz	g/100 g H_2O	
$AgNO_3$	215,3	[64]	K_2CO_3	110,6	[64]
$AlCl_3$	46,2	[64]	K_2CrO_4	63,68	[65]
$AlK(SO_4)_2 \cdot 12\,H_2O$	6,01	[64]	$K_2Cr_2O_7$	12,49	[65]
$Al_2(SO_4)_3$	36,9	[64]	$KHCO_3$	33,4	[64]
Al_2O_3	unlösl.	[66]	KCl	34,4	[64]
$Al_2O_3 \cdot 3\,H_2O;\ Al(OH)_3$	$0,15 \cdot 10^{-3}$	[66]	$KMnO_4$	6,39	[64]
$BaCl_2$	35,2	[64]	KNO_3	31,5	[64]
$CaCl_2 \cdot 6\,H_2O$	74,53	[65]	KOH	113,6	[64]
$Ca(NO_3)_2$	127,0	[64]	K_3PO_4	98,7	[64]
$CaSO_4 \cdot 2\,H_2O$	0,204	[65]	$KSCN$	222,5	[64]
$Ca\,CO_3$	$1,5 \cdot 10^{-3}$ (18 °C)	[66]	$MgCl_2$	54,4	[64]
$Ca(OH)_2$	0,128 (18 °C)	[66]	$MgNO_3$	71,1	[64]
$CaSiO_3$	unlösl.	[66]	$MgSO_4$	59,6	[64]
CrO_3	166,72	[65]	$Mg_3(PO_4)_2 \cdot 4\,H_2O$	0,02	[64]
Cr_2O_3	unlösl.	[66]	NH_3	51,8	[64]
$CuSO_4 \cdot 5\,H_2O$	20,9	[66]	NH_4Cl	37,0	[64]
$2\,CuCO_3 \cdot Cu(OH)_2$	unlösl.	[66]	NH_4NO_3	189,6	[64]
$Cu(NH_4)_2Cl_4$	35	[66]	NH_4SCN	163,4	[64]
HCl	72,1	[64]	$(NH_4)_2SO_4$	75,3	[64]
H_2S	0,38	[64]	Na_2CO_3	21,8	[64]
$FeCl_2$	63,0	[64]	$NaHCO_3$	9,4	[64]
$FeCl_3$	92,3	[64]	$NaCl$	36,0	[64]
$Fe(OH)_3$	$0,0048 \cdot 10^{-6}$ (18 °C)	[66]	$NaNO_2$	81,8	[64]
$Fe\,(OH)_2$	$96 \cdot 10^{-6}$ (18 °C)	[66]	$NaNO_3$	86,6	[64]
$Fe(NO_3)_2 \cdot 6\,H_2O$	268,3	[64]	$NaOH$	108,3	[64]
$FeSO_4$	26,5	[64]	Na_2S	19,0	[64]
K_2CrO_4	62,5	[64]	$NaHS$	100	[64]
$K_2Cr_2O_7$	12,6	[64]	$NaSCN$	135,2	[64]
$K_3[Fe(CN)_6]$	46,2	[64]	Na_2SO_3	26,4	[64]
$K_4[Fe(CN)_6]$	28,4	[64]	Na_2SO_4	48,1 (40 °C)	[66]
KCN	67,7	[64]	$Na_2SO_4 \cdot 10\,H_2O$	19,08	[66]

Substanz	g/100 g H$_2$O	
NaSiO$_3$	18,7	[64]
NaCrO$_4$ · 10 H$_2$O	79,2 (19,5 °C)	[66]
O$_2$	4,3 · 10^{-3}	[64]
Pb(II)acetat	33,4	[64]
PbCO$_3$	1,1 · 10^{-4}	[65]
PbCl$_2$	0,98	[64]
PbSO$_4$	4,1 · 10^{-3}	[65]
Pb(NO$_3$)$_2$	52,5	[64]

Substanz	g/100 g H$_2$O	
PbS	8,6 · 10^{-5} (18 °C)	[65]
SO$_2$	10,6	[64]
Zn-Acetat	30,0	[64]
ZnCl$_2$	369,6	[64]
ZnSO$_4$	53,8	[64]
Zn(OH)$_2$	5,62 · 10^{-4} (18 °C)	[65]
ZnO	unlösl.	[66]

A3   Grenzwerte nach Trinkwasserverordnung [67]

Nach § 6, Chemische Anforderungen

Teil I: Chemische Parameter, deren Konzentration sich im Verteilungsnetz einschließlich der Hausinstallation in der Regel nicht mehr erhöht

Teil II: Chemische Parameter, deren Konzentration im Verteilungsnetz einschließlich der Hausinstallation ansteigen kann

Parameter	Grenzwert mg/l
Acrylamid	0,0001
Benzol	0,001
Bor	1
Chrom	0,05
Cyanid	0,05
1,2-Dichlorethan	0,003
Fluorid	1,5
Nitrat	50
Pflanzenschutzmittel und Biozidprodukte gesamt	0,0005
Quecksilber	0,001
Selen	0,01
Tetrachlorethen und Trichlorethen	0,01

Parameter	Grenzwert mg/l
Antimon	0,005
Arsen	0,01
Benzo(a)pyren	0,00001
Blei	0,025 (seit 1.12.2003)
Cadmium	0,005
Epichlorhydrin	0,0001
Kupfer	2 (Untersuchung/Überwachung bei pH <7,4]
Nickel	0,02
Nitrit	0,5
PAK	0,0001
Trihalogenmethan	0,05
Vinylchlorid	0,0005

Nach § 7, Indikatorparameter

Parameter	Grenzwert mg/l
Aluminium	0,2
Ammonium	0,5
Chlorid	250
Chlostridium perfringens	0 (Anzahl/100 ml)
Eisen	0,2
Färbung (spektraler Absorptionskoeffizient Hg 436 nm)	0,5 (m^{-1}]
Geruchsschwellenwert	2 (12 °C), 3 (25 °C)
Geschmack	für den Verbraucher annehmbar und ohne anormale Veränderung
Koloniezahl bei 22 °C	ohne anormale Veränderung
Koloniezahl bei 36 °C	ohne anormale Veränderung
Elektrische Leitfähigkeit	2500 (25 °C, µS/cm)
Mangan	0,05
Natrium	200
TOC	ohne anormale Veränderung
Oxidierbarkeit	abhängig von TOC
Sulfat	240
Trübung	1,0 (nephelometrische Trübungseinheiten)
pH-Wert	$\geqq$6,5 und $\leqq$9,5
Tritium	100 (Bq/l)
Gesamtrichtdosis	0,1 (mSv/Jahr)

A4   Relative Molekülmassen bauchemisch gebräuchlicher Elemente und Verbindungen [64]

Al	26,98	H_2SO_4	98,07
Al_2O_3	101,96	H_3PO_4	98,0
C	12,01	HCl	36,46
C_2S *)	172,3	HNO_3	63,01
C_3A *)	270,3	K	39,09
C_3S *)	228,4	K_2CO_3	138,20
$C_3S_2H_3$ *)	342,5	K_2O	94,2
C_4AF *)	486,1	KCl	74,55
Ca	40,08	KOH	56,10
$Ca(HCO_3)_2$	162,11	Mg	24,30
$Ca(OH)_2$	74,10	$Mg(OH)_2$	58,32
CaC_2	64,10	$MgCl_2$	95,21
$CaCl_2$	110,99	$MgCO_3$	84,31
$CaCO_3$	100,09	MgO	40,30
$Ca(NO_3)_2$	164,09	$MgSO_4$	120,4
CaO	56,08	N	14,00
$CaSO_4$	136,14	Na	22,99
$CaSO_4 \cdot \frac{1}{2} H_2O$	145,15	Na_2CO_3	105,99
$CaSO_4 \cdot 2 H_2O$	172,17	Na_2O	61,98
Cl	35,45	Na_2SO_4	142,04
CO_2	44,01	NaCl	58,44
Fe	55,85	NaOH	40,0
$Fe(OH)_3$	106,87	NH_3	17,03
Fe_2O_3	159,69	O	16,00
Fe_3C	179,55	S	32,06
FeO	71,85	Si	28,09
$FeSO_4$	151,91	SiO_2	60,08
H	1,008	SO_2	64,06
H_2O	18,01	SO_3	80,06

*) Zementchemieformeln

Literatur- und Quellenverzeichnis

Quellenangaben sind aus dem Text ersichtlich, weiterführende Literatur ist am Ende des Kapitels benannt.

[1] Bauberatung Zement. *Zement-Merkblatt Betontechnik B1 12 (2002).*

[2] Zementmerkblatt, *beton* 11 (2001).

[3] *Betonkalender 2001.* Berlin: Ernst & Sohn, Verlag für Architektur und technische Wissenschaften GmbH, 2001.

[4] *Betonkalender 2002.* Berlin: Ernst & Sohn, Verlag für Architektur und technische Wissenschaften GmbH, 2002.

[5] *Betonkalender 2003.* Berlin: Ernst & Sohn, Verlag für Architektur und technische Wissenschaften GmbH, 2003.

[6] *Betonkalender 2004.* Berlin: Ernst & Sohn, Verlag für Architektur und technische Wissenschaften GmbH, 2004.

[7] CHRISTEN, H. R.: *Chemie.* 11. Aufl., Aarau: Sauerländer AG, 1977.

[8] HENNING, O.; KNÖFEL, D.: *Baustoffchemie.* 5. Aufl., Berlin: Verlag für Bauwesen, 1997.

[9] HOLLEMANN, A. F; WIBERG, E.: *Lehrbuch der Anorganischen Chemie.* 91.–100. Aufl., Berlin: Walter de Gruyter, 1985.

[10] IBECO Bentonit-Technologie GmbH, Mannheim.

[11] KARSTEN, R.: *Bauchemie.* 10. Aufl., Heidelberg: C. F. Müller Verlag, 1997.

[12] KNOBLAUCH, H.; SCHNEIDER, U.: *Bauchemie.* 5. Aufl., Düsseldorf: Werner-Verlag, 2001.

[13] KRENKLER, K.: *Chemie des Bauwesens, Bd I.* Berlin: Springer-Verlag, 1980.

[14] MALLON, T.: REA-Gips – Technische und wirtschaftliche Aspekte eines Sekundärrohstoffs, *ZKG International 4/5* (1998). Wiesbaden: Bauverlag.

[15] Fa. E. Merck: Kompaktlabors für die Bauindustrie, *Aquamerck 11112,* Darmstadt.

[16] MORTIMER, C. E.: *Chemie.* 5. Aufl., Stuttgart/New York: Georg Thieme Verlag, 1987.

[17] OPPERMANN, B.: Europäische Normen für Baukalke. *Zement · Kalk · Gips 9* (1992).

[18] SAECHTLING, H.: *Baustofflehre Kunststoffe für Bauingenieure und Architekten.* München/Wien: Carl Hanser Verlag, 1975.

[19] SCHÄFFLER, H., u.a.: *Baustoffkunde.* 8. Aufl., Würzburg: Vogel Buchverlag, 2000.

[20] SCHOLZ, W.: HIESE, W.: *Baustoffkenntnis.* 14. Aufl., Düsseldorf: Werner-Verlag, 1999.

[21] SCHRÖTER, W.; LAUTENSCHLÄGER, K.-H.; BIBRACK, H.: *Taschenbuch der Chemie,* 17. Aufl., Frankfurt am Main: Verlag Harri Deutsch, 1995.

[22] Schwenk-Zement KG, Ulm: *Beton – Herstellung nach den neuen Normen DIN EN 206-1 und DIN 1045-2,* Broschüre 9/2001.

[23] Schwenk-Zement KG, Ulm: *Die neuen Zementnormen,* Broschüre 04/2002.

[24] KNÖFEL, D.: RECHENBERG, W.: Prüfung betonangreifender Wässer. *beton 8* (1993).

[25] HORN, W.: Bautechnischer Radonschutz. *Fußbodentechnik 2 (2002).*

[26] Bauberatung Zement, Recycling von Straßenaufbruch, *Zement-Merkblatt Straßenbau, 1.99/15.*

[27] Fonds der Chem. Industrie, Textheft 8: *Korrosion/Korrosionsschutz,* Frankfurt a.M., 1990.

[28] BARGEL, H.-J.; SCHULZE G.: *Werkstoffkunde,* Düsseldorf: VDI-Verlag, 1988.

[29] Elkem GmbH, *Microsilica in der modernen Betontechnologie.* Symposium Konstanz, 1991.

[30] *Betonkalender 1999.* Berlin: Ernst & Sohn, Verlag für Architektur und technische Wissenschaften GmbH, 1999.

[31] JANDER, G.; BLASIUS, E.: *Einführung in das anorganisch-chemische Praktikum 7.* Aufl., Stuttgart: S. Hirzel-Verlag, 1965.

[32] JANDER, G.; BLASIUS E.: *Lehrbuch der analytischen und präparativen anorganischen Chemie.* 8. Aufl., Stuttgart: S. Hirzel-Verlag, 1969.

[33] VÖLCKER, D.: *Physik.* Band 661, München: Mentor-Verlag, 2002.

[34] MIETZ, J.; ISECKE, B.: Langzeiterfahrungen mit katodischem Korrosionsschutz, *Bautenschutz und Bausanierung, 16* (1993).

[35] KNÖFEL, D.: *Stichwort Baustoffkorrosion.* 2. Aufl., Wiesbaden: Bauverlag GmbH, 1982.

[36] BACKE, H.: *Werkstoffkunde für die Bauindustrie.* Berlin: VEB Verlag für Bauwesen, 1982.

[37] Schwenk Zement KG, Ulm: *Betontechnische Daten,* 2002.

[38] RIECK, W.: KRÄMER, H.: *Chemie und Technik,* 9. Aufl., Hamburg: Verlag Handwerk u. Technik, 1975.

[39] Deutsches Kupfer-Institut, Sonderdruck *Korrosion und Korrosionsschäden an Kupfer und Kupferwerkstoffen in Trinkwasserinstallationen,* Best. Nr. 177. Düsseldorf (5/1997).

[40] GISBAU: *Gefahrstoffe beim Bauen, Renovieren und Reinigen,* Berufsgenossenschaft der Bauwirtschaft 1991 und 2001.

[41] STARK, J.; WICHT, B.: *Zement und Kalk,* Basel: Birkhäuser-Verlag, 2000.

[42] Deutsches Kupferinstitut: Sonderdruck *Planung und Verlegung von Kupferrohr-Fußbodenheizungen.* Best. Nr. 179. Düsseldorf (2/1990).

[43] BVK (Bundesverband Kraftwerksnebenprodukte e.V.). *Betontechnische Empfehlungen.* Düsseldorf, 2002.

[44] Eurogypsum – Arbeitsgemeinschaft der europäischen Gipsindustrie, Broschüre XVI. Kongreß. Brügge, 1985.

[45] ULLMANN: *Enzyklopädie der technischen Chemie, Gips,* Band 12.

[46] BENEDIX, R.: *Bauchemie.* 2. Aufl., Stuttgart: Teubner-Verlag, 2003.

[47] Tricosal GmbH: *Betontechnische Daten.* Mainz, 1989.

[48] Bauberatung Zement: Expositionsklassen von Beton und besondere Betoneigenschaften, *Zement-Merkblatt Betontechnik B 9 1.* 2002.

[49 GRUBE, H.; RICKERT, J.: Selbstverdichtender Beton – ein weiterer Entwicklungsschritt des 5-Stoff-Systems Beton. *beton 4,* 1999.

[50] KERN, E.: Sonderdruck Technologie des hochfesten Betons. *beton 43,* H. 3 (1993).

[51] Deutsches Institut für Bautechnik (DIBt): Zulassungs- und Überwachungsgrundsätze. *Betonzusatzmittel,* H. 10, 7/2003.

[52] Deutsche Bauchemie e.V., Frankfurt a.M.: Broschüre *Herstellung und Anwendung von Betonzusatzmitteln nach europäischer Norm EN 934 in Deutschland,* 1/2003.

[53] BRAUN, G.; MALLON, T.: Einpreßhilfen in der Spannbetontechnologie. *Bauingenieur 62,* 1987.

[54] WEBER, H.: *Mauerfeuchtigkeit – Ursachen und Gegenmaßnahmen.* Band 137, Sindelfingen: expert-Verlag, 1984.

[55] WEBER, H.: *Steinkonservierung – Der Leitfaden zur Konservierung und Restaurierung von Natursteinen.* Band 59, 3 Aufl., Sindelfingen: expert-Verlag, 1985.

[56] CHRISTEN, H.-R.: *Grundlagen der organischen Chemie.* 1. Aufl., Aarau: Sauerländer AG, 1970.

[57] SEIDEL, W.: *Werkstofftechnik,* 2. Aufl., München, Wien: Carl-Hanser-Verlag, 1993.

[58] SPRINGENSCHMID, R.: Vorlesung Baustoffkunde. TU München.

[59] Kommission der Reinhaltung der Luft im VDI und DIN: *Schadstoffbelastung in Innenräumen,* Band 19. Düsseldorf 1992.

[60] LIERSCH, K.-W.: Erhöhter Wärmeschutz und Tauwasserprobleme. *Baumarkt 7,*1991.

[61] Der Elsner 2004. *Handbuch für Straßenbau und Verkehrswesen.* Otto-Elsner-Verlagsgesellschaft, 2004.

[62] Deutsche Bauchemie e.V., Frankfurt a.M.: *Bauchemie Themen 13/03.*

[63] Ministerium für Ernährung und ländlichen Raum, Baden-Württemberg: *Informationsdienst Holz – Holzbau im Blick der Öffentlichkeit,* S. 22, 2002.

[64] KÜSTER, F. W., THIEL, A.: *Rechentafeln für die chemische Analytik.* 103. Aufl., Berlin/New York: Walter de Gruyter, 1985.

[65] *Tabellenbuch Chemie.* 5. Aufl., Leipzig: VEB Deutscher Verlag f. Grundstoffindustrie, 1968.

[66] *Chemiker-Kalender.* Berlin, Heidelberg, New York: Springer Verlag, 1966.

[67] *Trinkwasserverordnung* (BGBl. I 2001, 971-980, Geltung ab 1.1.03).

[68] Deutsche Bauchemie e.V., Frankfurt a.M.: *Holzschutzmittel und Umwelt.* Sachstandsbericht 2002.

[69] LEHMANN R., u.a.: *Radon-Handbuch Deutschland.* Salzgitter: Bundesamt für Strahlenschutz, 9/2001.

[70] KEMSKI, J., u.a.: Geogene Faktoren der Strahlenexposition unter besonderer Berücksichtigung des Radon-Potentials, *Schriftenreihe Reaktorsicherheit und Strahlenschutz.* Bonn: BMU 1999-534.

[71] Aluminium-Zentrale e.V., *Aluminium Merkblätter W 2 – Aluminium-Knetwerkstoffe 9/1998.* 11. Aufl., Düsseldorf.

[72] Arbeitsgemeinschaft Holz e.V., Düsseldorf: *Informationsdienst Holz, Holzschutz – Wetterschutz – Holzveredelung.*

[73] Arbeitsgemeinschaft Holz e.V., Düsseldorf: *Informationsdienst Holz, Holzbauten bei chemisch aggressiver Beanspruchung 8/2000.*

[74] BACKE, H.; HIESE, W.: *Baustoffkunde.* 9. Aufl., Düsseldorf: Werner-Verlag, 2001.

[75] Arbeitsgemeinschaft Mauerziegel e.V. im Bundesverband der deutschen Ziegelindustrie, Bonn: *Ökologisches Bauen mit Ziegeln,* 1. Ausgabe Januar 1998.

[76] BECKERT, H., u. a.: *Vergleich von Naturgips und REA-Gips,* Bundesverband der Gips- u. Gipsplattenindustrie e.V., Darmstadt.

Stichwortverzeichnis

α-HH 106
β-HH 106
α-Strahler 33
β-Strahler 33
γ-Strahler 33

A
Abbeizen 181
Abbeizmittel, Schadstoffe 186
Abbindeexpansion 109
Abbindereaktion 107
Abschrecken 64
Abstandsfaktor 141
Acetylen 78
Achterschale 14
Acrylatharze, ungesättigte 162
Acrylglas 158
Adhäsion 168
Adipinsäureester 152
Aktivität, spezifische 33
Aktivitätsindex 85

Alit 90
Alkaligehalt 100
Alkali-Kieselsäure-Reaktion 120
Alkalimethylsilikon 134
Alkalisilikate 134
Alkalitreiben 120
Alkalizeolithe 71
Alterung 153, 156
Aluminium 53
–bronze 59
––-Knetwerkstoffe 54
Aluminosilikat 71
Ammoniakoxidante 127
Ammonium 30
–phosphate 177
Amphibole 69
Amphoter 22
Angriff
–, biologischer 173
–, lösender 118
–, treibender 119

Anbieter und Dienstleister

Anhydrit 105
– I 106
– II 106
– III 106
–baustoffe 111
–, Eigenschaften 107
–estrich, konventioneller 111
–-Fließestrich 111
–rohstoffe 105
–, synthetischer 111
–, thermischer 106, 111
Anlassen 64
Anodenschlamm 49
Anrechenbarkeitswert 85
Anreger 93
Ansteifen 99
Anstriche entfernen 181
Anstrichstoffe, lösemittelverdünnbare 181
Antistatika 153
Äquivalentdosis 33
–leistung 33
Äquivalentmasse 12
Aragonit 75
Arbeitsplatz, Grenzwerte am 184
Asbest 188
–ersatz 70
Asbestose 70
Aspdin 87

Asphalt 165
Asphaltene 168
Asphaltharze 168
Atomarten 13
Atombau 12
Atombindung, polarisierte 17
Atomkern 12 f.
Atommasse, relative 11 f.
Atommasseneinheit 12
Atommultiplikatoren 11
Atomrumpf 19
Ausbauasphalt 170
Ausblühung 91, 134
Ausbreitmaß (AM) 110
Aushärtung 54
Auskristallisation 133
Auslöseschwelle 185
Austenit 65
Avogadro'sche Zahl 12

B
Bahnen 163
Bandsilikat 69 f.
Basen 21
–stärke 21
BAT-Wert 185
Baufeuchtigkeit 77
Baugips 109 f.

Anbieter und Dienstleister

Baukalk 75
–, Anwendung von 80
Baumetalle 53
Baustahl 65
Baustoffbrandklassen 177
Begasungsverfahren 176
Beilsteinprobe 158
Belit 90
Belüftungselement 45
Bentonit 71
Bereich
–, anodischer 45
–, katodischer 45
Berliner Blau 46
Beryll 69
Beschichtungen, rissüberbrückende 163
Beschleuniger 141
Beschleunigung 107
Beständigkeit, chemische 154
Bestandteile
–, abschlämmbare 121
–, chemische 138
–, quellbare 121
Beton
–, hochfester 86, 146
–, Korrosion von 115
–, Risse im 125
–, Schadstoffeindringung 127

–, selbstverdichtender 145
Betonanstriche 119
Betonsanierung 163
Betonstahl 65
–, Verzinkung von 56
Betonverflüssiger (BV) 140
Betonzusatz 137
Betonzusatzmittel
–, Arten von 137
–, Gleichmäßigkeit 138
–, Norm 137
–, Überwachung von 139
–, Wirksamkeit 139
Betonzusatzstoffe 137, 144
Bewehrung
–, Korrosion der 121
–, Versagen der 116
Bewertungsfaktor 33
Biegezugfestigkeit 110
Bindemittel 179
–, bitumenhaltige 167
Bindung
–, chemische 16
–, zwischenmolekulare 19
Bindungsenergie 19
Biphenyl, polychloriertes 187
Bittersalz 78
Bitumen 165

Anbieter und Dienstleister

204   Stichwortverzeichnis

–anstrichmittel 167
–arten 167
–emulsionen 167
–, geblasenes 167
–herstellung 165
–lösungen 167
–, polymermodifiziertes 167
Blaine, Oberfläche nach 100
Blauasbest 70
Blaupilze 173
Blei 56
Bleihexafluorid 136
Bleihydroxid 57
–carbonat 57
Bleimennige 56
Bleirohr 57
Bleizucker 57
Bluten 141
Bodenstabilisierung 80
Bodenverfestigung 80
Bohr'sches Atommodell 13
Boudouard-Gleichgewicht 61
Brandschutz 176
Brandverhalten 115
Brauneisenstein 61
Braunfäule 173
Braunkohlenflugasche 84
Brechpunkt 169
Brennen 76
Butylkautschuk 161

C
Ca(OH)$_2$ 22
Calcit 75
Calciumsulfat 95
–zusatz 92
Carbidkalk 78
Carbonathärte 26, 30
Carbonatisierung 27
–, Einflussfaktoren 123
Carbonatisierungsfortschritt 23
Carbonatisierungstiefe 123
CaSO4-Modifikation 106
Chalcedon 73
Charakter, amphoterer 53, 55
Chemieanhydrit 106
Chemiegips 105
Chlorid 30
–angriff 124
–gehalt 124
––Ionen, Eindringtiefe von 125
Chloroprenkautschuk 161
Chlorwasserstoff 22
Chromatreduzierer 143
Chrom-Magnesia-Steine 73
Chrysotil 69 f.
Cristobalit 73
Curie-Punkt 65

D
Daniell-Element 40
Depassivierung 121
Desoxidationsmittel 63
Destillationsbitumen 167
Dichtungsmittel 143
Diffusion 128
Diffusionskoeffizient 125, 128
DIN 1168 109 f.
Dioxin 187
Dispersion 163
Dispersionspulver 163
Dissoziation, elektrolytische 18
Dissoziationsgrad 21
Dissoziationskonstante 21
Dolanit 70
Dolomit 76
–kalk 78
Doppelschichten, elektrochemische 40
Drehrohrofen 88
Dreischichtmineral 71
Dreistoffdiagramm 103
Druck, osmotischer 115, 133
Druckfestigkeit 99, 110, 139
Duraluminium 46, 54
Duromere 159
Duroplaste 150
Dynamidonsteine 73

E
Edelgase 16
Edelgaskonfiguration 14
Effekt, elektroosmotischer 135
Eigenschaften 113
Eigenstromverfahren 51
Einbringverfahren 176
Einelementverbindungen 11
Einleitungsphase 128
Einpresshilfe 126, 143
Einpressmörtel 143
Einstreumenge 110
Einsumpfdauer 77
Eisen 61
–, Korrosion von 46
–, reines 64
–, verzinktes 46
–, verzinntes 46
Eisenerz 61
Eisenwaren, Verzinkung von 56
Eisenzerfall 121
Elastizitätsmodul 152, 154
Elastomere 150, 160
–, thermoplastische 150
Elektrochemie 39
Elektrolyse 39, 48
Elektrolyte 18
Elektrolytkupfer 49, 58
elektromotorische Kraft (EMK) 39

Elektronegativität 17
Elektronegativitätsdifferenz 17
Elektronen 13
–hülle 12 f.
–oktett 14
Element, galvanisches 39
Elementarladung, elektrische 13
Elementsubstanzen 11
Eloxal-Verfahren 49, 53
Emaille 71
Emulsionskonzentrate, wasserlösliche 175
Energiedosis 33
Energiestufenfolge der Orbitale 14
Epoxidharze (EP) 160
Erdalkalimetalle 16
Erdmetalle 16
Erdöl 165
Erhärten 77
Erosion 118
Erstarren, falsches 99
Erstarrungsbeschleuniger 141
Erstarrungszeit 99
Erweichungspunkt Ring und Kugel 169
Eternit 70
Ethylen-Propylen-Kautschuk 161
Ettringit 92
Ettringit-Treiben 109, 120
Expositionsklassen 128

F
Fasern, Schadstoffe 187
Fassaden 163
Fe-C-Diagramm 64
Feldspat 69, 71
Fenster 163
Ferrit 65
Festigkeit 109
Festigkeitsklassen 92, 98
Fett 119
Feuchte 116
Feuerbeständigkeit 154
Feuerfest-Erzeugnisse 72
Feuerschutzwirkung 107
Flammschutzmittel 153
Fließmittel (FM) 140
Fluatrieren 136
Flugasche 84, 94 f.
Flussmittel 72
Fluxbitumen 167
Folien 163
Formaldehyd 189
Forsterit 73
Fraass 169
Freikalk 90
Fremdstromverfahren 51
Friedel'sches Salz 121, 124
Frischholzinsekten 173
Frostschaden 115
Frostwiderstand 115

Fruchtsäure 119
Fugenbänder 163
Fugendichtungsmassen 163
Füllstoffe 153
Fungizide 176
Furane 187
Fußbodenlegen, Schadstoffe 186

G
Galvanotechnik 49
Gangart 61
Garbrand 88
Gebrauchseigenschaften 153
Gebrauchstemperaturen 153
Gefahrstoffe 183
Gefahrstoffsymbole 183
Gefahrstoffverordnung 183
Gefrieren, schichtenweises 115
Gefrierpunkterniedrigung 115
Gelbildung 91
Gelporenwasser 92
Geokunststoffe 163
Geotextilien 163
Geruch 30
Gerüstsilikate 69, 71
Gesamtchloranteil 138
Gesamthärte 26, 30
Gesteinsmehl 84
Gips 105
–baustoffe 109
–doppelbodenplatten 111
–, Eigenschaften 107
–faserplatten 110
–-Fertigteile 110
–kartonplatten 110
–mörtel 59
–rohstoffe 105
–treiben 120
–wandbauplatten 110
GISBAU 185
Glas 71
–arten 71
Glaubersalz 72
Gleichgewicht 20
–, chemisches 19
Gleitlager 163
Glimmer 70
Glühen 64
Grad deutscher Härte 26
Grenzwerte am Arbeitsplatz 184
Grundbau 80
Grundlagen, chemische 11
Grünspan 58
Gruppen 16
–silikat 69
Gusslegierung 54

H
Haftbrücken 163

Haftzugfestigkeit 110
Halbelemente 40
Halogene 16
Hämatit 61
Harnstoff-Formaldehydharze (UF) 159
Hartbitumen 167
Härte 30, 110
Hart-PVC 157
Hauptbestandteile 93
Hauptenergieniveau 13
Hauptgruppen 16
Hausschwamm 173, 176
Heisenberg'sches Orbitalmodell 13
Heißluft 176
Heizölbatterietank 163
Hemicellulose 172
HL 2 80
HL 3,5 80
HL 5 80
Hochdruckverfahren 156
Hochofenprozess 61, 93
Hochofenschlacke 83, 93
Hochofenzement 98
Hochvakuumbitumen 167
Holz 171
Holzangriff 172
Holzaufbau 171
Holzfeuchte 172
Holzpolyose 172
Holzschutz 171, 173
Holzschutzmittel
–, Schadstoffe 186
–, wasserlösliche salzartige 174
Holzwolle-Leichtbauplatten 114
Holzzucker 140, 172
Holzzusammensetzung 171
Horizontalsperre, chemische 134
HS-Zement 100
Huminsäure 119
Hüttenbims 62
Hüttensand 62, 83, 93
Hüttenwolle 62
Hydratation 91
Hydratationsdruck 115, 133
Hydratationswärme 100
Hydratstufen 133
Hydraulefaktoren 79
Hydrolyse 24
hydrophobiert 134
Hydrophobierungsmittel 162
Hydrothermalsynthese 80 f.
Hydroxylgruppe 22
Hygieneanstriche 179
Hygroskopizität 132

I
Immunisierung 122
Imprägnierungen 163
in statu nascendi 125

Indikator 23
Industriefußböden 163
Injektionsverfahren 134
Innenputzmörtel 111
Insekten 175
Insektizide 175
Inselsilikat 69
Ionenaustausch 26
Ionenbindung 17
Ionengitter 17
Ionenwertigkeit 24
Irdengut 72
Isocyanat 189
––Asthma 189
Isoliervermögen, elektrisches 155
Isotope 13
Isotopengemisch 13

J
Jet-Cement 102

K
Kalk
–, gebrannter 75
–, gelöschter 75
–, hydraulisch erhärtender 78
–, hydraulischer 75, 79 f.
–, Kreislauf 77
Kalkaggressivität 27
Kalkfarbanstrich 80
Kalkfarbe 179
Kalk-Kohlensäure-Gleichgewicht 27
Kalkkörner 72
Kalklösekapazität 27
Kalkmergel 78
Kalkmörtel 59
Kalksandstein 80
Kalkschiefer 76
Kalkstandard 90
Kalkstein 75, 95
–formation 76
Kalkteig 78
Kalktreiben 120
Kalkzerfall 121
Kaltbitumen 167
Kaltverformung 54
Kaltwasser 58
Kaolinerde 72
Kaolinit 69 f., 72
Kapillarschwinden 116
Kavitation 118
Kenngrößen, charakteristische 153
Kennzeichnung 100
Kettensilikat 69 f.
Kieselgur 73
Kieselsäure 67
–ester 136
–, freie kristalline 189
–, kristalline 74

Klinker 88
Klinkermineralien 90
Klinkerphasen 90
Klinkervariation 92
Knetlegierung 54
KOH 22
Kohäsion 168
Kohlensäure
–, kalklösende 27, 30, 119
–, stabilisierende 27
–, zugehörige 27
Kohlenstoffgehalt 63
Kohlenstoffgruppe 16
Kohlenstoffisotop 12
Kohlenwasserstoff
–, aromatischer 165
–, polyzyklischer 165
Kollergang 72
Kolloidsystem 167
Kompositzement 98
Konfiguration
–, ataktische 149
–, isotaktische 149
–, syndiotaktische 149
Konformitätsnachweisverfahren 140
Königswasser 44
Kontaktkorrosion 47
Konzentrationskette 41
Korrosion
–, biologische 126
–, chemische 118
–, elektrochemische 42, 121
–, physikalische 115
Korrosionsbedingungen 123
Korrosionselemente 44
Korrosionsphasen 128
Korrosionsschutz 51, 128
–, anodischer 51
–, katodischer 51
–anstriche 179
Korrosionstypen 44 ff.
Kreide 76
Kriechen 154
Kristallisationsdruck 133
-, hydrostatischer 115
Kristallisationsgrad 149
Kristallisationstheorie 107
Kristallmodifikation 75
Krokydolith 69 f.
K-Schale 13
Kugel, Erweichungspunkt 169
Kühlturm 127
Kunststoffdispersionen 163
Kunststoff-Dispersionsfarbe 180
Kunststoffe
– im Bauwesen 163
–, bautechnisch wichtige 56
–, glasfaserverstärkte 155
–, Historie der 147

Kupfer 58
–blech 59
–legierung 59
–rohr 59
Kuralon 70

L
Lackfarbanstriche 181
Lagerung 101
Längenänderungen 116
Lasuren 181
Latten 163
Laugen 119
Legierungen 54
–, Korrosion bei 46
Leichtbrand 88
Leimfarbe 180
Leitfähigkeit, elektrische 19
Lichtkuppel 163
Liegezeit 143
Ligninsulfonat 140
Limonit 61
Lindan 175, 187
Lokalelement 44
Löschen 76
Löschtrommel 77
Löslichkeit 109
Lösung
–, molare 12
–, normale 12
Lösungsdruck 39
L-Schale 13
Luftgehalt 139
Luftkalk 75, 78
Luftporenbildner 141

M
Magerungsmittel 72
Magnesia, kaustische 113
Magnesiabinder 60, 113
Magnesiaestrich 113
Magnesiatreiben 120
Magnesium 30
–salze 120
Magneteisenstein 61
Magnetit 61
Mahlen 88
Mahlfeinheit 88, 99
Mahlhilfsmittel 95
Mahltrocknungsanlage 88
Makrokorrosionselemente 122
Makromolekül 147
MAK-Wert 184
Maltene 167
Markierungsanstriche 179
Marmor 76
Masse, molare 12
Maßeinheiten 26
Massengleichung 25

Massenwirkungsgesetz 20
Massenzahl 13
Maßnahmen
–, bekämpfende 176
–, chemische 174
–, flankierende 136
Mauerfeuchtigkeit, aufsteigende 134
Mauermörtel 80
Mauersägeverfahren 135
Mauerziegel 72
Maukturm 72
Maurerkrätze 101, 143
Meerwasser 121
Melaminformaldehydharze (MF) 159
Melaminsulfonat 140
Mergel 76, 87
Messing 59
Messmethoden 169
Metakieselsäure 67
Metallbindung 19
Metalle
–, edle 39
–, unedle 39
Metallgitter 19
Metallhydroxide   22
Metallkorrosion 109
Metalloxide 21
Migration 152
Mikrokorrosionselemente 122
Mikrosilica 86
Milchglas 71
Milchsäure 119
Mindestfilmbildetemperatur 163
Mineralwolle 188
Mischbau 47
Mischbett 87
Modul 88
–, hydraulisches 90
Molekulargewichtsverteilung 148
Molekülkettenstruktur 149
Molekülmasse, relative 12
Molekülsubstanzen 11
Monosulfat 92
Montmorillonit 71 f.
M-Schale 13
Mullit 73
Mycel 173

N
Na$_2$O-Äquivalent 138
Nachbehandlung 143
Nachweis, chemischer 76
Nadelpenetration 169
NaOH 22
Naphthalinsulfonat 140
Nassfäulepilze 173
Nasslöschen 77
Naturanhydrit (NAT) 105, 111
Naturgips 105

Naturkautschuk 160
Natursteine 131
NA-Zement 100
Nebenbestandteile 95
Nebenenergieniveau 13
Nebengruppen 16
Neusilber 59
Neutronen 12 f.
NHL (natürlich hydraulische Kalke) 80
Nichtcarbonathärte 26
Nichteisenmetalle 53
Nichtmetalloxide 22
Niederdruckverfahren 156
Niedrigwärmezement 92
Nitrifikante 127
Nitrilkautschuk 161
Nitritoxidante 127
Nomenklatur 79
Norm EN 934 137
Normen 147
–bezeichnung 98
N-Schale 13
Nukleonen 12
Nuklide 13
NW-Zement 100
Nylon 148

O
Oberfläche, spezifische 100
OBM-Verfahren 63
Oktettregel 16
Öl 119
Ölfarbanstriche 181
Olivin 69
Opal 73
Opus caementitium 87
Orbitale 13
–, Energiestufenfolge der 14
Ordnungszahl 13
Orthokieselsäure 67
Osmose 128
Oxidation 39
–, anodische 40
Oxidationsbitumen 167
Oxidationszahl 24
Oxide 21

P
Passivierung 44, 53, 121
Passivschicht 122
Patina, grüne 58
Pb-Acetat 57
Pb-Nitrat 57
Pentachlorphenol 176, 187
Periklas 90
Periode 16
Periodensystem 16
Perlit 65
Permeation 128

Permutite 71
Phenol-Formaldehydharze (PF) 159
Phenolphthalein-Sprühtest 25, 124
Phonolith 86
Photosynthese 171
Phthalsäureester 152
pH-Wert 23, 30
–, Kalkhydratlösung 23
Pigmente 144, 179
Pilze 173
Planetenmodell 13
Plumbite 57
Polyacrylat 158
Polyacrylester (AY) 158
Polyaddition 148
Polyamid (PA) 158
Polybutylen (PB) 157
Polycarbonat (PC) 159
Polycarboxylatether 140
Polyesterharze, ungesättigte (UP) 159
Polyethylen (PE) 156
–terephthalat (PET) 159
Polyisobutylen (PIB) 157
Polykondensation 148
Polymerbeton 164
Polymerisation 147
Polymerisationsgrad 148
Polymethylmethacrylsäureester (PMMA) 158
Polypropylen (PP) 16, 157
Polystyrol (PS) 157
–, expandiertes (EPS) 157
Polysulfidkautschuk 161
Polytetrafluorethylen (PTEE) 158
Polyurethane (PUR) 162
Polyvinylacetat (PVAC) 158
Polyvinylchlorid (PVC) 157
Porenbeton 81
Porosierungsmittel 72
Portlandkompositzement 98
Portlandzement 98
–klinker 93
–, weißer 93
Porzellan 72 f.
Potential 43
–differenz 39
–unterschiede 42
Pourbaix 121
Präparate, lösemittelhaltige 175
Prinzip des kleinsten Zwanges 20
Protonen 12
Prüfung, elektrochemische 139
PUR-Schaum 162
Putzgips 106
Putzmörtel 80
Putzrisse 180
Puzzolane 83, 94
–erde 84
–, künstliche 84
–, natürliche 84

–zement 98
Pyrethroide 176
Pyrophyllit 69

Q
Quarz 73
–sprung 73, 116
–staub 188
Quellen 118, 143
Quellschweißen 153
Quellzement 102

R
Rabitzarbeiten 59
Radikalkettenreaktion 147
Radioaktivität 33
Radon 33
– aus Baustoffen 37
– aus dem Baugrund 34
–exhalationsrate 37
Raumausstattung 164
Raumbeständigkeit 99
REA-Gips 105
Reaktion
–, chemische 20
–, endotherme 20
–, exotherme 20
–, puzzolanische 84
Reaktionsgeschwindigkeit 20
Reaktionsharze 162, 164
Rechnen, chemisches 25
Recyclinghilfe 139, 144
Redoxreaktion 39
Reduktion 39
–, katodische 40
Referenzverfahren 29
Reparaturmörtel 162
Resistenz, biologische 156
Rheinischer Trass 84
Richtwerte 37
Ring, Erweichungspunkt 169
Ringsilikat 69
Rissverpressung 163
Rohdichte 153
Roheisen 61
Rohmehl 88
Rohre 164
Roteisenstein 61
Rutherford 13

S
Salze 24
–, austauschfähige 119
–, bauschädliche 121, 131
–, kristallhaltige 132
Salzschaden 131
Salzumwandlung 136
Sanierputz 136
Sanitär 164

Santorinerde 84
Sasil 71
Sauerstoffaufblasverfahren 63
Sauerstoffbodenblasverfahren 63
Sauerstofffrischen 63
Sauerstoffsäure 22
Sauerstofftyp, Korrosion vom 45
Saugen, kapillares 125, 127
Säuren 22
–, nichtsauerstoffhaltige 22
–, schwach organische 119
–, schwache 119
–, starke 118
Saurer Regen 118
Säurestärke 21
Schädigungsphase 128
Schamotte 72
Schamottesteine 73
Schaumbildner 144
Schaumkunststoffe 164
Schicht-(Blatt-)silikat 69
Schichtsilikate 70
Schiefer, gebrannter 95
Schimmelbildung 189
Schlacken 62, 121
Schlagzähigkeit 155
Schneeberger Krankheit 34
Schnellverfahren 29
Schnellzement 102
Schockabkühlung 115
Schrumpfen 118, 143
Schubmodul 151
Schwefelsäure 22
Schwefelwasserstoff 119
Schwinden 116 ff., 156
–, chemisches 118
Sekundärbrennstoffe 88
Serpentinasbest 69
Siderit 61
Silane 135
Silikastaub 84, 86, 95
Silikatchemie 67
Silikate 67
–, künstliche 71
–, natürliche 70
Silikatfarbe 179
Silikatmodul 90
Silikone 161
Silikonharze 135, 162
Silikonkautschuk 162
Silikonöle 162
Silikose 189
–gefahr 74
Siliziumdioxid 67, 73
Sillimanit 73
–steine 73
Siloxane 135
Sintergrenze 87
Sintern 87

Sinterzeug 72
Smeaton 87
Solnhofener Platten 76
Sorel-Zement 113
Spannstahl 65
–, Korrosion bei 125
Spannungsreihe
–, elektrochemische 42
–, praktische 48
Spannungsrisskorrosion
–, interkristalline 125
–, transkristalline 125
Spateisenstein 61
Sperranstriche 179
Sprengwirkung 133
Spritzbeton 86
–beschleuniger 144
Spurrillen 167
Stabilisatoren 153
Stabilisierer 141
Stahl 61
–, beruhigter 63
–, hoch legierter 63
–, legierter 63
–, niedrig legierter 63
–, thermische Behandlung 64
–, unlegierter 63
Stahlbeton, Korrosion von 115
Stahlgewinnung 62
Stahlkennzeichnung 63
Standardelektrodenpotential 42
Standardwasserstoffelektrode 42
Staub, Schadstoffe 187
Steighöhe 127, 133
Steingut 72
Steinholz 113
Steinkohlenflugasche 85
Steinkohlenteerpech 165
Steinzeug 73
Stickstoffgruppe 16
Stöchiometrie 25
Stoffe
–, faserartige 145
–, inerte 144
–, latenthydraulische 83, 145
–, organische 145
–, puzzolanische 145
–, reine 11
–, viskoelastische 154
Stoffgemenge
–, heterogene 11
–, homogene 11
Stoffgruppenzusammensetzung 138
Stoffmenge 12
Stofftransport, kapillarer 133
Strahlenbelastung 34
Strahlung, radioaktive 33
Strangpressen 72
Straßenbau 80

Streustromkorrosion 49
Stuckgips 106
Stückkalk 77
Styrol Butadien Rubber 161
Styrol-Copolymerisate 157
Styrol-Terpolymerisate 157
Styropor 157
Suevit 84
Sulfat 31
Sulfathüttenzement (SHZ) 101
Sulfattreiben 120
Sulfatwiderstand 93, 100

T
Taktizität 149
Talk 70
Tausalze 115
Tausalzwiderstand 115
Teerölpräparate 175
Temperaturen, Korrosion durch hohe 115
Terminologie 147
Terpolymerisate 157
Tetrachlorethen 187
Tetraminkupferhydroxid 58
Thaumasitbildung 120
Thermoplaste 150, 156
Thorveitit 69
Titanzink 56
Tonerdemodul 90
Tonerdezement (TZ) 101
Transportvorgang 127
Trass 84, 94
–kalk 80
Travertin 76
Tricalciumsilikat 87
Tridymit 73
Trinkwasser 56
–verordnung 56
Trisulfat 92
TRK-Wert 185
Trockenholzinsekten 173
Trocknungsschwinden 117
Tuff 76

U
Umkehr, elektrochemische 56
Umkristallisation 133
Umschlagen 143
Umwandlung 101
UV-Strahlung 172

V
Valenzelektronen 14
Valenzstrichformel 11
Van der Waal'sche Bindung 19
Van't Hoff'sche RGT-Regel 20
Vaterit 75
Veränderung, chemische 116
Verarbeitung 107

Verbindungen, halogenorganische 187
Verdünnungsmittel 179
Verfahren, elektrophysikalische 135
Vergüten 64
Verhalten, mechanisch-thermisches 150
verkieselt 134
Verknüpfung, chemische 147
Versalzung 135
Verschnittbitumen 167
Verschönerungsanstriche 179
Verseifung 119
Versteifungsbeginn (VB) 110
Verunreinigungen, humusartige 121
Verzögerer 142
–-Fließmittel 141
Verzögerung 107
Verzweigungsgrad 149

W
W/G-Wert 109
Wärmebehandlung 20
Wärmedehnzahl 154
Wärmeleitfähigkeit 153
Warmwasser 58
Waschwasser, Recyclinghilfen 144
Wasser
–, betonangreifendes 29
–, weiches 119
Wasserdampfbildung 115
Wassergipswert 110
Wasserhärte, Maßeinheiten 26
Wasserkalk 79
Wasserlacke 180
Wasserrentionsmittel 141
Wasserschlagen 57
Wasserstoffbrückenbindung 19
Wasserstofftyp, Korrosion vom 44
Wasserstoffversprödung 102, 125, 143
Wasser-Zement-Wert, äquivalenter 85
Weichmacher 152
–freiheit 156
–-Wanderung 152
Weichmachung
–, äußere 152
–, innere 153
Weich-PVC 158
Weißasbest 70
Weißfäule 173
Weißfeinkalk 77 f.
Weißkalk 78
–hydrat 77
Wertigkeit, stöchiometrische 24
Wetterschutzmittel 176
Windfrischen 63
Wittener Schnellzement 102
Witterungsbeständigkeit 156
Wollastonit 69
Wurzelharz 141
Wurzel-t-Gesetz 123

Z

Zement 87
–, Einfluss auf das Erstarren 139
–, nicht genormter 101
–, Raumbeständigkeit 139
Zementarten 95 f.
Zementbestandteile 93
Zementchemie 79
Zementfarbe 179
Zementit 65
Zementklinker 88
Zementmörtel 59
Zementsteinauflösung 118
Zementzusätze 95
Zeolithe 69, 71
Zerfallsreihen 34
Zink 55

–carbonat, basisches 55
Zinnbronze 59
$Zn(OH)_2$ 55
Zugfestigkeit 154
Zulassungsgrundsätze 138
Zusammensetzung
–, chemische 88
–, mineralische 90
Zusatzstoffe 179
Zuschlag 61
–, alkaliempfindlicher 120
–, Angriff durch 121
–, basischer 61
–, saurer 61
Zustandsbereich, thermischer 150
Zwiebelmodell 13